Baudichtstoffe

Manfred Pröbster

Baudichtstoffe

Erfolgreich Fugen abdichten

3. aktualisierte Auflage

Manfred Pröbster
Nußloch, Deutschland

ISBN 978-3-658-09983-1   ISBN 978-3-658-09984-8 (eBook)
DOI 10.1007/978-3-658-09984-8

Die Deutsche Nationalbibliothek verzeichnet diese Publikation in der Deutschen Nationalbibliografie; detaillierte bibliografische Daten sind im Internet über http://dnb.d-nb.de abrufbar.

Springer Vieweg

Lektorat: Karina Danulat

Gedruckt auf säurefreiem und chlorfrei gebleichtem Papier.

Springer Fachmedien Wiesbaden ist Teil der Fachverlagsgruppe Springer Science+Business Media (www.springer.com)

Vorwort zur 3. Auflage

Das weiterhin anhaltende Interesse für den Themenkreis der Baudichtstoffe, eine stetige Fortentwicklung des Normenwesens und die Einführung der Bauprodukte-Verordnung mit weitreichenden Folgen machte es nötig, diese aktualisierte und erweiterte Ausgabe herauszugeben. Wie auch schon in der 2. Auflage wurden weitere Verbesserungen und Präzisierungen durchgeführt, zahlreiche neue Grafiken erstellt, die Literaturzitate und Normen auf den neuesten Stand (Januar 2015) gebracht und erweitert. Ein neues Kapitel über die amerikanischen ASTM Standards soll den Blick dafür schärfen, dass bei weitem nicht alle Bauvorhaben nach DIN-, EN- oder ISO-Normen durchgeführt werden, insbesondere, wenn es sich um internationale Projekte handelt. Im asiatischen oder arabischen Raum wird häufig nach ASTM ausgeschrieben, was europäischen Planern, aber auch Dichtstoffherstellern, durchaus neue Herausforderungen stellen kann. Das neue Hauptkapitel über Fugenbänder zeigt dem Leser weitere Möglichkeiten auf, Fugen abzudichten.

Mein Dank gilt wiederum K. Danulat und A. Prenzer, die mich von Lektoratsseite betreuen und den Anstoß zur Herausgabe der Neuauflage gegeben haben.

Nußloch bei Heidelberg, April 2015   Manfred Pröbster

Vorwort zur 2. Auflage

Das erfreuliche Interesse für das Themengebiet der Baudichtstoffe machte es nötig, eine zweite Auflage herauszugeben. Das hier vorliegende Buch ist eine korrigierte und ergänzte Version des bewährten Aufbaus der ersten Auflage. Wo nötig, wurden insbesondere Literaturzitate „modernisiert" und dem laufenden Veränderungsprozess des Normenwesens wurde Rechnung getragen. Alle Normen wurden auf einen Stand von Juni 2010 gebracht; trotzdem sollte sich die Leserschaft überzeugen, ob zwischenzeitlich nicht eine noch aktuellere Normenschrift erschienen ist. Absätze über die kommende CE-Kennzeichnung von Dichtstoffen und das Thema „Blauer Engel" wurden neu aufgenommen. Auf die tiefgreifenden Neuerungen im europäischen Chemikalienrecht (REACH) und in der künftigen Kennzeichnung von Dichtstoffen (GHS) wird erstmals ausführlich eingegangen, da sich daraus auch für den Anwender entsprechende Folgerungen ergeben. So werden in den kommenden Jahren beispielsweise die altbekannten Gefahrensymbole durch andere, international gültige, ersetzt.

Mein Dank gilt allen, die mir bei dieser Neuauflage mit Rat und Tat zur Seite standen, Dr. A. Bolte und Dr. H. Onusseit von Henkel AG & Co. KGaA für ihre wertvollen Ratschläge und insbesondere K. Danulat von Springer Fachmedien Wiesbaden GmbH, für den Anstoß zur Herausgabe der Neuauflage und nicht zuletzt A. Prenzer für die Umsetzung der Überarbeitung des Manuskripts.

Nußloch bei Heidelberg, Januar 2011   Manfred Pröbster

Vorwort

Dieses praxisnah geschriebene Buch über Dichtstoffe richtet sich an all diejenigen, die sich über den Stand der modernen Dichtstofftechnologie, über Fugen und die Anwendung von Dichtstoffen informieren wollen. Einiges über Dichtstoffe ist zwar auch im Internet zu finden, doch es ist mühsam und zeitraubend, aus den verstreuten, vielfach auch noch fremdsprachigen Quellen, das Gesuchte herauszufinden. Dies gilt umso mehr, wenn man sich nicht nur mit Informationsschnipseln zufrieden gibt, sondern Zusammenhänge verstehen will. Um diese Zusammenhänge geht es im vorliegenden Buch. Nur allzu leicht, das zeigen zahlreiche Reklamationen aus Bauwirtschaft, Industrie und auch aus dem privaten Bereich, werden Fehler in Verbindung mit Dichtstoffen gemacht: bei der Auslegung von Fugen, bei der Auswahl des richtigen Produkts oder bei der Anwendung. In diesem Buch wird daher versucht, in unkomplizierter Weise die Grundlagen von Adhäsion und Kohäsion, den Aufbau von Fugen, die Besonderheiten der einzelnen Dichtstoffklassen und ihr Zusammenwirken mit den abzudichtenden Bauteilen zu erläutern. Da auf langwierige mathematische Herleitungen oder chemische Formeln verzichtet wird, kann das Buch jedem Praktiker, Konstrukteur, Ingenieur, Planer oder Architekten, der immer wieder mit Dichtproblemen zu tun hat, eine Hilfestellung bieten. Auch für Studenten der Bauchemie kann dieses Buch eine willkommene Ergänzung sein, denn in den klassischen Lehrbüchern werden die Dichtstoffe meist nur sehr kursorisch abgehandelt.

Anhand von Praxistipps werden Kniffe und Tricks verraten, die man normalerweise anderswo nicht einfach nachlesen kann. In besonders gekennzeichneten Infokästen stehen wichtige Merksätze bzw. Auszüge aus Normen und Vorschriften. Dieses Buch kann und soll jedoch nicht die vorhandenen und bewährten Regeln der Technik, Normen und Vorschriften ersetzen. Es soll vielmehr dazu dienen, diese zu kommentieren, ggf. zu ergänzen und miteinander in Zusammenhang zu bringen. Dass tatsächlich beim Fugenabdichten viele Fehler gemacht werden, bestätigt auch der letzte Bauschadensbericht der Bundesregierung: Danach verursachen fehlerhafte Fugen jährlich Bauschäden in der Größenordnung von 10 Mrd. Euro. Zurückzuführen sind diese Schäden zu rund 40 % auf fehlerhafte Planung und zu rund 30 % auf Ausführungsfehler.

Bevor man also mit der Planung einer Fuge beginnt oder einen vorhandenen Spalt mit einem beliebigen Dichtstoff verschließt, sollte man sich über sein Tun im Klaren sein und überlegt haben, welcher Dichtstoff für welche Anwendung geeignet ist. Die vorhandene Literatur hält allenfalls für einige Spezialanwendungen Verarbeitungshinweise bereit. Auch die von den Dichtstoffherstellern herausgegebenen Broschüren zeigen verständlicherweise nur einen ausgewählten Teil der Thematik auf. Möglicherweise besser geeignete Produkte, die der einzelne Hersteller jedoch nicht in seinem Lieferprogramm hat, werden aus nahe liegenden Gründen nicht erwähnt. Eventuelle Probleme mit Dichtstoffen und deren Vermeidung werden oft stiefmütterlich behandelt. Dieses Buch zeigt herstellerunabhängig und neutral die Zusammenhänge, die Vor- und Nachteile der verschiedenen Dichtstoffklassen auf, um dem Anwender die bestmögliche Entscheidungsbasis zu liefern, den richtigen Dichtstoff auszuwählen und kostspielige Fehler zu vermeiden.

Wegen der Vielzahl der verfügbaren und teilweise sehr unterschiedlichen Dichtstoffe sind die in diesem Buch gemachten Aussagen eher genereller denn spezieller Natur. In allen Fällen jedoch wurde besonderer Wert auf praktisch anwendbare Informationen gelegt. Theoretische Herleitungen und Laborergebnisse wird man also kaum auf den folgenden Seiten finden; hierfür sei auf die entsprechenden Forschungsberichte von Universitäten, Fachhochschulen oder Instituten verwiesen.

Um die Lesbarkeit des Buches nicht durch zu viele Literaturverweise im Text zu beeinträchtigen, wurden zitierte und sonstige relevante Literaturstellen am Ende eines jeden Kapitels zusammengefasst und in alphabetischer Ordnung nach den Autorennamen sortiert. Wegen der kapitelweisen Zuordnung sind Mehrfachnennungen bei übergreifenden Literaturquellen möglich.

Dieses Buch wäre nicht möglich gewesen ohne die Unterstützung zahlreicher Kolleginnen und Kollegen bei der Henkel KGaA, externen Fachkollegen, Freunden, Bekannten und Firmen, Einzelpersonen und Institutionen, die mir die Abdruckgenehmigung für Bilder und Tabellen gegeben haben. Ihnen allen gilt mein Dank. Meiner Frau Gaby danke ich für ihren Beistand und das Verständnis, dass ich an zahlreichen Wochenenden der Erstellung des vorliegenden Manuskripts mehr Zeit gewidmet habe als dem Familienleben.

Nußloch b. Heidelberg, Januar 2008   Manfred Pröbster

Inhaltsverzeichnis

Abkürzungsverzeichnis

ABS   Acrylnitril-Butadien Styrol-Copolymerisat
AGW   Arbeitsplatzgrenzwert, ersetzt zukünftig MAK- und TRK-Wert
ATV   Allgemeine Technische Vertragsbedingungen
AVV   Abfallverzeichnis-Verordnung
BauPVO   Bauprodukteverordung
BfS   Bundesverband für Sachwertschutz e. V.
BPR   Bauprodukterichtlinie
CE   Conformité Européenne
DBC   Deutsche Bauchemie e. V.
DIN   Deutsches Institut für Normung e. V.
EAK   Europäischer Abfallkatalog
EN   Europäische Norm
EPD   Environmental Product Declaration
ETB   Europäische Technische Bewertung
EPDM   Ethylen-Propylen Dien-Kautschuk
FFV   Fugenfachverband e. V.
GEV   Gemeinschaft Emissionskontrollierte Verlegewerkstoffe, Klebstoffe und Bauprodukte e. V.
GHS   Globally harmonized System of Classification and Labelling of Chemicals
HBV   Anlagen zum Herstellen, Behandeln und Verwenden wassergefährdender Stoffe
ift   Institut für Fenstertechnik e. V., Rosenheim
ISO   International Organization for Standardization
IVD   Industrieverband Dichtstoffe e. V., Düsseldorf
JGS   Jauche, Gülle, Festmist und Silagesaft
KTW   Richtlinie für die „Gesundheitliche Beurteilung von Kunststoffen und anderen nichtmetallischen Werkstoffen im Rahmen des Lebensmittel- und Bedarfsgegenständegesetzes für den Trinkwasserbereich"
LBO   Landesbauordnung
LAU   Anlage zum Lagern, Abfüllen oder Umschlagen wassergefährdender Stoffe
LCA   Life Cycle Assessment
MAK   Maximale Arbeitsplatzkonzentration

MBO	Musterbauordnung
MS	Modifiziertes Silan
NBR	Nitrile Butadiene Rubber, Nitrilkautschuk
PC	Polycarbonat
PCB	Polychlorierte Biphenyle
PE	Polyethylen
PIB	Polyisobut(yl)en
POM	Polyoxymethylen
PMMA	Polymethylmethacrylat, Acrylglas
PP	Polypropylen
PS	Polystyrol
PTFE	Polytetrafluorethylen
PU	Polyurethan
PVC	Polyvinylchlorid
RAL	Reichsausschuss für Lieferbedingungen, heute: Deutsches Institut für Gütesicherung und Kennzeichnung e. V., St. Augustin
REACH	Registration, Evaluation, Authorisation of Chemicals
RTV-1, 2	Raumtemperaturvernetzend, einkomponentig bzw. zweikomponentig
SBR	Styrene Butadiene Rubber, Styrolbutadienkautschuk
SR	Silicone Rubber, Silikonkautschuk
StLB	Standardleistungsbuch
TRK	Technische Richtkonzentration
UV	Ultraviolett
VOB	Vergabe- und Vertragsordnung für Bauleistungen
WHG	Wasserhaushaltsgesetz
ZGV	Zulässige Gesamtverformung
ZTV	Zusätzliche Technische Vertragsbedingungen

Dichtstoffe werden in sehr vielen Bereichen des Bauwesens eingesetzt, sei es im Wohnungs- und Wirtschaftsbau oder bei öffentlichen Bauvorhaben. Beispiele für Dichtstoffanwendungen finden sich im Hochbau in der Fassade, am Fenster, im Sanitär- und Nassbereich, an Dächern, im Tief- und Brückenbau sowie bei Sonderanwendungen wie Schwimmbädern oder Tankstellen. Auch in der hier nicht weiter behandelten Transport- und Investitionsgüterindustrie verwendet man Dichtstoffe, z. B. im Automobil-, LKW-, Bus- und Sonderfahrzeugbau, in der Eisenbahn- und Straßenbahnindustrie, im Schiffs-, Flugzeug- oder Maschinenbau.

Vom Endnutzer werden in vielen Anwendungen Dichtstoffe, insbesondere wenn sie richtig (!) ausgewählt und verarbeitet wurden, kaum bemerkt oder beachtet. Oft will nämlich ein Architekt oder Konstrukteur auch gar nicht, dass der Nutzer eines Gebäudes, einer Maschine, oder eines Transportmittels merkt, dass Dichtstoffe zum Funktionieren des Ganzen nötig sind. Vielfach soll auch aus optischen Gründen möglichst „unbemerkt" abgedichtet werden. Wenn allerdings eine technisch notwendige, „zu breit" erscheinende Bewegungsfuge aus ästhetischen Gründen schmäler als gefordert ausgeführt wird, sind spätere Probleme bereits vorprogrammiert. Erst wenn ein Dichtstoff versagt, schlimmstenfalls vorzeitig, macht sich der eine oder andere Gedanken über diese stillen Helfer aus der Chemie.

1.1 So fing alles an

Das Abdichten von Fugen, Spalten oder Ritzen in tierischen oder menschlichen Behausungen, Gefäßen oder Booten ist seit Urzeiten eine Herausforderung. Man mag geteilter Meinung darüber sein, ob Biber oder Bienen beim Abdichten ihrer Behausungen das „Dichten" erfunden haben. Aber als die Menschen der Urzeit begannen, ihre Pfahlbauten mit Moos und Gras gegen Zugluft und ungewollte Einblicke zu schützen, war sicherlich eine erste Frühform erreicht, auch wenn man nach der modernen Definition von Dichtstof-

© Springer Fachmedien Wiesbaden 2016
M. Pröbster, *Baudichtstoffe*, DOI 10.1007/978-3-658-09984-8_1

Abb. 1.1 Fensterkitt versprödet nach einigen Jahren. Das
hier gezeigte Fenster ist nicht
mehr schlagregendicht. (Foto:
M. Pröbster)

fen die urzeitlich verwendeten Materialien eher als Dichtungen bezeichnen würde. Später
wurden dann Boote oder Gefäße mit Harz, Pech oder Asphalt abgedichtet – dies kommt
der weiter unten folgenden Definition eines Dichtstoffs schon recht nahe. Übrigens werden
auch heute noch, vor allem bei Restaurierungsarbeiten an alten Holzbooten, die Zwischenräume der einzelnen Planken erst mit Werg, das ist gerupfte Hanffaser, ausgestopft, und
dann mit geschmolzenem Pech oder flüssigem Asphalt abgedichtet. Asphalt ist ein in
der Hitze schmelzender und bei Kälte wieder erstarrender, allerdings doch recht spröder,
Dichtstoff auf Naturstoffbasis. Die heute in großen Mengen im Straßenbau verwendeten
Asphaltvergussmassen sind kunststoffvergütet und haben dadurch ihre Sprödigkeit zumindest etwas verloren.

Die Stunde der modernen, das heißt vom Menschen bewusst hergestellten Dichtstoffe, begann im 17. Jahrhundert mit der Erfindung des Fensterkitts. Damals – und auch
heute noch, trotz zahlreicher Patentanmeldungen – besteht Fensterkitt im Wesentlichen
aus Schlämmkreide und Leinöl oder Leinölfirnis. Er ist eine geschmeidige, gut zu ver-
arbeitende plastische Masse mit ganz charakteristischem Geruch. Wegen des enthaltenen
Leinöls, das durch Luftzutritt oxidiert, wird Fensterkitt im Laufe der Zeit fest, später sogar spröde. Durch das „Arbeiten" von Holzfenstern aufgrund von Witterungseinflüssen
kann sich der Fensterkitt vom Rahmen (und von der Glasscheibe) lösen und abbröckeln.
Wie in Abb. 1.1 zu erkennen ist, muss man in einem solchen Fall mit Undichtigkeiten
zwischen Glas und Rahmen rechnen. Bei Schlagregen dürfte es im abgebildeten Falle bereits zu Wassereintritt ins Gebäudeinnere kommen. Die noch mit klassischem Fensterkitt
abgedichteten Fensterflügel müssen also immer wieder auf Unversehrtheit untersucht und
gegebenenfalls nachgedichtet werden.

Die wissenschaftliche Grundlage der modernen Dichtstoffe wurde in den Dreißiger-
jahren des 20. Jahrhunderts mit dem beginnenden Verständnis der Polymerchemie gelegt.
Alle modernen Dichtstoffe beruhen auf künstlich hergestellten Polymeren (hochmoleku-

Abb. 1.2 Eine moderne
Glasfassade wäre oh-
ne die Verwendung von
Hochleistungsdicht- und
-klebstoffen nicht möglich.
(Foto: StockExchange)

laren Bindern) und einer nahezu unüberschaubaren Zahl von Zuschlagstoffen. Ungefähr
ab 1950 begann die Verwendung von Butyldichtstoffen und zweikomponentigen Polysulfiddichtstoffen. Ab 1960 begannen hierzulande die Silikone, aus den USA kommend, ihren Siegeszug parallel zur Entwicklung der Polyurethane, deren Keimzelle in Deutschland
liegt. Fünf Jahre später beobachtete man die ersten wässerigen Acrylatdispersionsdichtstoffe im Markt, und nach einer relativ langen Innovationspause begannen ab 1990 die in
Japan entwickelten, so genannten MS-Polymer-Dichtstoffe (Modifiziertes Silanpolymer)
in Europa Fuß zu fassen. Europäische Hersteller brachten ab 1995 weitere silanmodifi-
zierte Polymere als Grundstoffe für Dichtstoffe zur Marktreife. Die Zusammenwirkung
von Polymer, welches die Haupteigenschaften festlegt, Füll- und Zuschlagstoffen macht
dann jeweils die Besonderheit einer Dichtstoffformulierung aus. Erst die Existenz sehr
unterschiedlicher Dichtstoffe ermöglicht Konstruktion und Betrieb vieler moderner Bauwerke. So sollen allein in Deutschland Dichtstoffe in rund 8000 verschiedenen Farbtönen
im Markt sein. In Abb. 1.2 ist eine neuzeitliche Glasfassade gezeigt, die ohne die entsprechenden Dichtstoffe und elastischen Klebstoffe so nicht denkbar wäre.

1.2   Dichtstoffmarkt in Deutschland

In Deutschland dürfte es noch rund 100 Kleb- und Dichtstoffhersteller geben, die, von
wenigen Ausnahmen abgesehen, meist kleine oder mittelständische Unternehmen sind.
Von all den hergestellten Produkten machen die Dichtstoffe gut 15 % aus. Sie gehen vorwiegend in Bauanwendungen, in die Verglasung und die Isolierglasherstellung. Wie man
an dem für Laien fast unüberschaubaren Angebot in Baumärkten sehen kann, wird auch
ein merklicher Anteil an Dichtstoffen direkt an den Endverbraucher vertrieben. In der Automobilindustrie werden neben den Dichtstoffen auch erhebliche Mengen an elastischen
Klebstoffen, die sich von den Dichtstoffen ableiten, eingesetzt. Auch im Maschinen- und
Apparatebau, ganz allgemein in der Investitionsgüterindustrie und in speziellen Indus-

trien, werden oft hoch spezialisierte Industriedichtstoffe eingesetzt. Beispiele hierfür sind die Herstellung von Massentransportmitteln wie Eisenbahnen, Straßen-, U- und S-Bahnen sowie Flugzeugen.

Die in Deutschland verwendeten Dichtstoffe stammen wohl noch größtenteils aus heimischer Produktion, allerdings nehmen die Importe aus der EU merklich zu. In Deutschland wird der Dichtstoffmarkt von den Silikonen dominiert, dann folgen die Acrylate, die Polyurethane, Butylkautschukprodukte und die silanmodifizierten Polymer-Produkte mit zunehmendem Trend. Die größten Anwendungen der Dichtstoffe finden sich im Bau- und Verglasungsbereich. Die Isolierglasherstellung stellte früher die größte Einzelanwendung für Polysulfiddichtstoffe dar.

In einem Buch über Dichtstoffe muss neben dem titelgebenden Thema auch die Art der Fugen, die den Dichtstoff aufnehmen sollen, eine wesentliche Rolle spielen. Was hilft ein hochelastischer Dichtstoff in einer Anwendung bzw. in einer Fuge, in der ein plastischer hätte verbaut werden sollen? Nur der ganzheitliche Ansatz kann zum Erfolg führen. In diesem Kapitel geht es daher zunächst um allgemeine Grundlagen der Dichtstoffe, im weiteren Verlauf dann um die Wechselwirkungen mit dem Material der Fugenflanken.

> Bei allen Betrachtungen zur Auslegung, Verarbeitung, Dauerhaftigkeit und Sanierung müssen Dichtstoff und Fuge immer als eine Funktionseinheit gesehen werden. Nur bei erfolgreichem Zusammenspiel beider Faktoren und unter der Voraussetzung, dass vorschriftsmäßig gearbeitet wurde, bleibt eine Fuge dauerhaft dicht.

2.1 Definitionssache: Was ist ein Dichtstoff?

Es gibt (zu) viele unterschiedliche Bezeichnungen für Dichtstoffe: Fugendichtstoffe, Dicht(ungs)massen, Fugendicht(ungs)massen, Weichdicht(ungs)massen, Dichtmittel, Dichtpasten, Flüssigdichtungen und andere. In diesem Buch wird durchweg der Begriff *Dichtstoff* verwendet. Neben den eigentlichen Dichtstoffen existieren auch Kitte bzw. Dichtungskitte, die früher in einem Atemzug mit den Dichtstoffen genannt wurden, aber mittlerweile definitionsgemäß eine eigene Gruppe von Produkten darstellen. In ihr finden sich der traditionelle Fensterkitt, Ofenkitt, Bleiglättekitte oder Wasserglaskitte. Sie werden hier nicht weiter behandelt.

© Springer Fachmedien Wiesbaden 2016
M. Pröbster, *Baudichtstoffe*, DOI 10.1007/978-3-658-09984-8_2

In der für Dichtstoffe relevanten Anforderungsnorm DIN EN ISO 11600[1], werden neben dem Begriff „Dichtstoff" auch noch die etwas umständlicheren Ausdrücke „Fugendichtstoffe" und „Dichtungsmassen" verwendet, doch ist nach Meinung des Autors der Ausdruck „Dichtstoff" knapper und moderner. In der Begriffsnorm DIN EN ISO 6927 „Bauwesen – Dichtstoffe – Begriffe" (früher DIN EN 26927) wird ein Dichtstoff als ein Werkstoff zum Abdichten von Fugen beschrieben.

> „Dichtstoff: Stoff, der als spritzbare Masse in eine Fuge eingebracht wird und sie abdichtet, indem er an geeigneten Flächen in der Fuge haftet." (DIN EN ISO 6927)

Die hier behandelten Dichtstoffe sind pastöse (pastenförmige), i. d. R. spritzbare Massen, die oft im Liefer-, und immer im Auftragszustand, plastisch verformbar sind und nach dem Einbringen in die Fuge an den Flanken derselben haften. Die eingebrachten Dichtstoffe behalten entweder ihre ursprüngliche Plastizität oder sie verändern sich durch chemische oder physikalische Reaktionen. Durch eine Vernetzungsreaktion kann aus einem plastisch eingebrachten Dichtstoff ein elastischer Formkörper werden, der die Fuge ausfüllt und abdichtet. Dauerplastische, streifenförmig extrudierte Dichtstoffe sind ebenfalls Thema der folgenden Ausführungen.

Das Füllen der Fuge oder Einbringen des Dichtstoffs in die Fuge wird als „ausspritzen" oder „abdichten" bezeichnet; die beispielsweise in Kartuschen erhältlichen Produkte sind demnach „spritzbare" oder „ausspritzbare" Materialien, die in der Konsistenz je nach Anwendungsgebiet variieren können.

Neben den Dichtstoffen gibt es auch noch den ähnlich lautenden Begriff der Dichtung (Feststoffdichtung). Es handelt sich hierbei um eine äußerst vielgestaltige Gruppe von Dichtelementen, die zwei Bauteile nur dann abdichten, wenn sie unter Flächenpressung stehen. Diese Produkte, die vorwiegend im Automobil- und Maschinenbau verwendet werden, sind nicht Gegenstand dieser Betrachtungen.

2.1.1 Einteilung

Dichtstoffe lassen sich nach vielen unterschiedlichen Kriterien einteilen: Anwendung, chemische Basis, Zahl der Komponenten, Härtemechanismus, mechanisches Verhalten, Verarbeitungseigenschaften etc. Jede dieser Einteilungen hat ihre Berechtigung, einige werden nachstehend vorgestellt:

---

[1] DIN: Deutsches Institut für Normung; EN: Europäische Norm; ISO: International Standardisation Organisation.

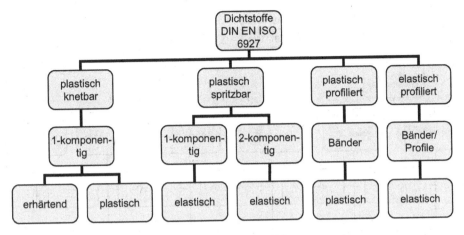

Abb. 2.1 Einteilung der Dichtstoffe nach DIN EN ISO 6927

- Allgemeine Einteilung der Dichtstoffe nach DIN EN ISO 6927,
- Einteilung der Hochbaudichtstoffe nach DIN EN ISO 11600,
- Einteilung der Dichtstoffe nach ihrer Basischemie,
- Einteilung nach der Reaktivität,
- Einteilung nach dem mechanischen Verhalten,
- Einteilung nach praktischen Gesichtspunkten,
- Einteilung nach den Hauptanwendungsgebieten.

Allgemeine Einteilung der Dichtstoffe nach DIN EN ISO 6927
Die Einteilung *sämtlicher* Dichtstoffe, die neben den pastösen auch die geformten Dichtstoffe und auch Dichtprofile umfasst, wird gemäß DIN EN ISO 6927 in vier Hauptgruppen vorgenommen und ist in Abb. 2.1 angegeben. Neben den plastisch knetbaren Produkten, die immer einkomponentig sind, den plastisch spritzbaren und plastisch profilierten sind auch Dichtbänder enthalten, obwohl sie im strengen Sinne keine Dicht„stoffe" sind und einen Übergang zu den geformten Dichtungen darstellen; Näheres hierzu s. Kap. 6 und 7.

Einteilung der Hochbaudichtstoffe nach DIN EN ISO 11600
Nach der DIN EN ISO 11600 werden die im *Hochbau* verwendeten Dichtstoffe in 11 verschiedene Typen und Klassen gegliedert (Abb. 2.2). Die beiden Haupttypen sind Dichtstoffe für Verglasungen (Kennzeichnung: G, glass) und Baudichtstoffe (Kennzeichnung: F, façade). Aus den Klassen ergibt sich die jeweils zulässige Gesamtverformung (ZGV).

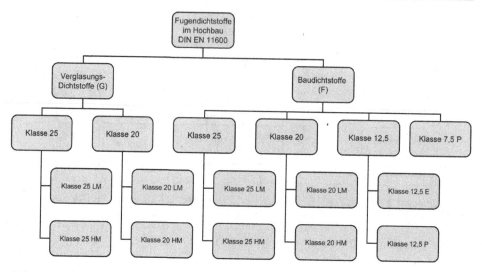

Abb. 2.2 Einteilung der Hochbaudichtestoffe nach DIN ISO 11600

Die *Zulässige Gesamtverformung* (ZGV) beschreibt das Bewegungsvermögen eines Dichtstoffs und stellt eine quantitative Angabe darüber dar, in welchem Prozentbereich der Verformung ein Dichtstoff dauerhaft seine Aufgabe zur Fugenabdichtung erfüllen kann.

Ein Dichtstoff, der, von der Nulllage aus gesehen, in einer Bewegungsfuge im Laufe der Zeit um +12,5 % und um −12,5 % gedehnt wird, erfährt somit eine *Gesamt*verformung von 25 % und muss von der chemischen Basis danach ausgelegt sein, um dauerhaft seine Funktion erfüllen zu können. Dichtstoffe, die von der Nulllage ausgehend entweder um +25 % *oder* −25 % verformt werden, müssen ebenfalls eine ZGV von 25 % haben, um diesen Belastungen auf Dauer standzuhalten. Voraussetzung ist, dass der Dichtstoff auch hier immer wieder die spannungsfreie Nulllage erreicht. Wird ein elastischer Dichtstoff in eine Fuge eingebracht, dort ausgehärtet und die Fuge dann beispielsweise *dauerhaft* auf +25 % gedehnt (z. B. bei einer Setzung), steht der Dichtstoff permanent unter Zugspannung. Die Wahrscheinlichkeit, dass er adhäsiv, ggf. auch kohäsiv, versagt, ist sehr groß. Daher soll ein solcher Fall möglichst vermieden werden. Bei Setzfugen verwendet man zweckmäßigerweise Dichtstoffe mit teilweise plastischen Eigenschaften, sodass sich die auftretenden Spannungen über Relaxationsvorgänge im Inneren des Dichtstoffs ausgleichen können.

Bei den Dichtstoffen der Klassen mit einer ZGV von 25 E, 20 E und 12,5 E handelt es sich um *elastische* Produkte, die in der Norm zusätzlich nach ihrem Modul unterschieden werden: LM (low modulus; niedermodulig) und HM (high modulus; hochmodulig). Die Bezeichnung LM kann nur dann vergeben werden, wenn der Dehnspannungswert (E_{100}-

Modul) bei 23 °C $\leq$ 0,4 MPa und bei -20 °C $\leq$ 0,6 MPa ist. Bei Dichtstoffen der beiden Klassen 12,5 P und 7,5 P mit der entsprechend niedrigeren ZGV von 12,5 % bzw. 7,5 % handelt es sich um *plastische* Produkte (s. Abschn. 6.7).

Auch in dieser neuen internationalen Norm hat sich das Komitee aus Vorsichtsgründen bei den elastischen Dichtstoffen auf eine höchstzulässige Gesamtverformung von 25 % beschränkt, obwohl durchaus Produkte zur Verfügung stehen, die insbesondere in der Dehnung eine zyklische Verformung von 50 % oder mehr tolerieren. Dies würde aber einen Trend zu sehr schmalen Fugen fördern, was durchaus im Sinne vieler Planer wäre. Die sehr schmalen Fugen müssten wiederum präzise dimensioniert werden, um den Dichtstoff, insbesondere bei Vorliegen kleiner Defekte oder Toleranzen in den Fugendimensionen oder bei der Verarbeitung, nicht doch noch über seine Grenzen hinaus zu beanspruchen. Die zahlenmäßig niedrig erscheinenden zulässigen Gesamtverformungen stammen aus jahrzehntelanger Praxiserfahrung. Sie dürfen nicht mit den Reißdehnungen, wie sie in den technischen Datenblättern angegeben sind, verwechselt werden. Die Reißdehnung beschreibt eine einmalige, kurzzeitige und irreversible Beanspruchungsgrenze eines Werkstoffs auf Zug. Eine hohe Reißdehnung zieht nicht automatisch eine hohe ZGV nach sich.

Die korrekte Bezeichnung eines Verglasungs- bzw. eines Fassadendichtstoffs gemäß Abb. 2.2 ist demnach:
Dichtstoff DIN EN ISO 11600 – Typ – ZGV – Modul – Substrate – verw. Primer.

- Beispiel 1: Dichtstoff DIN EN ISO 11600 – G – 25 LM – getestet auf Glas, anodisiertem Aluminium mit Primer.
- Beispiel 2: Dichtstoff DIN EN ISO 11600 – F – 25 HM – getestet auf geprimertem Beton.

Bei dem im ersten Beispiel beschriebenen Dichtstoff handelt es sich im einen Verglasungsdichtstoff, bei dem Dichtstoff des zweiten Beispiels um ein Produkt für Dehnfugen in einer Fassade. Die Bezeichnung der Substrate kann auch weggelassen werden.

Dichtstoffe mit der Bezeichnung LM eignen sich für mechanisch unbelastete Fugen, während Produkte des Typs HM mit entsprechender mechanischer Unterstützung mit Druck, z. B. durch anstehendes Wasser beaufschlagt werden können oder Vandalismus bzw. Abrasion (Verkehr) in gewissem Maße widerstehen können.

Die Abgrenzung zwischen elastischen und plastischen Dichtstoffen geschieht in dieser Norm über das Rückstellvermögen. Es beschreibt die Fähigkeit eines Dichtstoffs, sich nach Dehnung um einen bestimmten Betrag über eine gewisse Zeit wieder zu einem gewissen Prozentsatz seiner Ausgangslage anzunähern, d. h. sich von der Belastung zu erholen.

Einteilung der Dichtstoffe nach ihrer Basischemie

Eine weitere, oft von den Dichtstoffherstellern benutzte Einteilung der Dichtstoffe erfolgt nach den zugrunde liegenden chemischen Hauptrohstoffen (Polymer/Bindemittel) der einzelnen Produkte. Diese muss von Zeit zu Zeit ergänzt werden, wenn sich neue Produktklassen, wie zuletzt die silanhärtenden Systeme, im Markt durchsetzen (Abb. 2.3). Dem Kap. 6 „Dichtstoffe" liegt die Einteilung nach der Chemie zugrunde.

Einteilung nach der Reaktivität

Die Einteilung nach der Reaktivität kann in drei Hauptkategorien erfolgen:

- Chemisch härtende Dichtstoffe,
- Physikalisch härtende Dichtstoffe,
- Nichthärtende Dichtstoffe.

Chemisch härtende Dichtstoffe sind die bekannteste Gruppe. Hier unterscheidet man zwischen den einkomponentigen[2], luftfeuchtigkeitshärtenden Produkten[3], die meist aus Kartuschen oder Schlauchbeuteln verarbeitet werden und den zweikomponentigen. Bei letzteren muss vor dem Ausspritzen oder Vergießen in die Fuge ein Härter beigemischt werden. In beiden Fällen unterscheidet sich der Lieferzustand erheblich vom endgültigen Einbauzustand in der Fuge.

Physikalisch härtende Dichtstoffe verändern sich nach dem Einbringen in die Fuge durch Verlust eines Lösemittels wie Wasser oder einer organischen Komponente oder durch Abkühlung nach einem Heißauftrag, wie es beispielsweise bei bitumenhaltigen Produkten oder den sog. Heißbutylen der Fall ist. Organische Lösemittel, die früher viel in kautschukhaltigen Formulierungen verwendet worden waren, erleichtern zwar enorm die Verarbeitbarkeit durch Absenkung der Viskosität und ermöglichen gutes Anfließen des Dichtstoffs an die Bauteile, sind jedoch auch mit diversen Nachteilen verbunden: Neben der möglichen Explosionsgefahr der abgegebenen Lösemitteldämpfe benötigen sie eine nicht unbedeutende Zeitspanne zur Abdunstung, die mit einem merklichen Volumenschwund des Dichtstoffs einhergeht. Trotz der zurückgegangenen Bedeutung gibt es auch heute noch Anwendungen im Klima-, Lüftungs- oder im Metallbau, wo lösemittelhaltige Produkte die erste Wahl sind, nicht zuletzt deswegen, weil diese auch auf leicht öligen Untergründen ohne vorherige Reinigung verwendet werden können.

Wasserbasierte Dispersionen zählen ebenfalls zu den physikalisch reaktiven Produkten. Sie härten durch Verdunstung des Wassers. Dieser Vorgang ist stark klimaabhängig: Je nach Luftfeuchte und Umgebungstemperatur erfolgt die Verfestigung des Dichtstoffs in der Fuge unterschiedlich schnell. Auch das Verhältnis Oberfläche zu Gesamtvolumen der dichtstoffgefüllten Fuge bestimmt die Aushärtegeschwindigkeit mit. In manchen Fällen kann es daher Wochen dauern, bis der Dichtstoff seinen endgültigen Aushärtungszustand erreicht hat. Abhängig vom Wassergehalt stellt sich ein Volumenschwund von 20–30 %,

---

[2] Der eingeführte Begriff „einkomponentig" ist in mehrfacher Hinsicht irreführend: Jeder technische Dichtstoff besteht aus einer Vielzahl von Komponenten, meist 5–15, und die zur Härtung notwendige Luftfeuchtigkeit ist eine unsichtbare zweite Komponente.
[3] Strenggenommen sind auch noch sauerstoff- und hitzehärtende Systeme denkbar. Sie spielen jedoch im Bauwesen keine Rolle.

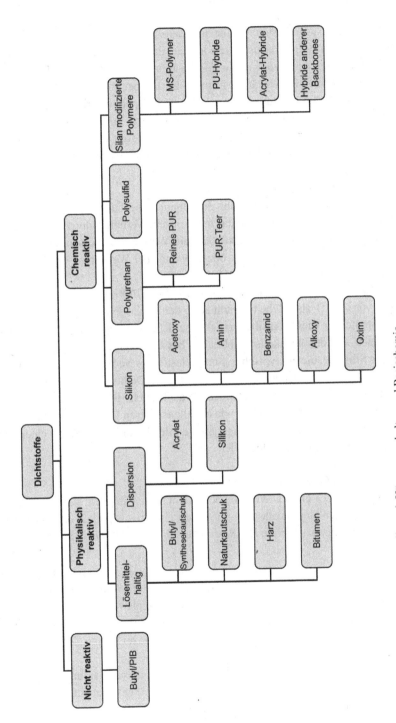

Abb. 2.3 Einteilung der Dichtstoffe nach Härtungsverhalten und Basischemie

gelegentlich bis 45 %, ein, was mit einer sichtbaren Verformung der Dichtstoffoberfläche einhergehen kann.

Nichthärtende Dichtstoffe basieren meist auf Kautschuk oder Bitumen. Sie sind mehr oder minder dauerklebrig und plastisch verformbar. Erstere werden entweder als ungeformte Knetmassen oder bevorzugt als profilierte Bänder, mit oder ohne Kaschierung, verwendet. Aufgrund ihrer Plastizität verformen sie sich bei Einwirkung einer äußeren Kraft und bei höheren Temperaturen. Auch bei Raumtemperatur erfolgt eine langsame Verformung unter Last: Manche dieser Produkte neigen daher zum „Kriechen". Bitumenbasierende Produkte kommen neben der pastösen auch in fester Form in den Handel. Im letztgenannten Fall müssen sie vor der Verarbeitung erst aufgeschmolzen werden.

Einteilung nach dem mechanischen Verhalten

Dichtstoffe lassen sich auch gut durch ihr deformationsmechanisches Verhalten kennzeichnen. Wie bei jedem Kunststoff wird das mechanische Verhalten durch die elastischen und plastischen Anteile bestimmt. Je elastischer ein Werkstoff ist, umso mehr nähert er sich nach einer Verformung (Zug, Druck oder Torsion) bei Wegnahme der Last wieder seiner ursprünglichen Gestalt.

Elastische Dichtstoffe werden nach der DIN EN ISO 11600 bereits bei einem Rückstellvermögen von > 40 % als solche bezeichnet. In der bisherigen Normierungs-Praxis in Deutschland konnten sie dieses Attribut erst ab einer Rückstellung von > 70 % für sich in Anspruch nehmen, was der physikalischen Realität besser entsprechen dürfte. Ausgehärtete, hochwertige Silikone, die ein typisches gummielastisches Verhalten bei Verformungen zeigen, gelten geradezu als Prototypen (hoch-)elastischer Dichtstoffe. Je nach Gehalt an Silikonpolymer bzw. Verschnittstoffen sind jedoch auch solche Produkte möglich, die gewisse plastische Anteile aufweisen. Hier, wie bei allen anderen Dichtstoffen auch, gibt es durchaus große Unterschiede der Leistungsfähigkeit der Produkte innerhalb einer Kategorie, abhängig von Rezeptur und Hersteller.

Das *Rückstellvermögen* eines Dichtstoffs beschreibt seine Fähigkeit, sich nach einer erfolgten Dehn- oder Stauchbelastung wieder zu einem gewissen Prozentsatz der ursprünglichen Form anzunähern. Die Prüfung erfolgt nach DIN EN ISO 7389.

Zur Einstufung des Rückstellvermögens nach Zugbelastung wird der Dichtstoff nach DIN EN ISO 7389 in einem genormten Prüfkörper beispielsweise um 100 % gedehnt, nach einer gewissen Zeit entlastet und die bleibende Verformung gemessen. Sie darf einen Mindestwert nicht überschreiten damit der Dichtstoff die Bezeichnung „ZGV von 25 %" tragen kann.

Beim Aushärten eines reaktiven Dichtstoffs durchläuft dieser, beginnend von einem nahezu ausschließlich plastischen Zustand („pastös"), viele Zwischenstufen, bevor er ein merkliches elastisches Verhalten zeigt. Während des Aushärtevorgangs, der manchmal

Tab. 2.1 Einteilung der Dichtstoffe nach dem Deformationsverhalten

Deformationsverhalten	Rückstellvermögen in %
Plastisch (Verformung unter Last)	< 20
Elastoplastisch (vorwiegend plastisch, mit elastischen Anteilen)	≥ 20 bis < 40
Plastoelastisch (vorwiegend elastisch, mit plastischen Anteilen)	≥ 40 bis < 70
Elastisch (annähernd Rückkehr zur Ausgangsform)	≥ 70

fälschlicherweise auch als „Vulkanisation" beschrieben wird, verknüpfen sich die zunächst noch relativ frei beweglichen (Prä-)Polymere zu einem weitmaschigen, elastischen Netzwerk. Ein ausgehärteter, elastischer Dichtstoff kann also wiederholt den Bewegungen der Fugenflanken folgen, ohne sich irreversibel zu verformen, vorausgesetzt, dass er am Substrat haftet.

Plastische Dichtstoffe verformen sich dagegen irreversibel durch eingeleitete Kräfte. Sie sind bei höheren Temperaturen auch deutlich weicher als bei niedrigen. Sie haben den Vorteil, dass sie Spannungen abbauen können, wenn die Verformung langsam vonstattengeht. Ein plastischer Dichtstoff folgt also – wohlgemerkt in engen Grenzen – den Fugenbewegungen wie eine zähe Flüssigkeit: Die Fuge bleibt dicht. Bei Setzfugen müssen daher unbedingt Dichtstoffe verwendet werden, die merkliche plastische Anteile enthalten, um den Aufbau von Spannungen im Dichtstoff zu vermeiden, die möglicherweise zu einem meist adhäsiven Versagen des Dichtstoffs führen würden.

Die noch vielfach gebräuchlichen Begriffe *plasto*elastisch und *elasto*plastisch, die den Bereich zwischen den elastischen und plastischen Produkten nochmals unterteilen (Tab. 2.1), sind in der DIN EN ISO 11600 nicht enthalten, da diese einen Schwerpunkt auf die elastischen Produkte legt.

Bei plastoelastischen Dichtstoffen überwiegt der elastische Anteil, bei elastoplastischen dementsprechend der plastische. Von den Dichtstoffherstellern werden daneben noch viele weitere Begriffe verwendet, um qualitativ die Eigenschaften der jeweiligen Produkte zu beschreiben: dauerplastisch und -elastisch, elastisch mit plastischen Anteilen und umgekehrt, härtend und nichthärtend. Diese können dem Verwender helfen, das geeignete Produkt auszuwählen. In Abb. 2.4 ist der Unterschied zwischen einem ideal

Abb. 2.4 Verhalten von elastischen und plastischen Dichtstoffen bei wiederholter stärkerer Verformung

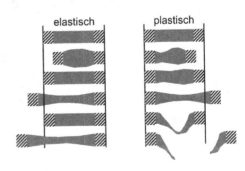

elastisch   plastisch

Abb. 2.5 Die senkrechte Dehnfuge wurde korrekt mit einem elastischen Dichtstoff verschlossen während das irrtümlich in der Bodenfuge verwendete plastische Produkt durch die aufgenommenen Bewegungen überfordert ist. (Foto: M. Pröbster)

Abb. 2.6 Schematische Spannungs-/Dehnungsdiagramme von Dichtstoffen

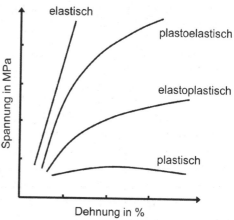

elastischen und einem plastischen Dichtstoff schematisch dargestellt, wenn die Dichtstoffe wiederholt gedehnt und gestaucht werden. In Abb. 2.5 erkennt man den Unterschied in einer realen Situation. Der plastische Dichtstoff in der Bodenfuge wurde durch die Fugenbewegungen stark gewalkt und hat sich irreversibel verformt, während der elastische die Bewegungen unbeschadet überstand. Die unterschiedlichen Arten von plastischen und elastischen Dichtstoffen einschließlich der Übergänge lassen sich gut in einem Spannungs-/Dehnungsdiagramm darstellen (Abb. 2.6). Dieses Diagramm beschreibt auch angenähert die Vorgänge in einem härtenden elastischen Dichtstoff, der nach dem Ausspritzen zunächst plastisch ist und im Laufe der chemischen Reaktion in den elastischen Zustand übergeht.

Werden *schnelle Lastwechsel* erwartet, wie sie z. B. Windlasten bei Hochhäusern darstellen, sind elastische Dichtstoffe besser geeignet, bei langsamen Lastwechseln auch plastoelastische oder elastoplastische.

Einteilung nach praktischen Gesichtspunkten
Der Praktiker teilt die Dichtstoffe am besten nach ihrem Verarbeitungsverhalten ein:

- *Standfeste* Dichtstoffe verbleiben nach dem Einbringen in eine senkrechte Fuge in dieser, ohne abzusacken, auszubauchen oder am unteren Ende der Fuge abzurutschen (gleitender Haftungsverlust des noch ungehärteten Dichtstoffs an den Fugenflanken). Die Standfestigkeit eines Dichtstoffs wird mit 10 oder 20 mm breiten Normschienen beim Hersteller bestimmt. Bei höheren Applikationstemperaturen kann die Standfestigkeit leiden. Bei zu hohen Substrattemperaturen steigt auch die Gefahr des Abrutschens.
- *Selbstnivellierende* Dichtstoffe sind unterschiedlich zähflüssig und fließen von selbst in horizontale Fugen ein, wenn diese breit genug sind. Sind die Fugen nicht exakt waagerecht, kann es vorkommen, dass der Dichtstoff ausläuft.
- *Profilierte Bänder* und Knetmassen werden, ggf. nach vorherigem Abziehen von Abdeckfolie oder -papier auf das Substrat auf- oder in die Fuge eingedrückt. Im Metallbau wird manchmal auch erst ein Substrat mit dem Dichtstoffband belegt, bevor das zweite gefügt wird.

Die *Einteilung nach den Hauptanwendungsgebieten* wird von den europäischen Normierungsgremien zur gezielten Bearbeitung der einzelnen Anwendungsfälle vorgenommen. Man kann demnach unterscheiden:

- Fassadendichtstoffe (= Hochbaudichtstoffe),
- Verglasungsdichtstoffe,
- Elastische Klebstoffe (Kleb-/Dichtstoffe) einschließlich der Systeme für strukturelle Verglasung, Dachsteinbefestigungen, elastische Parkett- und Spiegelklebstoffe,
- Feuerhemmende Dichtstoffe (Brandschutzsysteme),
- Sanitärfugendichtstoffe,
- Dichtstoffe für Bodenfugen im Bauwesen (nicht jedoch Dichtstoffe für den Straßen- oder Flugplatzbau).

Ein Dichtstoff kann zusammenfassend durch die nachstehenden Charakteristika beschrieben werden. Je nach Anforderung kommen die Einzeleigenschaften mehr oder weniger zum Tragen.
Eigenschaften des unausgehärteten Dichtstoffs:

- Zahl der Komponenten,
- Hauptbestandteile (Polymertyp),
- Aushärtungsmechanismus,
- Lagerfähigkeit des ungeöffneten Gebindes.

Verarbeitungseigenschaften:

- Ausspritzrate und -verhalten,
- Verarbeitungstemperatur,
- Topfzeit (wo zutreffend),
- Standfestigkeit,
- Glättbarkeit,
- Hautbildezeit,
- Klebfreizeit,
- Frühregenbeständigkeit,
- Aushärtung,
- Schmutzaufnahme,
- Geruch während und nach der Aushärtung.

Eigenschaften des ausgehärteten Dichtstoffs:

- Zulässige Gesamtverformung (ZGV, Bewegungsvermögen),
- Gebrauchstemperatur,
- Haftung,
- Modul bei Raumtemperatur,
- Modul bei tiefer Temperatur,
- Härte,
- Überstreichbarkeit,
- Anstrichverträglichkeit,
- Verträglichkeit zum Substrat,
- Medienbeständigkeit,
- Migrationsfreiheit,
- Abrasionsfestigkeit,
- Vandalismusfestigkeit/Stichfestigkeit,
- Wurzelfestigkeit,
- Dauerklebrigkeit (Tack),
- Alterungsbeständigkeit/Lebensdauer,
- Schimmelbeständigkeit,
- Volumenschwund.

2.1.2 Funktionen von Dichtstoffen

In den meisten Fällen ist die Hauptfunktion des Dichtstoffs, den Durchtritt von Medien durch die Fuge zu verhindern; gelegentlich werden aber auch andere Funktionen benötigt, wie aus Tab. 2.2 hervorgeht. Im Hochbau handelt es sich in aller Regel darum, Wasser, Regen, Schnee, feuchte Luft oder Staub am Eindringen in ein Bauwerk zu hindern. Im

Tab. 2.2 Funktionen von Dichtstoffen in einer Fuge

Hauptfunktion	Nebenfunktion
Fugen füllen	Optik
Bewegungsausgleich/Vermeidung von Zwängungen	Vibrationsdämpfung
Mediendurchtritt verhindern	Körper- und Luftschalldämpfung
– Gase, z. B. Luft, Schadgase wie Schwefeldioxid, Stickoxide, Radon	Brandschutz Kein Nährboden für Pilze
– Flüssigkeiten, z. B. (Regen-)wasser	Korrosionsschutz
– Feststoffe, z. B. Staub, Dieselruß	

Tiefbau sollen oft Dichtflächen geschaffen werden, die z. B. das Erdreich vor dem Einsickern von schädlichen Flüssigkeiten bewahren oder das Eindringen von Wasser in Bauwerke verhindern sollen. Dies wird erzielt durch das Füllen der Fuge mit dem Dichtstoff und die aufgabenspezifische Abstimmung des Kohäsions- und Adhäsionsverhaltens des Dichtstoffs und seiner Widerstandsfähigkeit gegenüber den betreffenden Medien. Neben den primären Aufgaben kommen weitere dazu, z. B. Wärmeschutz, Energieeinsparung, Brandschutz, Schallschutz.

2.2 Benetzung, Adhäsion und Kohäsion

Erfolgreiches Arbeiten mit Dichtstoffen setzt ein optimales Zusammenspiel von Dichtstoffformulierung, Oberflächenvorbereitung und Dichtstoffverarbeitung voraus. Nur so kann über die Benetzung des Untergrunds Haftung entstehen und in Kombination mit der inneren Festigkeit des Dichtstoffs eine dauerhafte Abdichtung erzielt werden.

2.2.1 Benetzung, die Voraussetzung für Haftung

Damit sich Dichtstoffe gut und dauerhaft mit dem Untergrund verbinden, müssen sie zunächst richtig an diesen anfließen bzw. ihn benetzen. Die Benetzungsfähigkeit einer Flüssigkeit auf einem bestimmten Feststoff kann durch den Randwinkel Θ charakterisiert werden (Abb. 2.7). Ist $\Theta < 90°$, spricht man von Benetzung, bei $\Theta < 30°$ von sehr guter. Bei größeren Randwinkeln ist die Benetzung schlecht. Idealerweise ist der Randwinkel $\approx 0°$; hier spricht man von Spreitung auf der Oberfläche. Das kann man beispielsweise dadurch erreichen, dass man die Formulierung ziemlich dünnflüssig einstellt, am einfachsten durch einen Zusatz von Lösemitteln. Ein dünnflüssiger Dichtstoff (oder ein Primer) umfließt leicht die Erhebungen und Täler, die jedes abzudichtende Substrat an seiner Oberfläche aufweist. Bei Mauerwerk oder Beton sind diese optisch gut auszumachen, aber auch andere, scheinbar glatte Werkstoffe zeigen bei entsprechender Vergrößerung eine raue Struktur. Benetzt ein aufgebrachter Dichtstoff etwa nur die Spitzen, was auch an zu hoher Viskosität bzw. zu geringem Anpressen des Dichtstoffs liegen kann, wird die Fläche der Täler zum

Abb. 2.7 Benetzung einer
Oberfläche durch eine Flüssigkeit

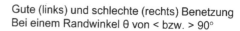

Gute (links) und schlechte (rechts) Benetzung
Bei einem Randwinkel θ von < bzw. > 90°

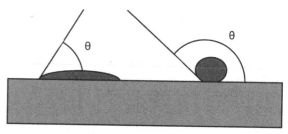

Abb. 2.8 Die Rauigkeit des
Substrats und der Anpressdruck des Dichtstoffs sind
mitbestimmend für die Güte
der Haftung

Gute Benetzung

Unzureichende Benetzung

Haftungsaufbau verschenkt (Abb. 2.8). Es könnte sogar zu Undichtigkeiten durch kapillar
eindringendes Wasser kommen.

> Das Abglätten eines frischen Dichtstoffs in der Fuge dient sowohl zur Formung
> seiner Oberfläche und der Gegenseite als auch zum möglichst spaltfreien Anpressen
> an die Fugenflanken, um Haftflächen aufzubauen.

Auch mit zähflüssigen, hochviskosen Dichtstoffen oder Dichtstoffbändern kann man
gute Benetzung erzielen: Man muss sie nur entsprechend kräftig einpressen bzw. andrücken, sodass auch die Täler ausgefüllt werden.

▶   **Praxis-Tipp** Beim Ausspritzen des Dichtstoffs in die Fuge die Düse der Kartusche möglichst so halten, dass der Dichtstoff in der Nähe der Fugenflanken aus-
tritt und an diese gepresst wird.

Beim Ausspritzen muss gewährleistet sein, dass man auch wirklich einen entsprechenden Anpressdruck des Dichtstoffs ausüben kann. Eine Temperaturerhöhung, dort wo

möglich, senkt die Viskosität des Dichtstoffs und erhöht auch die Chance auf gutes Anfließen. Mit der Haftung zum Substrat wird ein Großteil der Qualität einer Abdichtung
festgelegt. Wenn eine Fuge versagt, siehe hierzu Kap. 10, liegt es in meisten Fällen an der
Haftung, die manchmal aus unzureichender Benetzung resultiert.

> ▶ **Praxis-Tipp** Bei kaltem Wetter sollten die einzusetzenden Dichtstoffe mindes-
> tens 24 h bei Raumtemperatur oder leicht erhöhter Temperatur (bis 35 °C) vor-
> konditioniert werden, um sowohl leichte Verarbeitbarkeit als auch gutes Benet-
> zungsverhalten zu gewährleisten. Dichtstoffe dürfen nicht unterhalb der ange-
> gebenen Mindestverarbeitungstemperatur verwendet werden.

Um die Haftfreudigkeit eines Untergrundes schnell zu überprüfen, kann man einen
einfachen *Benetzungstest* mit Wasser durchführen: Perlt aufgespritztes Wasser spontan
ab, müssen weitergehende Untersuchungen angestellt werden, bevor der Dichtstoff aufgebracht wird. „Spreitet" das Wasser, dürfte die Oberflächenenergie (Oberflächenspannung)
in einem brauchbaren Bereich liegen. Die Oberflächenenergie eines Untergrunds lässt sich
genauer mit Testtinten oder -stiften bestimmen. Damit kann man die ungefähre Oberflächenenergie eines Substrates ermitteln und abschätzen, ob sie hoch genug ist.

> ▶ **Praxis-Tipp** Zur Prüfung der Oberflächenspannung eines glatten Substrats
> wählt man eine Testtinte des mittleren Messbereichs, z. B. 38 mN/m. Bleibt der
> aufgetragene Pinselstrich 2 sec. stehen, ohne sich zusammenzuziehen, so ist
> die Oberflächenspannung des Materials entweder gleich groß wie die der Flüs-
> sigkeit oder höher. Als nächstes wird nun eine Testtinte mit einem höheren
> Wert, z. B. 40 mN/m, aufgestrichen. Diese Prüfung wird mit weiteren, höheren
> Testtinten solange fortgesetzt, bis ein Zusammenziehen innerhalb von 2 sec.
> eintritt. Die tatsächliche Oberflächenspannung liegt zwischen dem letzten und
> vorletzten Wert.
> Tritt ein Zusammenziehen innerhalb von 2 sec. bereits beim ersten Versuch mit
> 38 mN/m auf, so wird die Prüfung sinngemäß solange durch Testtinten mit nied-
> rigeren Messwerten fortgesetzt, bis kein Zusammenziehen mehr erfolgt.

Substrate mit niedrigen Oberflächenenergien können nur mit Dichtstoffen niedriger
Oberflächenenergie abgedichtet werden. Substrate mit hohen Oberflächenenergien können sowohl mit Dichtstoffen hoher wie niedriger Oberflächenenergie abgedichtet werden.
Idealerweise hat der Dichtstoff immer eine geringere (bis gleiche) Oberflächenenergie wie
das Substrat (Tab. 2.3).

Die Oberflächenenergie eines nicht haftfreudigen Substrats kann durch verschiedene physikalisch-chemische Methoden erhöht werden. Dazu zählen Beflammung, Koro-
nabehandlung, Atmosphärenplasma und chemische Ätzmethoden. Derartige Behandlun-
gen lässt man meist Kunststoffen bei industriellen Herstellungsprozessen angedeihen;
auf Baustellen sind solche Methoden nicht verbreitet. In manchen Fällen senken auch
Formtrennmittel die Oberflächenenergie eines Werkstoffs unter den eigentlichen Wert des
Bauteils.

Tab. 2.3 Oberflächenspannungen verschiedener Werkstoffe in mJ/m^2 (dyn/cm)

Metalle	Kunststoffe	Mineralische Baustoffe	Sonstiges
Eisen: 2500	PTFE: 19	Glas: 290–300	Wasser: 73
Chrom: 2400	Silikone: 24	Keramik: 500–1500	Wachs: 26
Aluminium: 1200	Naturkautschuk: 24		Silikonöl: 22
Kupfer: 1900	Polypropylen: 29–31		
Zink: 1000	Polyethylen: 31–35		
Titan: 2000	PMMA: 33–44		
Nickel 2400	Polycarbonat: 34–37		
	PETP: 42		
	Polyamid: 47		

Anmerkung: Die genaue Zusammensetzung der einzelnen Werkstoffe beeinflusst die Werte sehr stark. Alle Angaben sind daher nur als Anhaltspunkte zu verwenden.

Untergründe, die nicht *tragfest* sind, also lose Schichten an ihren Oberflächen aufweisen, lassen sich nicht zuverlässig abdichten, ohne dass man diese Schichten entfernt. Öle (z. B. Schalöl), Fett, Staub, Rost, Farbreste, Sand, Zementschleier, Trennmittel oder Silikonreste unterminieren die Tragfestigkeit und müssen entfernt werden. Auch Taubildung auf Werkstücken, die kurz vor dem Abdichten aus einem kalten Lager in eine warme Werkhalle gebracht wurden, erzeugt einen nicht tragfähigen Untergrund. Der morgendliche Tau auf Baustellen kann ebenfalls zu Haftungsproblemen führen. Oftmals sieht man den gebildeten Taufilm nicht und wundert sich über mangelnde Haftung, insbesondere von chemisch reaktiven Dichtstoffen. In diesem Fall haftet der Dichtstoff nicht auf dem eigentlichen Substrat, sondern kontaktiert die nicht tragfähige, feuchte Zwischenschicht.

Die Tragfähigkeit, d. h. Freiheit von losen Schichten, Betonschleier, Mörtelresten, Staub etc. kann durch Wischen mit einem Gegenstand oder durch einen *Kratztest* bestimmt werden. Nur auf wirklich tragfähigen Untergründen darf abgedichtet werden.

Bei einem stark sandenden Untergrund sollte zuerst versucht werden, durch mechanische Reinigung (Bürsten, Strahlen) die losen Schichten weitestgehend zu entfernen, dann muss durch Primern (Vorstrich, Tiefgrund) dafür gesorgt werden, dass der Untergrund genügend verfestigt und damit tragfähig wird.

2.2.2 Adhäsion

Die grundsätzlichen Voraussetzungen für das Funktionieren eines Dichtstoffs in einer Fuge kann man in zwei Begriffen erfassen: Haften und Zusammenhalten. Meist wird die Haftung des Dichtstoffs auf dem Untergrund als *Adhäsion* bezeichnet, doch bedeutet das aus dem Lateinischen entliehene Wort nichts anderes als „Haftung". Es gibt verschiedene Mechanismen, die zur Haftung führen können: mechanische Verkrallung, physikalische Haftung über unterschiedliche elektrische Wechselwirkungen von Molekülen im Nahbereich und die Haftung über chemische Bindungen. Würde ein Dichtstoff nicht dauerhaft auf dem Untergrund haften, könnten Medien jeder Art den Dichtstoff unterwandern und man spräche von einer undichten Fuge. Der Sinn des Dichtstoffs wäre also hinfällig. Dass Haftung sehr unterschiedliche Qualitäten aufweisen kann, weiß jeder, der schon einmal ein Heftpflaster auf trockene oder eingeölte Haut geklebt und wieder abgezogen hat. Der Zustand des Untergrunds, seine Haftfreudigkeit, d. h. seine Oberflächenenergie, beeinflusst also in erheblichem Maße die Güte der Haftung eines Kleb- oder Dichtstoffs. Während die meisten Metalle, wie aus der täglichen Praxis bekannt, eher haftfreundliche Untergründe darstellen, sind Kunststoffe wie Polyethylen, Teflon oder silikonisierte Oberflächen äußerst schwierige, und ohne Vorbehandlung nicht geeignete Untergründe, um eine stabile Haftung zu ermöglichen. Die Ursache dafür sind unterschiedliche Oberflächenenergien, die bei Metallen sehr hoch, bei den genannten Kunststoffen dagegen sehr niedrig sind.

Auch die Dichtstoffe selbst haben unterschiedliche Oberflächenenergien. Dichtstoffe mit niedriger Oberflächenenergie („niederenergetische"), z. B. Butylkautschuk- oder Silikondichtstoffe haften an nahezu allen Oberflächen, egal ob Kunststoff, Metall, Glas, Mauerwerk, Beton etc. Dichtstoffe mit relativ hoher Oberflächenenergie, wie z. B. die Polyurethane, haften zwar hervorragend auf polaren Untergründen, auf unpolaren aber versagen sie. Zum Aufbau einer nennenswerten Haftung sind entweder physikalische (elektrische) Wechselwirkungen zwischen Dichtstoff und Substrat nötig, oder chemische.

Wie gut auch rein physikalische Wechselwirkungen sein können, sieht man am Beispiel von Geckos, die ohne Anwendung von Klebstoff an Glasscheiben (Abb. 2.9) und sogar kopfüber an der Decke eines Zimmers herumlaufen können. Die Haftung kommt dadurch zustande, dass eine Unzahl feinster Härchen an den Füßen der Geckos in innigsten Kontakt mit dem Untergrund gebracht werden, und diesem so nahe kommen, dass sich die eigentlich schwachen elektrostatischen und -dynamischen Adhäsionskräfte zwischen den Härchen und beispielsweise der Wand zu ganz beachtlichen Werten aufaddieren. Haftvermittelnd in diesem Fall ist außerdem eine hauchdünne Schicht von Feuchtigkeit, die auf allen Festkörpern sitzt, die der offenen Luft ausgesetzt sind.

Die abzudichtenden Bauteile kann man auch in poröse und nichtporöse Substrate einteilen. Zu den porösen gehören Mauerwerk, Ziegel, Beton, manche Natursteine, Naturholz etc. und zu den nichtporösen Metalle, Kunststoffe, Glas, Porzellan, Fliesen etc. auch hier können eventuelle Oberflächenbehandlungen oder Trennmittel, die nicht immer erkennbar sind, das Haftungsverhalten von Dichtstoffen erheblich beeinflussen.

▶ **Praxis-Tipp** Hydrophobierungsmittel auf Fertigbetonteilen oder Mauerwerk sind oft nicht sichtbar. Ihr Vorhandensein birgt ein erhebliches Risiko für die Haftung von Primern oder Dichtstoffen. Bei Verdacht auf Vorhandensein von Hydrophobierungsmittel sollten immer Vorversuche gemacht werden (Benetzungs- und Haftungstest).

Abb. 2.9 Die Füße eines Geckos haften rein physikalisch auf dem Untergrund. (Foto: S. Gorb, MPG)

2.2.3 Kohäsion

Die *Kohäsion* beschreibt die innere Festigkeit eines Dichtstoffs. Der Begriff „cohere" stammt ebenfalls aus dem Lateinischen und bedeutet „zusammenhalten". Man könnte auch sagen, die Kohäsion ist die Haftung des Dichtstoffs in sich selbst. Die Kohäsion hängt sehr stark von Art und Struktur des Dichtstoffs ab und ist eine Materialeigenschaft. Wie aus dem Alltag wohlbekannt ist, kann die Kohäsion von Werkstoffen sehr unterschiedlich sein: Stahl hat eine sehr hohe und Kaugummi fast keine Kohäsion, um zwei Extrembeispiele zu nennen. Die Temperatur spielt für die Höhe der Kohäsion ebenfalls eine große Rolle. Bei steigender Temperatur werden insbesondere Kunststoffe schnell weicher, sie verlieren an Kohäsion. Eine hohe innere Festigkeit muss ein Dichtstoff nicht haben, denn er dient nicht zur Kraftübertragung. Dafür sollte zumindest ein elastischer Dichtstoff eine hohe reversible Dehnung aufweisen. Wird eine Fuge mit Druck beaufschlagt und ist die Kohäsion zu gering, bilden sich Kanäle und das unter Druck stehende Medium dringt ein. Auch Abbaureaktionen, z. B. durch UV-Strahlung, Wärme oder Chemikalien können sich negativ auf die Kohäsion auswirken, was bei einem Dichtstoff bedeutet, dass er in sich reißt und dadurch die Fuge undicht wird. Blasen, Lunker oder andere Fehlstellen im Dichtstoff schwächen ebenfalls die Kohäsion und sind daher möglichst zu vermeiden.

Weiterführende Literatur

ASTM C 920, Standard Specifications for Elastomeric Joint Sealants (2013)

ASTM C 1293, Standard Guide for Use of Joint Sealants (2013)

Cognard, P. (Hrsg.), Adhesives and Sealants – Basic Concepts and High Tech Bonding, Elsevier, Amsterdam (2005)

DIN EN ISO 11600, Hochbau – Fugendichtstoffe – Einteilung und Anforderungen von Dichtungsmassen (2011)

DIN 52460, Fugen und Glasabdichtungen – Begriffe (2000)

DIN EN ISO 6927, Hochbau; Fugendichtstoffe; Begriffe (2012)

Endlich, W., Fertigungstechnik mit Kleb- und Dichtstoffen, Vieweg, Braunschweig, 1995

Merkblatt Nr. 2, Klassifizierung von Dichtstoffen, Industrieverband Dichtstoffe e. V. (2014)

Dichtstofflexikon, Industrieverband Dichtstoffe e. V., Düsseldorf (2004)

Klimatische Einflüsse 3

Im Baugewerbe kann, im Gegensatz zur industriellen Produktion, der Einfluss des Klimas auf die Bauteile, die Bauhilfsstoffe, deren Verhalten und natürlich die dort beschäftigten Menschen nicht durch Maßnahmen wie eine Klimatisierung ausgeschlossen werden. Mit dem jeweils herrschenden Klima müssen Anwender und Nutzer zwangsläufig „leben". In manchen Fällen muss man sich bekanntlich dem Wetter beugen und gegebenenfalls geplante Arbeiten verschieben, auch wenn der Fertigstellungstermin noch so drängt. Insbesondere bei der Verwendung von einkomponentigen, luftfeuchtigkeitshärtenden und wasserbasierten Dichtstoffen ist das Umgebungsklima bei Planung und Ausführung von Arbeiten mit zu berücksichtigen.

3.1 Grundwissen Klima

Unter *Klima* (kontinental, atlantisch, mediterran etc.) versteht man die statistische Gesamtheit aller meteorologischen Erscheinungen an einem Ort, z. B. an einer Baustelle. Das Klima wird wesentlich von der geografischen Lage einer Baustelle beherrscht. Je nach Klimazone, in der ein Bauvorhaben durchgeführt werden soll, ist mit unterschiedlichen Fugenbewegungen zu rechnen, was in der gesamtheitlichen Planung zu berücksichtigen ist. Die *Witterung* (sonnig, regnerisch etc.) hingegen beschreibt die Abfolge verschiedener Wetterzustände im Laufe von einigen Tagen und hat damit für die Planung der Abdichtarbeiten eine erhebliche Bedeutung. Das *Wetter* am Tage des Abdichtens (z. B. Regen, Frost) kann es gelegentlich unmöglich machen, die vorgesehenen Arbeiten durchzuführen.

Für den Verarbeiter von Dichtstoffen ist es wichtig, neben der Temperatur auch die Feuchtigkeit der Luft zu kennen und richtig einzuordnen. Die *relative Luftfeuchte* (relative Luftfeuchtigkeit, r. Lf.) beschreibt den Wasserdampfanteil der Luft in Prozent der maximalen Wasseraufnahme bei einer bestimmten Temperatur. Die maximale Aufnahmemenge an Feuchtigkeit in Luft einer gegebenen Temperatur wird auch die *Sättigungsfeuchte* genannt. Sie ist temperaturabhängig und damit auch die relative Luftfeuchte. Die

© Springer Fachmedien Wiesbaden 2016
M. Pröbster, *Baudichtstoffe*, DOI 10.1007/978-3-658-09984-8_3

relative Luftfeuchte ist wichtig für alle hygroskopischen und sorptiven Vorgänge, z. B. in Mauerwerk. Die *absolute Luftfeuchte* gibt an, welche Menge an Wasser (in Gramm) pro Kubikmeter Luft enthalten ist. Warme Luft kann, absolut gesehen, mehr Wasser aufnehmen als kühle. Steigt durch Abkühlen von Luft die relative Feuchte, wird bei 100 % die Sättigung, auch Taupunkt genannt, erreicht: Das überschüssige Wasser fällt als Nebel oder Tau aus. Strömt warme, feuchte Luft z. B. durch eine undichte Fuge am Fensteranschluss an einer kalten, unzureichend isolierten Wand vorbei, bildet sich bei Erreichen des Taupunkts Kondensat an der Wand, welches zu Schimmelbildung führen kann. Wird ein kühles Werkstück in einen warmen Raum gebracht, kann es sein, dass auf der Oberfläche des Werkstücks der Taupunkt unterschritten wird und sich ein manchmal auch unsichtbarer Wasserfilm niederschlägt. Würde man darauf, ohne das Werkstück abzutrocknen oder auf einen Temperaturausgleich zu warten, einen chemisch reaktiven Dichtstoff aufbringen, könnten Haftungsprobleme auftreten.

Kühlere Luft ist, absolut gesehen, trockenere Luft als wärmere.

3.2 Klimatische Einflüsse auf Bauwerke

Die Beeinflussung von Bauwerken durch das Klima ist je nach Art des Bauwerks ganz unterschiedlich: Im Tiefbau sind beispielsweise die Temperaturschwankungen wesentlich geringer als bei einem freistehenden Gebäude: Die Bodentemperatur schwankt an der Erdoberfläche im Durchschnitt zwischen $-1\,°C$ im Januar und $20\,°C$ im Juli. Bereits in 2 m Tiefe reduzieren sich die Schwankungen auf $4\,°C$ bis $15\,°C$. In 10 m Tiefe herrscht eine praktisch gleich bleibende Temperatur von $10\,°C$. Bei dichtstoffgefüllten Fugen im Tiefbau ist mit einer dauernden Feuchtebelastung zu rechnen.

Ganz anders beim Hochbau. Hier können Vorhangfassaden in Leichtbauweise durchaus die Temperatur der winterlichen Luft annehmen, während sie im Sommer, je nach Material, Farbe, Oberflächenstruktur und räumlicher Orientierung Temperaturen erreichen können, die *weit oberhalb* der Lufttemperatur liegen. Allein durch die Temperaturwechsel (Tag-Nacht, Sommer-Winter) werden auch die Fugen im Hochbau wesentlich stärker belastet als im Tiefbau. Weitere Klimaeinflüsse wie Sonneneinstrahlung (UV-Strahlung), Wind, Schlagregen kommen hinzu. Schlagschatten, die auf südlich ausgerichtete Hochhausfassaden fallen, lassen die Temperatur dieser plötzlich drastisch sinken und verursachen erhebliche Bewegungen in den Fugen.

Die oberen Ecktemperaturen führen zu einer zeitweisen Ausdehnung der Bauteile, die unteren zu einer Kontraktion. Abhängig vom thermischen Ausdehnungskoeffizient des verwendeten Materials resultiert dies in entsprechend großen Bewegungen der Fugen zwischen diesen Bauteilen. Diese Fugenbewegungen müssen durch den Dichtstoff dauerhaft aufgefangen werden, ohne dass sich Undichtigkeiten ergeben.

Eine dunkle, gut isolierte Aluminiumfassade kann im Sommer durchaus 85 °C oder mehr erreichen und kühlt in der Nacht auf 15–20 °C ab. Die im Sommer vorherrschenden Lufttemperaturen werden also weit überschritten. Im Winter kann im Extremfall mit einer Abkühlung der Fassade auf −20 °C gerechnet werden. Damit ist $\Delta T_{\text{tägl.}} \approx 60$–$70$ °C und $\Delta T_{\text{jährl.}} \approx 100$–$105$ °C. Hellere Fassaden zeigen weniger großes ΔT und klassische Fassaden aus Mauerwerk mit hoher Wärmekapazität ein nochmals verringertes ΔT.

Weniger stark sind Bewegungen eines Bauwerks (gilt nicht für Holz), die durch die Aufnahme und Abgabe von Feuchtigkeit hervorgerufen werden.

3.3 Klimatische Einflüsse bei der Anwendung von Dichtstoffen

Bei der Anwendung von Dichtstoffen, insbesondere von chemisch reaktiven, aber auch von Dispersionsdichtstoffen, stehen zwei Wettereffekte im Vordergrund:

- Die Umgebungstemperatur sowie die Temperatur der abzudichtenden Bauteile und des Dichtstoffs vor, bei und nach der Verarbeitung, sowie die
- Luftfeuchtigkeit, d. h. Verfügbarkeit der unsichtbaren zweiten Reaktionskomponente Wasser bzw. die Aufnahmefähigkeit der Luft für abgegebenes Wasser.

Die Geschwindigkeit einer chemischen Reaktion ist normalerweise temperaturabhängig: Je heißer es ist, umso schneller verläuft die Reaktion und umgekehrt. Einer Faustregel zufolge *verdoppelt* sich die Reaktionsgeschwindigkeit bei einer Temperaturerhöhung um 10 °C und sie *halbiert* sich bei einer Temperatursenkung um den gleichen Betrag. Dichtstoffe bilden also bei unterschiedlichen Temperaturen verschieden schnell eine Haut und sie härten auch anders durch. Dieses heißt jedoch nichts anderes, als dass sich der Dichtstoff je nach Jahreszeit unterschiedlich verhält: Im feuchten mitteleuropäischen Sommer mit seinen hohen Temperaturen erfolgt die Hautbildung schnell und an trockenen, kalten Wintertagen langsam oder im Zweifelsfalle überhaupt nicht. Das tatsächliche Verhalten des Dichtstoffs kann also von den Angaben im technischen Datenblatt deutlich abweichen, denn die dort gemachten Angaben beziehen sich üblicherweise auf Normalklima bei 23 °C und 50 % relative Luftfeuchte. Speziell im Winter stehen die Zeichen für die schnelle Durchhärtung eines Reaktivdichtstoffs ungünstig, denn die Kombination von niedrigen Temperaturen *und* niedriger Luftfeuchte kann zu erheblichen Verzögerungen in der Hautbildung und Durchhärtung führen. Verzögerte Hautbildung lässt die Dichtstoffoberfläche lange klebrig bleiben, sie kann ungeplant Staub aufnehmen und bleibt lange berührungsempfindlich. Beides kann die Optik beeinträchtigen. Solange der Dichtstoff nicht komplett durchgehärtet ist, ist er auch nicht vollständig belastbar.

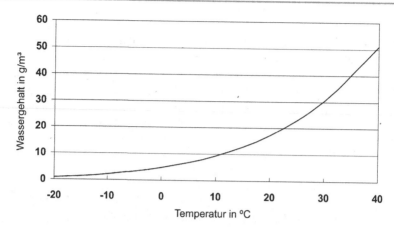

Abb. 3.1 Sättigungskurve von Wasser in Luft (100 % r. Lf.)

Faustregel: Eine Temperaturerhöhung um 10 °C bewirkt eine Verdoppelung der Geschwindigkeit einer chemischen Reaktion, eine Temperaturabsenkung um 10 °C eine Halbierung.

Die maximal von der Luft aufnehmbare Feuchtigkeitsmenge (g/m^3) ist stark von der Temperatur abhängig. Aus Abb. 3.1 ist ersichtlich, dass bei niedrigen Temperaturen im Winter auch bei 100 % r. Lf. nur sehr wenig Wasser als Reaktionspartner für die Aushärtung zur Verfügung steht.

Chemisch reaktive Dichtstoffe weisen in heißen Sommern schnelle Hautbildung und schnelle Durchhärtung auf. Im Winter zeigen diese Dichtstoffe langsame Hautbildung und langsame Durchhärtung bei verlängerter Oberflächenklebrigkeit.

Dispersionsdichtstoffe härten bei sehr hohen Luftfeuchten nur langsam oder überhaupt nicht mehr. Bei niedrigen Temperaturen verzögert sich die Härtung durch die geringe Verdunstungsrate des im Dichtstoff vorhandenen Wassers.

Bei Dispersionsdichtstoffen (Acrylat-, Silikondispersionen) ist die Verdunstungsrate des im Dichtstoff enthaltenen Wassers geschwindigkeitsbestimmend für die Hautbildung und den Fortgang der Härtung. Dass dies bei kaltem Wetter nur langsam ablaufen kann, ist einsichtig. Aber auch bei warmem Wetter mit einer relativen Luftfeuchte nahe 100 %

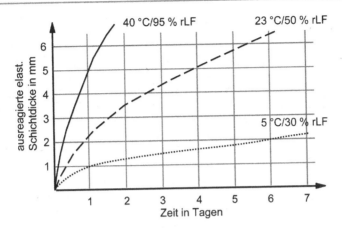

Abb. 3.2 Abhängigkeit der Durchhärtegeschwindigkeit von Reaktivdichtstoffen von den Umgebungsbedingungen

(Sättigung) erfolgt keine Hautbildung oder Durchhärtung mehr, denn es fehlt ein Konzentrationsgefälle als Voraussetzung für die Verdunstung des Wassers.

Wie verschieden schnell dementsprechend die Durchhärtung bei unterschiedlichen Klimaten verläuft, ist in Abb. 3.2 schematisch für Reaktivdichtstoffe dargestellt. Die zu erwartenden Aushärtebedingungen sollten also in der zeitlichen Projektplanung berücksichtigt werden, denn sie können durchaus den kritischen Pfad eines Projekts beeinflussen.

Die Klimaabhängigkeit der. Hautbildezeit bzw. Aushärtung von chemisch reaktiven Dichtstoffen kann näherungsweise berechnet werden. Hierzu benötigt man die leicht messbare relative Luftfeuchte und die Lufttemperatur. Aus einem Nomogramm (Abb. 3.3) kann die zugehörige absolute Luftfeuchte (a. Lf., g/m^3) entnommen werden. Nach der Formel

$$t_{akt} = t_{NK} \cdot 10{,}3/\text{a. Lf} \tag{3.1}$$

kann die Abweichung von den Angaben des Technischen Datenblattes näherungsweise berechnet werden, wobei t_{akt} die tatsächliche Durchhärtegeschwindigkeit bzw. Hautbildezeit bedeutet und t_{NK} für die entsprechenden Werte bei Normalklima mit 23 °C / 50 % r. Lf. steht.

Beispiel
Die Hautbildezeit eines Dichtstoffs beträgt laut technischem Datenblatt bei 23 °C/50 % r. Lf. rund 35 min. Wie ist die ungefähre Hautbildezeit auf der Baustelle bei 30 °C und 80 % r. Lf. höchstens? Einsetzen in (Abb. 3.4) Gl. 3.1 ergibt $t_{akt} = 35' \cdot 10{,}3 / 21{,}5 = 17'$. Da jedoch als zweite Variable die höhere aktuelle Temperatur zu berücksichtigen ist, ergibt sich noch eine *zusätzliche* Verkürzung der Hautbildezeit auf deutlich weniger als die Hälfte des im Datenblatt angegebenen Wertes.

Bei der Abdichtung außen liegender Fugen wird selbst der erfahrenste Anwender gelegentlich von Regengüssen überrascht. Während dies bei chemisch reaktiven Dichtstoffen

Wassergehalt in 1 m³ Luft

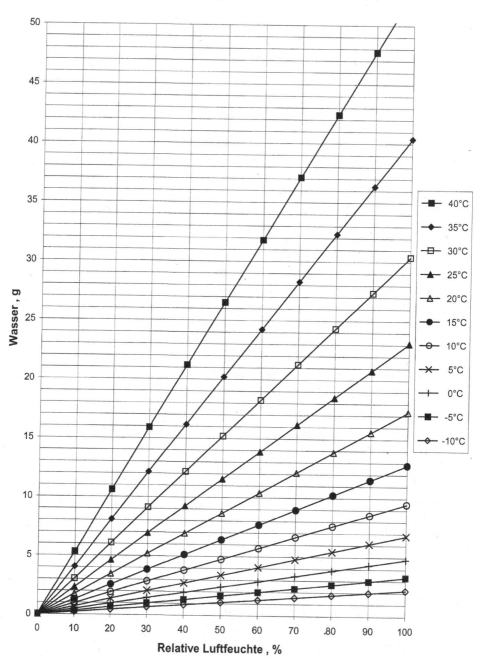

Abb. 3.3 Zusammenhang zwischen relativer und absoluter Luftfeuchte bei verschiedenen Temperaturen

nicht weiter schädlich ist, wenn der Dichtstoff bereits in der Fuge abgeglättet wurde, können wasserbasierte Dispersionsdichtstoffe, sofern sie noch nicht eine stabile, regenfeste Haut gebildet haben, durchaus bei stärkerem Regen ausgewaschen werden und zu äußerst unerwünschten Verschmutzungen der Fugenränder oder des näheren Substrats führen. Die *Frühregenfestigkeit* dieser Produkte sollte also gegeben sein, um hier die Risiken zu minimieren. Durch entsprechende Zusätze im Dichtstoff kann diese Eigenschaft seitens der Hersteller gezielt erzeugt werden. Im Zweifelsfall sollte bei der Spezifizierung des einzusetzenden Materials die Frühregenfestigkeit mit aufgeführt werden.

▶ **Praxis-Tipp** Bei Substrat- und Lufttemperaturen von ≥ 40 °C sollte nicht mehr verfugt werden, sonst ist ein sicherer Aufbau der Haftung bei chemisch reaktiven Dichtstoffen nicht mehr gewährleistet. Ebenso kann die Standfestigkeit nicht immer gewährleistet werden.

▶ **Praxis-Tipp** Verarbeitungstemperaturen bzw. Umgebungstemperaturen von −10 bis +5 °C sind im Bauwesen besonders kritisch: Nicht nur, dass bei tiefen Temperaturen Verarbeitbarkeit und Benetzung problematisch sind, es herrscht zudem noch eine geringe *absolute* Luftfeuchtigkeit, die in Kombination mit der niedrigen Temperatur zu langsamer Hautbildung und Aushärtung reaktiver 1K-Dichtstoffe führt. – Zusätzlich kann morgendliche Feuchtigkeitskondensation auf dem Substrat oder Eisbildung die Haftung des Dichtstoffs erschweren bis unmöglich machen. Dispersionsdichtstoffe koagulieren bei diesen Temperaturen und werden unbrauchbar.

3.4 Schimmel – muss das sein?

Schimmel an und in Bauwerken ist ein weit verbreitetes Phänomen, das mindestens störend, wenn nicht sogar als gesundheitsgefährdend ist. Dessen Hauptursachen stehen jedoch nicht in direktem Zusammenhang mit Dichtstoffen. Auf Dichtstoffe bezogen handelt es sich im Wesentlichen um zwei Erscheinungsformen:

- Schimmel auf Sanitärdichtstoffen in Nassräumen,
- Schimmel in der Nähe von undichten Fugen, insbesondere bei Fensteranschlüssen.

Um Schimmelbildung stark zu reduzieren und letztlich zu vermeiden, muss man dieses Phänomen etwas genauer betrachten. Eine der allgegenwärtigen Schimmelsporen benötigt, damit sie keimen und zu einem Schimmelpilz auswachsen kann, nur wenige Voraussetzungen:

- Luftfeuchtigkeit von 60 bis 90 % r. Lf.,
- Temperaturen zwischen 20 und 35 °C, bis max. 45 °C,
- pH-Wert idealerweise leicht sauer, 4,5–6,5, bis max. pH 8 (leicht alkalisch),
- Organische Bestandteile als Nahrung.

Es wird auch berichtet, dass einige Schimmelarten (Acremonia, Phoma, Fusarium, Pennicillinum) manche Dichtstoffe selbst als Nahrung nützen können und nicht nur ihr Mycel in sie versenken. Es handelt sich hierbei um gewisse Silikone, Polyurethane und Polysulfiddichtstoffe. Die in diesen Produkten enthaltenen organischen Weichmacher (bzw. Extender bei Silikonen) dürften hier als Nahrungsbestandteile für den auftretenden *Primär*befall verantwortlich sein. Wenn nur oberflächlich abgelagerte organische Bestandteile als Nahrung dienen, spricht man von *Sekundär*befall.

Alle oben genannten Voraussetzungen stehen in einem typischen Badezimmer zur Verfügung: Hohe Luftfeuchtigkeit und stehende Nässe halten sich besonders lange, wenn nicht richtig gelüftet wird. Die üblicherweise in Badezimmern herrschenden Temperaturen liegen in einem für das Schimmelpilzwachstum günstigen Bereich; die organischen Nahrungsbestandteile werden von Seifenresten, Schuppen etc. zur Verfügung gestellt. Eine Spore, die all dies vorfindet, wird sich zunächst in einen für das bloße Auge noch unsichtbaren Schimmelpilz umwandeln, der bei weiterem Wachstum sein Keimgeflecht, das Mycel, an der Oberfläche verankert oder wie Wurzeln in den Dichtstoff vorantreibt. Um dies zu verhindern, enthalten Sanitärdichtstoffe Fungizide. Durch winzige Mengen an Fungizid, die ausgewaschen werden, und die der Schimmelpilz aufnimmt, wird dieser abgetötet. Man geht davon aus, dass die für eine fungizide Wirkung nötige Oberflächenkonzentration des Fungizids zwischen 10 und 100 ppm beträgt. Warum sieht man trotzdem immer wieder verschimmelte Fugen in Badezimmern?

Solange im Dichtstoff noch Fungizid vorhanden ist, wird der Schimmelpilz recht zuverlässig am Wachsen gehindert bzw. abgetötet. Bei älteren Dichtstoffen, oder solchen, die oft „beregnet" werden, ist wenig oder kein Fungizid mehr vorhanden, denn es wurde im Laufe der Zeit bestimmungsgemäß verbraucht oder möglicherweise durch Reinigungschemikalien desaktiviert. Im Normalfall, z. B. im privaten Haushalt, kann mit der Schimmelresistenz einer frischen Sanitärfuge in einer Duschkabine für drei bis fünf Jahre gerechnet werden. Bei sehr häufigem Gebrauch der Dusche oder in Hotels oder öffentlichen Schwimmbädern wurde ein Nachlassen der fungiziden Wirkung bereits nach einem halben oder einem Jahr festgestellt. Findet sich schließlich kein Fungizid mehr im Dichtstoff, dann kann der Schimmelpilz zu sichtbarer Größe heranwachsen. Knapp millimetergroße Punkte kann man noch wegwischen, größeren Flecken kann man auch mit den entsprechenden Reinigern noch wirksam zusetzen (Abb. 3.4). Da die Reinigungsvorgänge mit der Zeit auch die Dichtstoffoberfläche chemisch oder physikalisch angreifen, fällt es den Sporen zunehmend leichter, sich darauf festzusetzen. Letzten Endes muss aber irgendwann der befallene Dichtstoff herausgeschnitten und durch frischen, fungizidhaltigen ersetzt werden.

Die Dichtstoffhersteller arbeiten an einer wirklich dauerhaften Lösung zur Verhinderung des Schimmelbewuchses. Erste Produkte sind bereits im Markt, die im Gegensatz zu den bisherigen eine Dreifachwirkung zeigen. Über Adhäsionshemmer versucht man, das Anhaften der Sporen zu unterbinden, auslaugungsstabile Fungizide sorgen für dauerhaften Schutz und spezielle Sporulationshemmer unterdrücken die Sporenbildung.

Abb. 3.4 Leichter Schimmelbefall in einer Duschkabine.
Dieser kann noch durch haus-
haltsübliche Mittel problemlos
entfernt werden. (Foto: M.
Pröbster)

Einige bekannte Schimmelarten sind: Aspergillus niger (schwarz), Penicillinum chrysogenum, Cladosporium, Fusarium. Es sind bisher zwischen 50.000 und 100.000 Schimmelarten beschrieben worden; man schätzt, dass wenigstens 250.000 Arten existieren.

Die Bildung von Schimmel kann man jedoch hinauszögern: durch *Lüften* und durch *Abtrocknen* der Fugen. Stehendes Wasser kann auf ungeschickt angebrachten Horizontal-fugen, z. B. zwischen Badewanne und Wand zu Schimmelbewuchs führen, wenn es nach Badbenützung nicht regelmäßig weggewischt wird. Zudem sollte man gelegentlich mit pilzabtötenden Mitteln über die Fugen wischen, um den Pilzen ein möglichst ungünsti-ges Milieu zu bieten. Beim Lüften empfiehlt sich die sog. Quer- oder Stoßlüftung. Dazu müssen das oder die Fenster weit geöffnet werden, sodass die Frischluft vom Fenster durch die ebenfalls geöffnete Tür und ein weit offen stehendes Fenster des Flurs oder eines gegenüberliegenden Raumes zu- und feuchtigkeitsbeladen wieder abströmen kann. Es reichen schon wenige Minuten, um einen kompletten Luftaustausch zu erzielen. Auch ein ordentlicher Durchzug bei kurzzeitig gekipptem Fenster ist ausreichend, wenn es, wie häufig in der Praxis, nicht möglich ist, das Fenster komplett zu öffnen. Stundenlanges Lüften bei geschlossener Tür mit gekippten Fenstern ist nur Energieverschwendung, da hierdurch Einrichtung, Wände und Boden zu sehr auskühlen. Durch stark abgekühltes Mauerwerk, beispielsweise in der Nähe der Fensterleibung entstehen im Winter bei exzes-sivem Lüften nach dem Schließen der Fenster Kondensationsstellen, an denen verbliebene Luftfeuchtigkeit bevorzugt kondensiert. Mit Kondensation muss bereits gerechnet werden, wenn die innere Oberflächentemperatur einer Wand unter 12 °C fällt. Dadurch wird der Schimmelbewuchs auch an anderen Stellen als auf dem Dichtstoff gefördert. Die gleiche Problematik ergibt sich auch, wenn die Fensteranschlussfugen und die Isolierung zwi-schen Rahmen und Mauerwerk so mangelhaft ausgeführt wurden, dass Wärmebrücken oder erheblicher Kaltlufteinfall im Winter auftreten.

Ein bereits beschlagenes Fenster ist das deutlichste Signal zum Lüften, denn es ist möglich und wahrscheinlich, dass sich die überschüssige Feuchtigkeit auch an anderen Stellen niederschlägt und den Schimmelaufwuchs fördert.

In den letzten Jahren und Jahrzehnten hat die Schimmelproblematik, trotz erheblicher Aufklärung eher noch zugenommen: Aus Energiespargründen wird weniger gelüftet als früher und die Fensterflügel sitzen wesentlich dichter in den Rahmen, sodass der natürliche Luftaustausch in einem Zimmer im Vergleich zu älteren Fenstern erheblich eingeschränkt ist.

▶ **Praxis-Tipp** Kurzes und heftiges Lüften, möglichst mit Durchzug, statt stundenlangem Kippen der Fenster unterdrückt Schimmelbewuchs im Badezimmer und spart zugleich noch Energie. Duschkabinen sollten hierbei geöffnet sein um einen maximalen Luftaustausch zu ermöglichen. Wann immer möglich, sollte der Stoßlüftung der Vorzug gegeben werden.

Auch der Verarbeiter des Sanitärdichtstoffs kann das spätere Auftreten von Schimmel in gewissem Maße durch entsprechend sorgfältige Ausführung beeinflussen:

- Vermeiden von Mulden im Dichtstoff und Wasseransammlungen, die lange zum Abtrocknen brauchen,
- Vermeiden von Aufwölbungen, die wie kleine Staudämme dem Abfluss von Wasser entgegenstehen,
- Vermeiden von Falten, in denen sich Kapillarwasser halten kann.

▶ **Praxis-Tipp** Um bereits aufgetretenen Schimmel zumindest temporär zu beseitigen, stehen verschiedene bewährte Mittel zur Verfügung: chlorhaltige Reiniger (Chlorbleichlauge, „Eau de Javelle"), verdünntes Wasserstoffperoxid (3 %ig) oder Ethanol bzw. Isopropanol mit Konzentrationen von über 70 %. Die zwei erstgenannten Produkte haben eine ausgezeichnete Wirkung gegen eine Vielzahl von Schimmelpilzen, die Alkohole noch eine ausreichende, allerdings bleichen sie nicht die farbigen Sporen. Alle diese Mittel sind mit entsprechender Vorsicht zu handhaben: Chlorbleichlauge kann bei längerer Einwirkung Korrosionsschäden auf Metallen und Farbveränderungen an organischen Stoffen hervorrufen; Wasserstoffperoxid ist in konzentrierter Form ätzend sowie brandfördernd und wirkt ebenfalls korrosiv. Das Tragen von Schutzhandschuhen und Schutzbrille ist empfehlenswert.

Normalerweise kann mit einer Schimmelresistenz [eines hochwertigen fungiziden Silikons; eingefügt vom Autor] für 3–5 Jahre gerechnet werden. Im sehr stark belasteten Bereich, wie Hotelduschen und öffentlichen Schwimmbädern kann die Wirksamkeit [des Fungizids; eingefügt vom Autor] aber auch schon nach einem halben Jahr merklich nachlassen. (U. Scheim, Wacker Chemie AG)

Weiterführende Literatur

Brandhorst J., Schärft, H., Schimmelpilzschäden: Erkennen, bewerten, sanieren, TÜV Media, Köln (2012)

DIN 4710 Berichtigung 1, Statistiken meteorologischer Daten zur Berechnung des Energiebedarfs von heiz- und raumlufttechnischen Anlagen in Deutschland (2006)

DIN 52461, Prüfung von Dichtstoffen für das Bauwesen – Regenbeständigkeit von frisch verarbeitetem, spritzfähigem Dichtstoff (2000)

Frössel, F., Schimmelpilze in Wohnungen – das Lexikon, Baulino, Waldshut-Tiengen (2010)

Habermann, J., Winkler, J. et al., Feuchtigkeit und Schimmelbildung in Wohnräumen, Verbraucher-Zentrale NRW, Düsseldorf (2014)

Merkblatt Nr. 14, Dichtstoffe und Schimmelpilzbefall, Industrieverband Dichtstoffe e. V. (2014)

Köneke, M., Schimmel im Haus, Fraunhofer IRB, Stuttgart (2014)

Pregitzer, D., Schimmelpilzbildungen in Gebäuden, C.F. Müller, Heidelberg (2008)

Raschle, P., Büchli, R., Algen und Pilze an Fassaden, Fraunhofer IRB Verlag, Stuttgart (2015)

Fugen

4

Eine Fuge entsteht immer dann, wenn zwei oder mehrere Bauteile aneinander stoßen. Dies kann einerseits unfreiwillig geschehen, weil alle Werkstücke eine begrenzte Länge haben oder weil beim Betonieren zwangsweise in Abschnitten vorgegangen werden muss: Hier wird die Fuge dementsprechend als „störend" empfunden. In vielen Fällen werden Fugen jedoch bewusst geplant, um Zwängungen beim thermisch bedingten „Arbeiten" von Bauteilen zu vermeiden.

> Fuge: Beabsichtigter oder toleranzbedingter Raum zwischen Bauteilen. (DIN 52460)

4.1 Wozu dienen Fugen?

Wenn Zug- oder Druckspannungen in einem Bauwerk oder Bauteil auftreten, die größer sind als die Festigkeit des Baustoffs, z. B. von Beton, entstehen *Risse*, wenn nicht eine Fuge die dem Bauteil aufgezwungenen Bewegungen ausgleichen kann (Abb. 4.1). Bei Druckspannungen bilden sich Aufwölbungen und letztlich kann auch hier das Bauteil zerstört werden.

Bei vielen Anwendungen müssen daher Fugen konstruktiv vorgesehen werden, um die durch thermische, mechanische oder andere Effekte verursachten Dimensionsveränderungen aneinander grenzender Bauteile zu kompensieren. Auch unterschiedliche Tragsysteme bewegen sich gegeneinander. Durch das Vorhandensein von Fugen an den richtigen Stellen werden Zwängungen der Bauteile verhindert, die zur Zerstörung der abzudichtenden Bauteile führen können.

© Springer Fachmedien Wiesbaden 2016
M. Pröbster, *Baudichtstoffe*, DOI 10.1007/978-3-658-09984-8_4

Abb. 4.1 Wie notwendig eine Bewegungsfuge in dieser Hafenmauer gewesen wäre, zeigt der Vergleich des Bodens mit der Mauer. Die Feldlänge beträgt ca. 20 m. (Foto: M. Pröbster)

Die Gründe für Fugenbewegungen sind unterschiedlich:

- Temperaturwechsel,
- Kriechen, Setzung,
- Schrumpf des Betons,
- Hygrische, d. h. durch Feuchtigkeit bedingte Bewegungen,
- Verkehrslasten, Wind,
- Elastische Verformungen bei Hochhäusern,
- Seismische Bewegungen,
- Planungsfehler, die zu *unerwarteten* Fugenbewegungen führen, z. B. Fehleinschätzungen der Sachlage.

Die *Funktionen*, die eine Fuge zwischen zwei Bauteilen zu erfüllen hat, sind vielfältig. Je nach Einzelfall verschiebt sich dabei das Verhältnis von Haupt- und Nebenfunktionen. So ist bei Außenanwendungen im Hochbau die Abdichtung gegen Schlagregen sicherlich eine Hauptfunktion, während bei manchen Innenanwendungen das Füllen der Fuge, d. h. die Optik im Vordergrund steht.

Die *Anforderungen*, die an abgedichtete Fugen gestellt werden, überschneiden sich teilweise mit deren Funktionen, gehen aber noch weiter: Hier spielen Ausführung bzw. Ausführbarkeit der Abdichtarbeiten und auch die Wirtschaftlichkeit eine große Rolle. Hier gehen selbstverständlich auch die Eigenschaften des ausgewählten Dichtstoffs ein, siehe auch Kap. 6. Die erzielte Qualität wird neben anderen Faktoren nicht zuletzt von der Wirtschaftlichkeit beeinflusst und wird vielfach ein Kompromiss zwischen dieser und den technischen Anforderungen sein (Abb. 4.2).

Es gibt natürlich einige *Nachteile*, die mit der Notwendigkeit einhergehen, Fugen konstruktiv vorsehen zu müssen:

- Die Erfordernis für eine Bewegungsfuge muss generell erkannt werden,
- Fugen müssen geplant und berechnet werden,
- Verlängerung der Bauzeit,

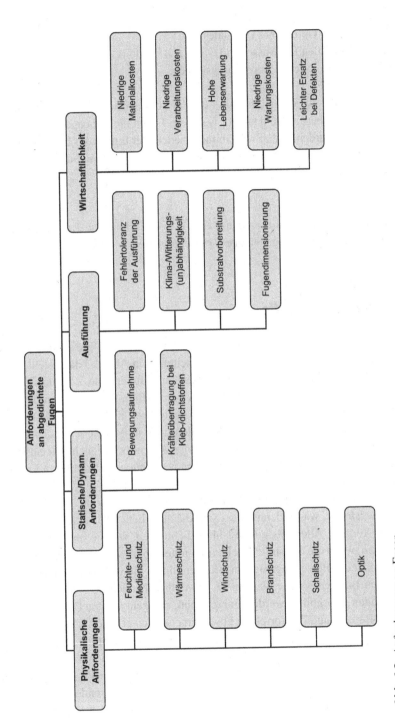

Abb. 4.2 Anforderungen an Fugen

- Erhöhung der Baukosten,
- Verringerung der Steifigkeit eines Gebäudes,
- Beeinträchtigung der Optik eines Gebäudes,
- Mögliche Eintrittsstellen für Wasser und Gase (z. B. Radon),
- Wartungs- und gelegentliche Renovierungskosten.

Die Fugen zwischen zwei Bauteilen sind oft die Schwachstellen der gesamten Konstruktion. Dies trifft insbesondere dann zu, wenn die Fugen nicht fachgerecht dimensioniert und abgedichtet wurden. Daher wird immer wieder über fugenloses bzw. fugenarmes Bauen nachgedacht mit dem durchaus erstrebenswerten Ziel: Sowenig Fuge wie möglich, soviel Fuge wie nötig.

Fugen müssen überall dort vorgesehen werden, wo sich einzelne Bauteile zwängungs- und zerstörungsfrei gegeneinander bewegen sollen.

4.2   Einteilung und Begriffe

Es gibt offene und geschlossene, starre und bewegliche Fugen. Sie lassen sich auf viele verschiedene Arten einteilen, eine dieser Möglichkeiten ist in Abb. 4.3 dargestellt. Neben den weiter unten noch detailliert behandelten Bewegungsfugen sind z. B. im Betonbau auch starre Fugen (Pressfugen) und Arbeitsfugen anzutreffen. Sie werden in der Regel nicht mit Dichtstoffen verschlossen und können bzw. müssen Kräfte, zumindest in einer Richtung, übertragen. Auch Scheinfugen, die in den noch jungen Beton gesägt werden, um die Lage der Schwindungsrisse zu steuern, werden üblicherweise nicht mit elastischen Dichtstoffen verschlossen. In Abb. 4.4 sind schematisch einige der häufigsten Fugen im Betonbau dargestellt.

Die hier interessierenden Fugen gehören nahezu ausnahmslos zum Typ der „klassischen" *Bewegungsfugen*, was bedeutet, dass sich die abzudichtenden Bauteile gegeneinander bewegen können. Allenfalls einige Nahtabdichtungen, wie sie im Metallbau vorkommen, erfüllen, wenn die Substrate mechanisch miteinander verbunden sind, nicht den begrifflichen Inhalt der Bewegungsfuge im strengen Sinne. Sie werden, da in diesem Fall der Übergang zur Bewegungsfuge fließend ist, ebenfalls behandelt.

In den folgenden Abschnitten werden einige wichtige Fugentypen im Detail vorgestellt, bevor dann die Berechnung der korrekten Fugendimensionen erläutert wird. Letzteres ist zumindest bei Dehnfugen eine der Voraussetzungen für deren hoffentlich lang andauernde Dichtigkeit. Einige ausgewählte Begriffe rund um die Fuge sind in dem kleinen Fugenlexikon von Tab. 4.1 aufgeführt. Man erkennt, dass viele der in der Praxis verwendeten Begriffe missverständlich sein können. Daher empfiehlt es sich, besonders in Ausschreibungsunterlagen genau nachzuprüfen, welche Art von Fuge tatsächlich gemeint ist.

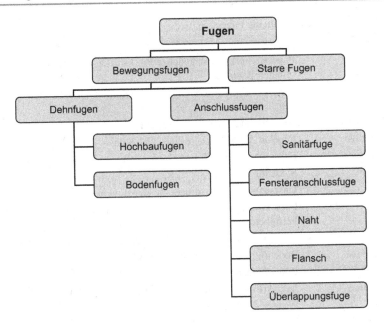

Abb. 4.3 Einteilung der Fugen

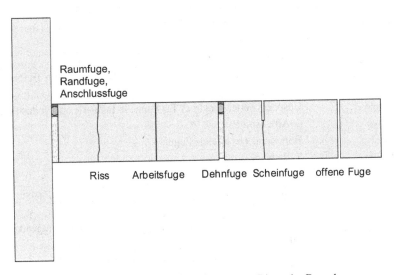

Abb. 4.4 Schematische Darstellung einiger Fugen und eines Risses im Betonbau

Tab. 4.1 Einige Begriffe rund um die Fuge

Fugentyp	Beschreibung
Anschlussfuge	Fuge zwischen verschiedenen Werkstoffen oder unterschiedlich funktionalen Bauteilen
Arbeitsfuge	Zwangsweise entsteh. Fuge beim Betonieren in mehreren Arbeitsgängen
Ausgleichsfuge	Bezeichnung einer Stoßfuge im Tiefbau
Außenwandfuge	Fuge an der Außenseite eines Gebäudes
Brandschutzfuge	Fuge, an die besondere Anforderungen im Brandfalle gestellt werden
Baudehnfuge	S. Dehnfuge
Baufuge	Unspezifizierter Ausdruck, meist synonym zu Dehnfuge verwendet
Bauteilfuge	Fuge zwischen gleichartigen oder gleichfunktionalen Bauteilen, z. B. Fertigbetonteilen
Bauwerksfuge	Fuge zwischen zwei sich selbständig bewegenden Bauwerken
Befahrbare Fuge	Bodenfuge, die befahren werden kann
Begehbare Fuge	Bodenfuge, die begangen werden kann
Bewegungsfuge	Jede Art von Fuge, bei der sich die Fugenflanken bewegen
Bodenfuge	Waagerechte Fuge in Bodenplatten, üblicherweise aus Beton
Dehn(ungs)fuge	Bewegungsfuge, bei der der Dichtstoff auf Dehnung (und Stauchung) beansprucht wird
Dreiecksfuge	Fuge mit dreieckigem Querschnitt
Estrichfuge	Fuge, die in Estrichen aller Art vorgesehen ist
Feldbegrenzungsfuge	Form der Bodenfuge bzw. Fuge bei Außenwandbekleidungen
Flansch	Fuge zwischen vorzugsweise runden Bauteilen, z. B. Rohren
Fuge	Beabsichtigter oder toleranzbedingter Raum zwischen Bauteilen
Gebäudetrennfuge	Zwischen Gebäuden und Gebäudeteilen durchgehende (Bewegungs-)Fuge
Glasfuge	Fuge zwischen Fensterrahmen und Fensterverglasung
Hochbau(dehn)fuge	Allg. Begriff für Fuge im Hochbau (im Gegensatz zum Tiefbau)
Horizontalfuge	In horizontaler Richtung verlaufende Fuge
Industriefuge	Unspezifizierter Ausdruck für Fugen in Industrie oder Industriebau
Kurzzeitfuge	S. Arbeitsfuge
Lagerfuge	Horizontal verlaufende Fuge
Montagefuge	S. Bauwerksfuge
Naht	Schmale Fuge im Metallbau
Offene Fuge	Nicht durch Mörtel, Fugenfüll- oder Dichtstoff verschlossene Fuge
Pressfuge	S. Arbeitsfuge
Randfuge	Fuge zwischen einem Bodenbelag u. Wand o. durchdringendem Bauteil
Raumfuge	Fuge zwischen Wand und Boden, s. Randfuge
Rechteckfuge	Fuge mit rechteckigem Querschnitt
Riss	Ungewollte Bruchstelle in einem Werkstück/Bauteil
Sanitärfuge	Fuge zwischen Sanitäreinrichtungen und Fliesen

Tab. 4.1 *Fortsetzung*

Fugentyp	Beschreibung
Scheinfuge	Nicht durchgängige Fuge im Betonbau zur Vermeidung v. Spannungen
Scherfuge	Fuge, bei der sich überlappende Bauteile scherend zueinander bewegen
Schmalfuge	Fuge mit einer Breite unter 1 mm
Schnittfuge	In der Fläche als Sollbruchstelle ausgelegte Fuge, s. Scheinfuge
Setz(ungs)fuge	Fuge die einmalig durch Setzung eines Bauwerks beansprucht wird
Soll-Bruchfuge	Absichtliche Schwachstelle im Betonbau, s. Scheinfuge
Starre Fuge	Fuge ohne Relativbewegung der Substrate gegeneinander
Stoßfuge	Vertikal verlaufende Fuge
Trennfuge	S. Gebäudetrennfuge
Trockenbaufuge	Allg. Bezeichnung für Fuge im Leicht- und Trockenbau
Überlappungsfuge	Andere Bezeichnung der Scherfuge
Umfang(bewegungs)fuge	Bewegungsfuge in runden Bauwerken, z. B. Kaminen
Verdeckte Fuge	Fuge mit nicht direkt zugänglichem/sichtbaren Dichtstoff
Vertikale Bewegungsfg.	In senkrechter Richtung verlaufende Bewegungsfuge
Wartungsfuge	Abgedichtete Fuge, die sauber gehalten, beobachtet und ggf. erneuert werden muss

Abb. 4.5 Dem Planer stehen unterschiedliche Möglichkeiten zur Verfügung, eine Fuge abzudichten

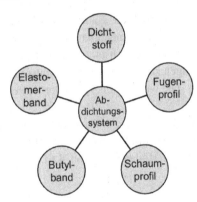

Um Fugen abzudichten, existiert eine Vielzahl von Möglichkeiten (Abb. 4.5). Nicht alle dieser sind für jede Fuge geeignet. In diesem Buch werden detailliert beschrieben: Dichtstoffe, Butylbänder, Elastomerbänder und Schaumprofile.

4.3 Bewegungsfugen

Woher rühren die Bewegungen, die die Fugen in ihren Dimensionen verändern und die der Dichtstoff aufnehmen muss? Für ein Betonbauteil kann man beispielsweise sechs Bewegungsformen feststellen:

- Temperaturbedingte Längenänderungen (Tag/Nacht und Sommer/Winter),
- Feuchtigkeitsbedingte Längenänderungen,
- Langfristiges Schrumpfen des Betons durch Verlust des Anmachwassers (nach einem Jahr sind ca. 70 %, nach 5 Jahren ca. 90 % der Schrumpfvorgänge beendet),
- Kriechen des Betons unter Eigenlast,
- Verformungen durch externe Lasten (z. B. Verkehr),
- Setzen des Untergrunds.

Andere Baustoffe zeigen wie Beton auch thermische und gelegentlich hygrische Längenänderungen.

Zu starker reversibler Feuchteaufnahme neigen poröse Baumaterialien wie Holz, einige Natursteine, Betonsteine und Ziegel. Die durch Feuchtigkeit verursachten Längenänderungen verhalten sich allerdings nicht notwendigerweise additiv zu den dominanten thermisch bedingten Längenänderungen eines Bauteils, da bei deutlich erhöhten Temperaturen auch die Bauteilfeuchtigkeit sinkt. Die im Bauwesen neben mineralischen Baustoffen zunehmend häufiger verwendeten Kunststoffe (und Nichteisenmetalle) zeigen bei Temperaturwechseln oft erhebliche Dimensionsänderungen, die über geeignet ausgelegte Fugen kompensiert werden müssen.

Die wichtigsten Typen der Bewegungsfugen sind:

- Dehn- bzw. Stoßfugen (vgl. Abb. 4.10),
- Anschlussfugen (vgl. Abb. 4.6),
- Scherfugen (vgl. Abb. 4.6).

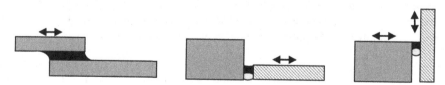

Abb. 4.6 Vergleich unterschiedlicher Fugentypen, **a** Scherfuge, **b** und **c** Anschlussfugen

> „Bewegungsfugen werden traditionell in Betonbauwerken genutzt, um die inneren Zwangkräfte zu reduzieren oder zu verhindern, die durch Einflüsse wie Temperaturveränderungen, Fundamentbewegungen oder das Schwinden des Betons entstehen. Die Aufgabe von Fugen besteht in der Konzentration großer Verformungen in einem definierten Bereich, d. h. in der Fuge. Dadurch werden Trennrisse verhindert, die sonst entstehen würden." (Prof. J. Ruth, Universität Weimar)

Während die Bezeichnungen Dehn- bzw. Scherfugen die Bewegungsart der entsprechenden Fuge beschreiben, ist „Anschlussfuge" ein Sammelbegriff für Fugen zwischen Bauteilen, die in Material oder Funktion differieren. Bei Anschlussfugen können konstruktionsbedingt unterschiedliche Bewegungsformen auftreten. Neben den Hochbaudehnfugen und Scherfugen zählt auch ein Großteil der Anschlussfugen zur Kategorie der Bewegungsfugen obwohl in der Literatur schwerpunktmäßig meist auf die Dehnfugen eingegangen wird.

Ein Dichtstoff in einer Bewegungsfuge kann auf mannigfache Weise mechanisch belastet werden: Durch Zug, Dehnung, Scherung, eventuell Schälung und ihre Kombinationen (Abb. 4.7).

Wird ganz allgemein von einer Fuge gesprochen, so stellt man sich, wie es auch manche Zeichnungen in diesem Buch nahe legen, eine unendlich lange Fuge mit möglichst parallelen Kanten vor. In der Praxis hingegen sind alle Fugen begrenzt und sie treffen gelegentlich aufeinander. Daher muss man noch die generelle Unterscheidung machen zwischen:

- Parallelfugen,
- T-Fugen,
- Kreuzfugen.

In den T- und Kreuzstößen entstehen durch die Bewegung der drei bis vier aneinandergrenzenden Bauteile mehrachsige Spannungszustände, die bei der Auslegung der Fuge und bei der Auswahl des Dichtstoffs berücksichtigt werden müssen. In den Kreuzungspunkten treten bei den Bewegungen der Bauteile deutlich höhere Dehnbeanspruchungen

Abb. 4.7 Unterschiedliche Bewegungen einer Fuge führen zu unterschiedlichen Beanspruchungen des Dichtstoffs

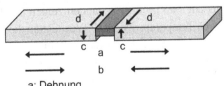

a: Dehnung
b: Stauchung
c: Verschiebung/Setzung
d: Verschiebung/Scherung

Abb. 4.8 T-Fuge mit
$b_F \approx 20\,\mathrm{mm}$

Abb. 4.9 Kreuzfuge. (Fotos
M. Pröbster)

als bei Parallelfugen auf. Um ein vorzeitiges Adhäsions- oder Kohäsionsversagen des Dichtstoffs zu vermeiden, muss dafür gesorgt werden, dass die Fugendimensionierung so ausgelegt wird, dass die zulässige Gesamtverformung des Dichtstoffs auch in den Kreuzungspunkten nicht überschritten wird. In den Abb. 4.8 und 4.9 sind Beispiele für T- und Kreuzfugen gezeigt. Die Berücksichtigung der erhöhten Beanspruchung in den Kreuzungspunkten von Fugen ist insbesondere bei der Auslegung von Bodenfugen von Bedeutung, wenn zuverlässig verhindert werden muss, dass umweltschädliche Substanzen in den Boden eindringen können.

4.4 Dehnfugen im Hochbau

Fassaden an großen Gebäuden zeigen erhebliche Bewegungen, hauptsächlich verursacht durch Temperaturwechsel. Würde man die Fassaden monolithisch bauen, ergäben sich dadurch erhebliche Temperaturspannungen, die letztlich zu Rissen und zu deren Zerstörung führen würden. Daher unterteilt man sie in einzelne Felder, die durch Bewegungsfugen voneinander getrennt sind. Diese Fugen in der äußeren Gebäudehülle müssen korrekt geplant, dimensioniert und abgedichtet werden, damit die Fassade möglichst lange funktionsfähig und dicht bleibt.

4.4.1 Die „ideale" Dehnfuge

Ob man sie nun als Dehn(ungs)fuge, Bauteil-, Außenwand- oder Hochbaufuge bezeichnet, es handelt sich hier immer um eine ausgeprägte Bewegungsfuge, zwischen deren Flanken der Dichtstoff gedehnt und gestaucht wird. Aus Berechnungen und der langjährigen Praxis ergab sich eine Fugenform, wie sie in Abb. 4.10 schematisch dargestellt ist. Der hier gezeigte Fugenquerschnitt ergibt sich als Raum zwischen zwei Standard-Betonfertigelementen, wie sie millionenfach im Hochbau verwendet werden.

Die Fertigelemente[1] müssen auf der Baustelle so ausgerichtet werden, dass die beiden Fugenflanken möglichst parallel angeordnet sind.

Die *Fugenkanten* werden üblicherweise mit einer Fase von ≥ 10 mm versehen.[2] Da an der Fase selbst kein Dichtstoff aufgetragen werden soll, ergibt dies automatisch ein Zurücksetzen des Dichtstoffs um ≥ 10 mm hinter die Außenflächen der Betonteile. Dies reduziert die Gefahr einer unabsichtlichen mechanischen Beschädigung des Dichtstoffs.

Die *Fugenflanken* müssen besonders an den Stellen, wo geprimert und später der Dichtstoff aufgebracht wird, tragfähig sein und gewisse Kräfte aufnehmen können. Zementschleier, Staub oder zu gering verdichteter Beton ergeben schlechte Voraussetzungen für die Dichtigkeit der Fuge. Auch muss Umläufigkeit[3] vermieden werden. Notfalls muss vor dem Primern bei vereinzelten Fehlern des Substrats erst nachgebessert werden. Hier, aber auch bei bauseits bereits beschichtetem Beton darf die Haftzugfestigkeit des abzudichtenden Bauteils nicht geringer sein als die Kraft, die über den Dichtstoff eingeleitet wird. Dies gilt insbesondere bei tiefen Temperaturen, wenn der Modul des Dichtstoffs steigt.

Der *Primer* auf den Fugenflanken erfüllt mehrere Zwecke: Seine Hauptaufgabe ist es, die Haftung zwischen dem Dichtstoff und dem Bauteil zu vermitteln bzw. zu verbessern. Dies geschieht durch seine chemische Reaktivität sowohl in Richtung Untergrund als auch in Richtung Dichtstoff. Die auf Beton zusammen mit Reaktivdichtstoffen verwendeten

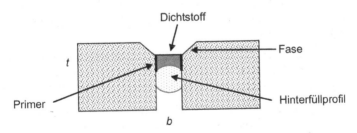

Abb. 4.10 Schematische Darstellung einer Hochbaudehnfuge

---

[1] Gleiches gilt für Ortbeton.
[2] Selbstverständlich können auch Dehnfugen zwischen Bauelementen abgedichtet werden, die *keine* Fase aufweisen. Diese werden zwar nicht von der DIN 18540 erfasst, die Norm lässt sich hier jedoch sinngemäß anwenden.
[3] Umläufigkeit: Wasserdurchgang innerhalb eines Bauteils nahe der Fuge infolge von Poren oder Rissen.

Abb. 4.11 Fehlendes Hinterfüllprofil ergibt einen undefinierten Dichtstoffquerschnitt und möglicherweise Adhäsionsprobleme, wenn sich die Bauteile bewegen

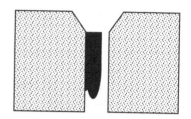

filmbildenden Primer schützen den Dichtstoff zudem vor der Alkalinität des (jungen) Betons. Auch wenn ein Dichtstoff primerlos auf Beton haftet, sollte aus dem vorstehenden Grund nicht auf die Vorbehandlung des Betons verzichtet werden. Der Primer bindet auch geringe (!) Mengen an Staub und losen Teilchen auf der Betonoberfläche.

Das *Hinterfüllprofil* schließt die Fuge in der Tiefe ab und dient zur Formung des eingespritzten Dichtstoffs an seiner Unterseite. Es besteht üblicherweise aus Polyethylenschaum mit einer nichthaftenden Oberfläche aus geschlossenen Poren. Ist der Dichtstoff erst einmal ausgehärtet, hat das Hinterfüllprofil seine Aufgabe erfüllt und ist letztlich für die Funktion der Fuge nicht mehr nötig. – Wird das Hinterfüllprofil versehentlich oder absichtlich weggelassen, erfährt die eingespritzte Dichtstoffraupe keine nachvollziehbare Dimensionierung an ihrer Unterseite. So entstehen unterschiedliche Kontaktstellen zum Substrat, die zudem wegen des fehlenden Gegendrucks beim Einspritzen des Dichtstoffs den Untergrund nur mangelhaft benetzen. Bei der Fugenbewegung werden die Kräfte über den ausgehärteten Dichtstoff ungleichmäßig in das Substrat eingeleitet. Es kann dann zu Adhäsionsbrüchen kommen (Abb. 4.11).

Als *Dichtstoffe* zur Abdichtung von Fassadenfugen im Hochbau kommen nur, unabhängig von der zugrunde liegenden Basischemie, elastisch bzw. plastoelastisch aushärtende Produkte in Frage. Sie haben üblicherweise eine zulässige Gesamtverformung (ZGV) von 20–25 %. Die genauen Anforderungen an die Dichtstoffe werden in der DIN 18540 beschrieben, die neben Hinweisen zum Design einer Dehnfuge insbesondere den Dichtstoffherstellern ausführliche Anhaltspunkte gibt, auf welche Eigenschaften die Dichtstoffrezepturen hin optimiert werden müssen.

Die Grundvoraussetzungen für das Funktionieren einer abgedichteten Dehnfuge sind:

- Adhäsion (Haftung des Dichtstoffs an den Fugenflanken),
- Kohäsion (Innere Festigkeit des Dichtstoffs),
- Elastizität (hohe Dauerverformbarkeit) des Dichtstoffs,
- Niedriger Modul bei tiefen Temperaturen (Weichheit, kein Versprören).

Während Adhäsion und Kohäsion als selbstverständlich gelten können, werden an Elastizität und Modul spezielle Anforderungen gestellt. Ein in Dehnfugen verwendeter Dichtstoff muss seine Elastizität über viele Jahre bewahren und darf nicht durch Alterungsvorgänge im Laufe der Zeit verspröden. Der Modul des Dichtstoffs bei tiefen Temperaturen (−20 °C) muss hingegen von vornherein so niedrig sein, dass auch bei

Winterbedingungen die unvermeidliche Versteifung des Dichtstoffs so gering ist, dass die Haftzugfestigkeit der Fugenflanken nicht überschritten wird.

Bevor ein in die Fuge eingebrachter und abgeglätteter Dichtstoff eine Haut gebildet hat oder ausgehärtet ist, kann er bereits einer Belastung ausgesetzt sein: Regen. Daher unterteilt man die Fassadendichtstoffe in früh(regen)beständige Produkte (Kennzeichnung: F) und nicht frühbeständige (Kennzeichnung: NF). Die chemisch aushärtenden Dichtstoffe (z. B. Silikone, Polyurethane, Silan modifizierte Polymere, Polysulfide) sind generell frühbeständig. Die normgerechte Bezeichnung eines frühbeständigen Fassadendichtstoffs ist: Fugendichtstoff DIN 18540 – F. Bei den wässrigen Dispersionen gibt es hingegen auch solche, die mit NF gekennzeichnet werden. Im letztgenannten Fall können unerwartete Regengüsse während des Verfugens oder kurz danach Dichtstoffauswaschungen und Substratverschmutzungen hervorrufen. Solche Produkte sollten nur in Innenräumen verwendet werden.

Im *Technischen Datenblatt* bzw. auf dem Gebinde soll der Dichtstoff eindeutig für seinen beabsichtigten Zweck gekennzeichnet sein:

- Art und Inhalt der Gebinde (zur Bestimmung des Verarbeitungsgeräts und zur Berechnung der nötigen Anzahl),
- Fugendichtstoff DIN 18540 – F (oder NF),
- Farbe des Dichtstoffs (möglichst nach RAL),
- Chargennummer (zur Aufnahme in das Baustellenprotokoll und Rückverfolgung bei Reklamationen),
- Bezeichnung der Basischemie (zur ersten Einschätzung des Eigenschaftsprofils),
- Zahl der Komponenten (bei 2K-Systemen Bezeichnung des passenden Härters),
- Haltbarkeitsdatum/Fertigungsdatum (ersteres ist zwar bei Primern meist angegeben, jedoch kaum bei Dichtstoffen; das Fertigungsdatum ist oft in der Chargennummer verschlüsselt und damit für den Anwender nicht zu erkennen),
- Hautbildezeit bzw. Mischanweisung und Topfzeit bei Normalklima (zur Zeiteinteilung der Arbeiten),
- Minimale und maximale Verarbeitungs- und Lagertemperatur,
- Produktspezifische Besonderheiten,
- Schutzmaßnahmen und Sicherheitsaspekte,
- CE-Kennzeichnung (s. Abschn. 11.2).

Der in die Fuge eingebrachte Dichtstoff sollte nach dem Abglätten einen hantelförmigen Querschnitt aufweisen. Hierdurch verteilen sich beim Öffnen der Fuge die Zugkräfte auf das Substrat auf zwei große Kontaktflächen, während die Dehnung an der schmalsten Stelle am größten ist[4], die auftretenden Kräfte jedoch minimiert sind. Durch die Begrenzung der Dichtstofftiefe auf rund die Hälfte der Dichtstoffbreite bei Fugen über 10 mm werden zudem die Kräfte minimiert, die auf die Haftflächen wirken. Wäre bei breiten

---

[4] Kompressionskräfte beanspruchen die Haftflächen weniger stark als Zugkräfte.

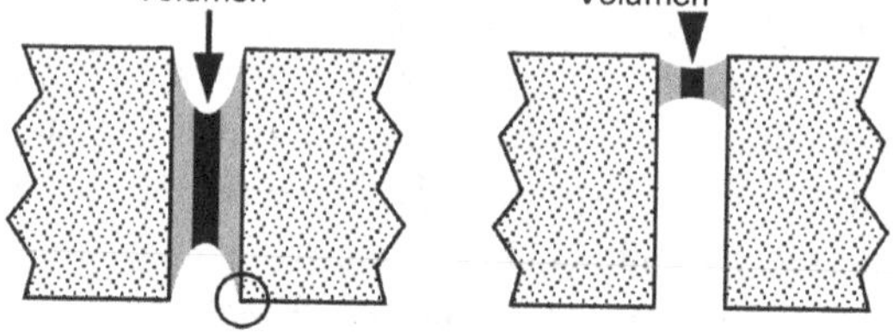

Abb. 4.12 Bei einer zu großen Dicke des Dichtstoffs ergeben sich Spannungsspitzen am Substrat

großes deformiertes Volumen

kleines deformiertes Volumen

Spannungsspitze

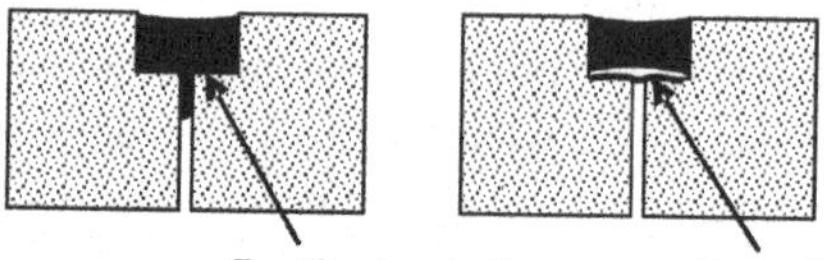

Abb. 4.13 Der Dichtstoff in einer Fuge mit Dreiflankenhaftung wird durch die Fugenbewegungen zerstört

Dreiflankenhaftung   Trennfolie

Fugen die Tiefe des Dichtstoffs gleich oder größer als die Fugenbreite, ergäben sich Spannungsspitzen am Substrat, die zu Ablösungen führen können (Abb. 4.12). Nur bei schmalen Fugen, die sich dann entsprechend wenig bewegen dürfen, entspricht die Tiefe der Fuge auch ihrer Breite.

Was passiert, wenn ein Dichtstoff in eine Fuge eingebracht wird und Haftung auf den beiden Fugenflanken *und* dem Fugengrund aufweist, ist in (Abb. 4.13), dargestellt. Bei der Bewegung der beiden Substrate gegen den Untergrund entstehen an den Ecken des Substrats sehr hohe, relative Dehnungen und Spannungsspitzen, weil die Länge des frei beweglichen Dichtstoffs hier sehr gering ist. Dieser zerstörerische Effekt wird *Dreiflankenhaftung* genannt. Auch die besten der elastischen Dichtstoffe können dieser Beanspruchung nur kurze Zeit widerstehen: Sie reißen ein und die Fuge wird undicht. Abhilfe schafft in dieser Konstellation eine nichthaftende Trennfolie aus PE, die vor dem Einspritzen des Dichtstoffs auf den Fugengrund aufgebracht wird.

Bei den Fugenbewegungen unterscheidet man die

- Größe der Bewegung (Amplitude),
- Häufigkeit der Bewegung (Frequenz),

wenn man von einer einmaligen, irreversiblen Fugenbewegung, der Setzung, einmal absieht. Es ist durchaus möglich, dass eine leichte Setzung den wiederholten Bewegungen einer Dehnfuge vorangeht. Die Fugenbewegungen im Bauwesen werden vorwiegend durch den Tag-/Nacht- und den Sommer-/Winter-Zyklus bestimmt. Auch kann der Schattenwurf eines Hochhauses auf eine Fassade eines Nachbargebäudes gelegentlich abrupte Fugenbewegungen durch ziemlich schnelle Abkühlung verursachen. Während die Größe der zu erwartenden Fugenbewegung die Dimensionierung und Auswahl des Dichtstoffs beeinflusst, bewirkt eine größere Häufigkeit der ersteren ein rascheres Altern des Dichtstoffs.

4.4.2 Berechnung von Dehnfugen

Die nachstehenden Ausführungen gelten allgemein für parallele Dehnfugen. Für Fugenbreiten b_F ab 10 mm gilt für die Auslegung der *Fugentiefe* t_D eines Dichtstoffs bei gegebener Fugenbreite folgende Formel:

$$t_D \approx \frac{1}{2} b_F, \tag{4.1}$$

für schmalere Fugen unter 10 mm kann auch mit

$$t_D \approx b_F \tag{4.2}$$

gerechnet werden; bei Dehnfugen sollte man jedoch die Fugenbreite von 10 mm möglichst nicht, unter 5–6 mm keinesfalls unterschreiten. Tut man es trotzdem, wird wahrscheinlich der Dichtstoff überbeansprucht. Wird andererseits eine Dehnfuge gemäß einer Berechnung deutlich breiter als 40 mm, sollte die gesamte Konstruktion am besten nochmals überdacht werden. In der Praxis wird die Dichtstofftiefe bei breiten Fugen noch etwas geringer gewählt als der Formel $t_D \approx \frac{1}{2}b_F$ entspricht; bei einer 40 mm breiten Fuge kann daher die Dichtstofftiefe auch nur gut 15 mm betragen. Wird die Tiefe des Dichtstoffs zu gering gewählt, sinkt seine mechanische Stabilität und es kann bei den Fugenbewegungen zu Aufwölbungen (Schlaufen) des Dichtstoffs kommen, die Abrasion und Witterung in besonderem Maße ausgesetzt sind.

Bei Dehnfugen dürfen minimale Fugendimensionen von 5 × 5 mm nicht unterschritten werden. Bei sehr breiten Fugen (> 35 mm) sollte die minimale Dichtstoffdicke in der Mitte der Fuge 10 mm keinesfalls unter-, 20 mm jedoch nicht überschreiten.

Die erforderliche *Fugenbreite* wird in erster Näherung von den thermisch verursachten Bewegungen der abzudichtenden Bauteile und der zulässigen Gesamtverformung des Dichtstoffs bestimmt. Wie weit sich nun die Fugenflanken bei einer idealen Dehnfuge bewegen, hängt vom jeweiligen Einzelfall ab. Maßgeblich sind die thermischen Ausdehnungskoeffizienten der beteiligten Werkstoffe und die Temperaturdifferenz, die eine Fuge im Tages- und Jahreslauf mitmachen muss.

Die zulässige *Gesamt*verformung (ZGV) eines Dichtstoffs ist festgelegt als Prozentangabe zwischen 0 und 25 %. Wenn ein Dichtstoff mit einer ZGV von 25 % auf Dehnung und Stauchung beansprucht wird, darf er, von der spannungsfreien Null-lage ausgehend, beispielsweise nur mit $\pm 12{,}5\,\%$ oder $-10\,\%$ und $+15\,\%$ verformt werden (Abb. 4.14). (Eine Verformung etwa um $\pm 25\,\%$ würde den Dichtstoff überfordern.)

Die Längenänderung eines Bauteils Δl bei einer Temperaturänderung ΔT ergibt sich mit dem thermischen Ausdehnungskoeffizienten des Werkstoffs α nach:

$$\Delta l = \alpha \cdot l_0 \cdot \Delta T. \tag{4.3}$$

Für praktisch alle Baustoffe liegt der Wert α vor (Tab. 4.2), für Beton beträgt er 10–$11 \cdot 10^{-6}/\text{K}$.

Vor der Berechnung der Fugenbewegung muss überlegt werden, welche Bauteile sich überhaupt gegeneinander bewegen und ob sie dies zwängungsfrei tun können. Für das nachstehende Berechnungsbeispiel wird angenommen, dass das Betonelement an einer Seite unbeweglich eingespannt ist und sich die gesamte Bewegung am gegenüberliegenden Ende manifestiert.

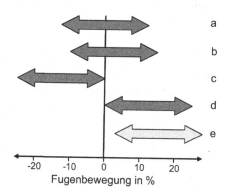

Abb. 4.14 Fugenbewegungen mit einem Dichtstoff mit einer ZGV von 25 %. **a** $\pm 12{,}5\,\%$ Auslenkung um die Null-Lage; **b** $-10\,\%/+15\,\%$ (Kompression und Dehnung mit Nulldurchgang); **c** $-25\,\%$ (Kompression, kommt in der Baupraxis nicht vor); **d** $+25\,\%$ (Dehnung, kommt ebenfalls nicht vor); **e** nicht zulässig, da der Dichtstoff unter permanenter Zugspannung steht

Tab. 4.2 Lineare Thermische Ausdehnungskoeffizienten α von ausgewählten Werkstoffen in $10^{-6}/K$

Metalle	Kunststoffe	Mineral. Baustoffe	Sonstige
Aluminium: 24	Polycarbonat: 65	Glas: 3,5–8; Quarzglas: 0,5; Glaskeramik: 0,02–0,05	Polystyrolschaum: 79
Stähle, niedrige-giert: 10–14	Polyacrylat: 70–80	Granit 8–12	Polyurethanschaum: 120–150
Stähle, hochlegiert: 13–19; V2 A: 16	Epoxidharz: 40–60	Beton: 10–12	Holz: 3–7 (längs zur Faser); 30–50 (quer zur Faser)
Chrom: 6	Polyethylen: 150–230	Marmor: 5–11	
Messing: 19	PVC: 70–80	Fliesen: 7	
Kupfer: 16	Polyamid: 90–100	Gipsplatten: 13–20	
Blei: 29	Polyester (GFK): 15–50		
Platin: 9	Polyurethan: 110–210 (auch 90–120)		
Zink: 36	Kohlefaserverstärkter Kunststoff (CFK): 0		

Hinweis: Alle Angaben dienen nur zur Orientierung. Für genaue Berechnungen müssen die Zahlen aktuellen Werkstoffleistungsblättern entnommen werden. Bei Kunststoffen haben die Füllstoffe und bei den Thermoplasten auch die Extrusionsrichtung einen entscheidenden Einfluss auf die Therm. Ausdehnungskoeffizienten.

Berechnungsbeispiel 1

Ein Betonteil von 3 m Länge sei einer Temperaturänderung $\Delta T = 80\,K$ unterworfen. Mit einem α_{Beton} von $10 \cdot 10^{-6}/K$ ergibt sich durch Einsetzen in Gl. 4.3 eine Längenänderung von 2,4 mm, die der Dichtstoff aufnehmen muss:

$$\Delta l = \alpha \cdot l_0 \cdot \Delta T = 10 \cdot 10^{-6} \cdot 3000 \cdot 80\,\text{mm} = 2{,}4\,\text{mm}. \tag{4.4}$$

Nachdem man die (Gesamt-)Bewegung b einer Fuge errechnet hat, ergibt sich die nötige Mindestfugenbreite b_F für eine gegebene Gesamtverformung eines Dichtstoffs nach:

$$b_F = \frac{\Delta b \cdot 100}{ZGV_{\text{Dichtstoff}}}. \tag{4.5}$$

Für einen Dichtstoff mit einer ZGV von 20 % sind dies 12 mm, bei einer ZGV von 25 % 10 mm. Bei Berücksichtigung der bauüblichen Toleranzen (nach DIN 18202) sollte die Mindestfugenbreite sicher über den berechneten Werten liegen.

Es ist auch möglich, die erforderlichen Fugenbreiten aus einem Nomogramm abzulesen (Abb. 4.15).

Abb. 4.15 Nomogramm zur Auslegung von Dehnfugen im Hochbau unter Verwendung eines Dichtstoffs mit einer ZGV von 25 %. b_F Fugenbreite, t: Dichtstofftiefe

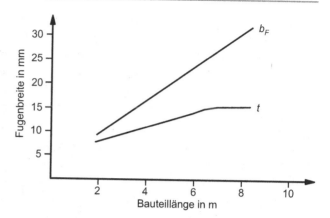

In Tab. 4.3 sind für einige gängige Fugenbreiten zwischen Betonelementen[5] im Hochbau nach DIN 18540 die entsprechend einzuplanenden Abmessungen unter der Voraussetzung aufgeführt, dass die maximalen Temperaturschwankungen der Bauteile 80 K ($-20\,°C$ bis $+60\,°C$) nicht überschreitet. Mit hellen Beschichtungen versehene Wände heizen sich in Deutschland bei Westorientierung bis maximal 50 °C auf, dunkel beschichtete dagegen bis 80 °C. Sehr dunkel beschichtete Fassaden kommen jedoch nur selten vor, hier muss speziell gerechnet werden.

Die in der Tabelle angegebenen Dichtstofftiefen gelten für den Endzustand des Dichtstoffs; ein theoretisch möglicher, aber praktisch kaum relevanter Schwund bei der Aushärtung wäre also durch einen geringen Überschuss zu berücksichtigen. Die Werte der

Tab. 4.3 Fugendimensionen im Hochbau nach DIN 18540

Fugenabstand in m	Fugenbreite b_F in mm		Tiefe des Dichtstoffs[c] t_D in mm	
	Nennmaß[a]	Mindestmaß[b]	Nennmaße	Grenzabmaße
Bis 2	15	10	8	±2
Über 2 bis 3,5	20	15	10	±2
Über 3,5 bis 5	25	20	12	±2
Über 5 bis 6,5	30	25	15	±3
Über 6,5 bis 8	35[d]	30	15	±3

Anmerkungen:
[a]Nennmaß für die Planung;
[b]Mindestmaß zum Zeitpunkt der Fugenabdichtung;
[c]Die angegebenen Werte gelten für den Endzustand, dabei ist auch die Volumenänderung des Fugendichtstoffs zu berücksichtigen;
[d]Bei größeren Fugenbreiten sind die Anweisungen des Dichtstoffherstellers zu beachten.
(Wiedergegeben mit Erlaubnis des DIN Deutsches Institut für Normung e. V., Bezugsquelle im Anhang)

---

[5] Die Länge des Bauteils in Bewegungsrichtung gibt den Fugenabstand vor.

Tabelle stammen aus jahrzehntelanger Praxiserfahrung und liegen über den nach Gl. 4.5 berechneten Werten, d. h. sie beinhalten entsprechende Sicherheiten. Für ein Bauteil im angegebenen Längenbereich des Berechnungsbeispiels ist dies beispielsweise ein Mindestmaß von 12–15 mm für einen Dichtstoff mit einer ZGV von 25 %.

Alle hier exemplarisch gezeigten Berechnungen gehen von einer idealen, d. h. nicht toleranzbehafteten Situation aus. In der Realität haben alle Bauteile, und damit auch die zwischen ihnen entstehenden oder vorgesehenen Fugen, Toleranzen, die bei der Auslegung unbedingt zu berücksichtigen sind. Die Aufsummierung *negativer* Toleranzen, d. h. solcher, die die Fuge verschmälern, führt gelegentlich zu einer Überbeanspruchung der Dauerbewegungsaufnahme des Dichtstoffs und damit zu dessen Versagen. *Positive* Toleranzen, die die Fuge breiter als geplant werden lassen, führen üblicherweise kaum zu Problemen, denn hierbei wird der Dichtstoff weniger beansprucht als vorhergesehen. Nur bei extremen Fugenbreiten könnte es eventuell bei der Bauabnahme aus optischen Gründen Beanstandungen geben.

> Eine Fuge sollte im Zweifelsfalle eher zu breit als zu schmal ausgelegt werden, um die Beanspruchung des elastischen Dichtstoffs zu senken. Wegen der unvermeidlichen Bauteiltoleranzen sollte man bei der Berechnung immer von der kleinsten, möglicherweise auftretenden Fugenbreite ausgehen: Diese ist kritisch für die Dauerhaftigkeit der Abdichtung, da an diesen Stellen die höchsten Spannungen auftreten.

Hat man beispielsweise die (Gesamt-)Bewegung Δb_F einer Fuge zu 3 mm errechnet, und will man einen Dichtstoff mit der ZGV von 25 % verwenden, muss die Fuge mindestens 12 mm breit ausgelegt werden; bei einer ZGV von 20 % wären es 15 mm und bei einer ZGV von 15 % bereits 20 mm. Es ist empfehlenswert, bei klassischen Dehnfugen möglichst Dichtstoffe mit einer ZGV von 25 % einzusetzen, um die Fugenbreite in Grenzen zu halten. Damit vereinfacht sich Gl. 4.5 für den erstgenannten Fall zu

$$b_F = \Delta b_F \cdot 4. \tag{4.6}$$

> Die Fugenbreite muss mindestens das Vierfache der errechneten Fugenbewegung betragen, wenn man einen Dichtstoff mit einer ZGV von 25 % verwenden will.

Eine weitere Möglichkeit zur Auslegung von Fugen neben der Einzelberechnung oder der Verwendung von Tabellen sind Nomogramme, aus denen die Breite der auszulegenden Fugen in Beton direkt abzulesen ist (Abb. 4.16[6]). Man sucht im Bild in der Basislinie den gewünschten Fugenabstand und zieht eine Senkrechte bis zum Erwartungswert

---

[6] Aus: E.H. Schindel-Bidinelli, W. Gutherz, Konstruktives Kleben, VCH, Weinheim, 1988, S. 87.

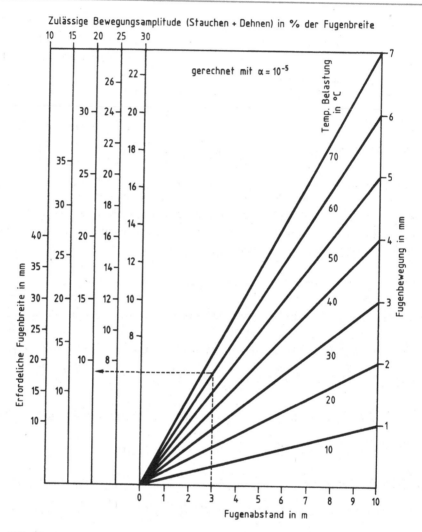

Abb. 4.16 Nomogramm zur Bestimmung der Fugenbreite zwischen Betonelementen. (Mit frdl. Genehmigung Wiley-VCH, Weinheim)

von ΔT. Dann geht man waagerecht nach links bis zum Schnittpunkt mit der Linie der gewünschten ZGV („zulässige Bewegungsamplitude") des Dichtstoffs. An der entsprechenden Senkrechten kann man die erforderliche Fugenbreite ablesen. Im Nomogramm kann für verschiedene Fugenabstände die nötige Fugenbreite für unterschiedliche Temperaturintervalle abgelesen werden; dies ist beispielhaft für einen Fugenabstand von 3 m, $\Delta T = 60$ K und einer ZGV von 20 % ausgeführt.

Werden Konstruktionen ausgeführt, die die erforderliche Bedingung der Mindestfugenbreite nicht erfüllen, werden die Fugen wahrscheinlich einmal undicht, weil der Dichtstoff

Tab. 4.4 Typische zulässige Gesamtverformung (ZGV) von verschiedenen Dichtstoffsystemen

Dichtstoffart	Zulässige Gesamtverformung in %
Butylkautschuke; Harz	0–5
Acrylat, lösemittelh.	5–15
Acrylatdispersionen	10–25 (selten)
Silikone	12,5–25
Polysulfide	12,5–25
Polyurethane	12,5–25
Silan modifizierte Polymere	12,5–25

Abb. 4.17 Längenänderung von Beton im Laufe der Zeit

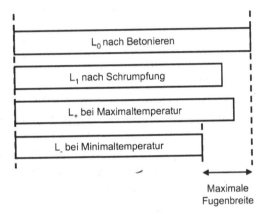

in sich reißt oder die Adhäsion verliert. Werden – wenn, dann meist aus optischen Gründen – die Dehnfugen deutlich schmäler gemacht als errechnet, wird der Dichtstoff so stark „gewalkt", dass er vorzeitig versagt und damit die Fuge undicht wird. In extremen Fällen wurde auch beobachtet, dass der Dichtstoff teilweise aus der Fuge herausgepresst wurde.

In Tab. 4.4 sind die im Baubereich zulässigen Gesamtverformungen einiger wichtiger Dichtstoffsysteme angegeben. Die ZGV eines Dichtstoffs wird vom Dichtstoffhersteller in eigener Verantwortung festgelegt und angegeben. Nur die chemisch reaktiven, elastischen Systeme wie Silikon, Polyurethan, Polysulfid und Silan modifizierte Polymere erfüllen sicher die Anforderungen für Dehnfugen. Neuere Entwicklungen bei den Silikonen, Polyurethanen und auch den wasserbasierten Acrylaten, zeigen einen Trend zur Erhöhung der bisher maximalen ZGV auf Werte > 25 %.

Bei der Auslegung von Fugen zwischen Betonbauteilen sollte bei sehr großen Bauteilmaßen neben den temperaturbedingten Längenänderungen auch noch die betontypische Schrumpfung bei Aushärtung und Alterung berücksichtigt werden. Aus Abb. 4.17 ist ersichtlich, dass Beton während der Aushärtung und auch noch im Laufe von Monaten irreversibel schrumpft, was zu Vorspannungen im Dichtstoff führen kann. Da ein elastischer Dichtstoff kaum plastische Anteile aufweist, werden die dadurch im Dichtstoff entstehenden Spannungen eventuell durch adhäsives Versagen abgebaut.

Durch Feuchtigkeitsaufnahme mancher Bau- und Werkstoffe kommt noch ein weiterer Faktor, l (Feuchte), hinzu. Er ist bei großen Bauteilen zu berücksichtigen. Hierzu benötigt man den entsprechenden Koeffizienten R für die reversible bzw. I für die irreversible Längenänderung eines Werkstoffs unter Feuchtigkeitseinwirkung. R beträgt für Beton und Betonsteine 0,02–0,06 % und für Ziegel 0,02 %. I beträgt für Beton und Betonsteine −0,03 bis −0,09 %, für Ziegel dagegen +0,02–0,09 %. Zur Berechnung von Δl_R bzw. Δl_I verwendet man Gl. 4.7.

$$\Delta l_{R(I)} = \frac{R(I)}{100} l_0.$$ (4.7)

Berechnungsbeispiel 2

Für ein Fassadenfeld aus Ziegeln von 7 m Länge soll die feuchtigkeitsbedingte Längenänderung berechnet werden. Hierbei wird nicht berücksichtigt, dass sich ein Teil dieser bereits vor dem Verfugen einstellt und dass sich in einer Ziegelfassade bewegungsausgleichende Mikrorisse befinden. Für $I = 0{,}03$ ergibt sich nach Gl. 4.7 eine irreversible Längenänderung von +2,1 mm. Mit $R = 0{,}02$ ergibt sich entsprechend eine reversible Längenänderung von 1,4 mm. Die maximale gesamte Längenänderung beträgt also 3,5 mm.

Diese Längenänderungen führen zu Fugenbewegungen und müssen daher in Gl. 4.5 bei der Berechnung der erforderlichen Gesamtfugenbreite berücksichtigt werden. Δb_F setzt sich also zusammen aus den thermisch und hygrisch bedingten reversiblen und irreversiblen Fugenbewegungen.

> Zementbasierende Baustoffe (Beton, Zementsteine) schrumpfen zunächst eine nicht unbeträchtliche Zeitspanne (mehrere Monate) irreversibel durch Verlust von Wasser, während Ziegel ihr Volumen durch Aufnahme von Wasser bis zur Gleichgewichtsfeuchte erhöhen.

In vielen Fällen können sich die Bauteile nicht zwängungsfrei bewegen, sei es durch Reibung oder starre Lagerung. Dadurch ergeben sich, wie in Abb. 4.18 dargestellt, oft deutlich geringere Fugenbewegungen als berechnet. Wenn die thermisch bedingte Ausdehnung eines Bauteils ungehindert nach zwei Seiten erfolgen kann, tritt an einer Fuge nur die *Hälfte* der linearen Ausdehnung auf. Stoßen zwei, an der entfernten Seite jeweils eingespannte Bauteile aufeinander, müssen die entsprechenden Werte Δl-Werte *addiert* werden, um die gesamte Relativbewegung der Fuge zu erfassen. Die Einbausituation beeinflusst also in erheblichem Maße die möglicherweise auftretenden Fugenbewegungen; in der Praxis kann man oft die einzelnen Fälle nicht genau voneinander abgrenzen. Legt man generell die Berechnungen nicht grenzwertig an, erhält man gelegentlich ungeplante Sicherheiten in der Dimensionierung. In Abb. 4.18a ist die praktisch unbehinderte Bewegung der beiden Bauelemente (z. B. Fassadenpaneele) zu berücksichtigen, analog zu Berechnungsbeispiel 1 beträgt hier die gesamte Fugenbewegung bei einer angenommenen Bauteilbreite von 3 m 2,4 mm + 2,4 mm = 4,8 mm; die Fugenbreite müsste demnach

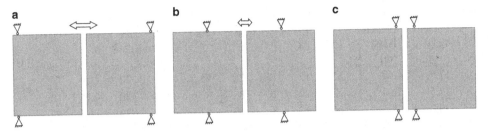

Abb. 4.18 Zwängungen verhindern gelegentlich die ungestörte Bewegung eines Bauteils und können dadurch den Dichtstoff entlasten. Die *Dreiecke* stellen die Auflager dar während die *hellen Doppelpfeile* die Bewegungen der Bauelemente symbolisieren

4,8 mm · 4 ≈ 20 mm betragen. In Abb. 4.18b beträgt die freie Bewegungsmöglichkeit nur rund die Hälfte und in Abb. 4.18c wäre die Fugenbewegung nahezu vernachlässigbar.

▶ **Praxis-Tipp** Mit der im Betonbau gelehrten „Standardbreite" einer Fuge von 20 mm ist man bei Bauteillängen bis 3,5 m immer auf der sicheren Seite. Bei dunklen Bauteilen sollte die Fugenbreite um 15–30 % erhöht werden. Meist treten auch keine Schäden auf, wenn die obige Fugenbreite für Elemente bis 5 m gewählt wird. Im Zweifelsfall sollte jedoch die nötige Fugenbreite immer berechnet werden.

Sonderfall Porenbeton

Bei der Verwendung von Porenbeton als Baustoff gilt die DIN 18540 *nicht*. Porenbeton hat zwar einen thermischen Ausdehnungskoeffizienten von $8 \cdot 10^{-6}$/K, der in der Größenordnung von Beton ($10{-}11 \cdot 10^{-6}$/K) liegt, doch seine Wärmeleitzahl beträgt nur einen Bruchteil der von Beton. Die damit verbundene hohe Wärmedämmung bewirkt in der Praxis eine geringere als zunächst erwartete Längenänderung. Bei Sonneneinstrahlung auf eine Wand aus Porenbetonteilen wölben sich diese aufgrund der Temperaturdifferenz zwischen innen und außen in Längsrichtung. Die Verformung durch die Verwölbung übertrifft die der eigentlich erwartbaren Längenänderung aufgrund des thermischen Ausdehnungskoeffizienten. Je nach Art und Lage der Fuge zwischen Porenbetonbauteilen bzw. anderen Werkstoffen ergeben sich auch verschiedenartige Relativbewegungen der Bauteile und demnach unterschiedliche Fugenbewegungen. Diese erfordern dann auch die Verwendung unterschiedlicher Dichtstoffe.

Man muss bei der Fugenauslegung für den Bau mit Porenbeton verschiedene Fugentypen unterscheiden:

- *Typ A*: Fugen mit ausschließlich dichtender Funktion, z. B. Horizontalfugen zwischen liegend angeordneten Wandplatten,
- *Typ B*: Fugen mit nur dichtender Funktion, z. B. Vertikalfugen bei stehenden Wandplatten,

Tab. 4.5 Empfohlene Fugenmaße für Bauteile aus Porenbeton

	Platten-dicke [cm]	Platten-länge [m]	t_a [°C]	t_i [°C]	t_{ba} [°C]	t_{bi} [°C]	Δt	Δt_{lin} [mm/m]	F_D [%]	Erf. b_F [mm]	Gewählt b_F [mm]
1	17,5	6,0	65	12	15	20	55,5	0,26	20	11,9	12
2	17,5	6,0	−15	20	10	8	−36	−0,06	20	−12,7	13
3	20,0	6,0	65	12	5	20	52,5	0,26	20	11,5	12
4	20,0	6,0	−15	20	35	25	−40	−0,06	20	−13,3	14
5	20,0	6,7	65	12	8	15	56,5	−0,26	20	13,5	14
6	20,0	6,7	−15	20	9	25	−27	−0,06	20	−12,9	13
7	25,0	7,5	65	12	5	5	53	−0,26	20	13,5	14
8	25,0	7,5	−15	20	25	35	−35	−0,06	20	−14,4	15

Aus: Porenbeton Bericht 6 (1997), mit frdl. Genehmigung BV Porenbeton e. V.

- *Typ C*: Fugen mit dichtender Funktion bei *geringer* Zug- und Druckverformung, z. B. Vertikalfugen bei liegenden Porenbetonwandplatten, Horizontalfugen bei Konsolen, Sockelfugen,
- *Typ D*: Fugen mit dichtender Funktion bei *größerer* Bewegungsbeanspruchung, z. B. Anschlussfugen zwischen Porenbeton und anderen Baustoffen, Bauteilen und bei Gebäudetrennfugen.

Die Berechnung der Fugenbreite folgt nicht Gl. 4.3, sondern einem komplizierteren Zusammenhang.[7] Der Einfachheit halber wird diese Berechnung hier nicht nachvollzogen; in Tab. 4.5 sind die einzuhaltenden Fugenmaße für die angegebenen Fugentypen und gängige Abmessungen der abzudichtenden Bauteile bereits ausgeführt. Das Schrumpfverhalten von frischem Porenbeton ist in der Fugenauslegung ebenfalls berücksichtigt.

Weiterhin hat Porenbeton nicht die Zugfestigkeit des normalen Betons. Deswegen dürfen nur sehr weiche Dichtstoffe mit einem entsprechendem Spannungs-/Dehnungsverhalten und einer Festigkeit von $\leq 0{,}2\,\text{N/mm}^2$ verwendet werden. Die Anforderungen an die Dichtstoffe bei den verschiedenen, im Porenbetonbau möglichen, Fugen sind in Tab. 4.6 dargestellt. Es kommen vorwiegend acrylatbasierte Kunststoffmörtel bzw. Dichtstoffe zum Einsatz.

4.5 Scherfugen und ihre Berechnung

Neben den oben beschriebenen Dehnfugen, bei denen der Dichtstoff nur in einer Richtung durch das Öffnen und Schließen der Fuge beansprucht wird, kommen in vielen Fassadenkonstruktionen (und auch bei Bodenfugen) *Scherfugen* vor (Abb. 4.19). Auch Scherungen

---

[7] Porenbeton Bericht 6, Bewehrte Wandplatten Fugenausbildung, Bundesverband Porenbetonindustrie e. V. (2014).

Tab. 4.6 Dichtstoffanforderungen beim Abdichten mit Porenbeton

Fugenarten	Fugendichtstoff (Charakterisierung)	Rückstellvermögen in %	Bindemittelbasis	Zul. Gesamtverformung in %	Eignung für
A	Kunststoffmörtel	Praktisch 0	z. B. Acryldispersionen mit Faserzusätzen	0	Horizontale Fugen von liegend angebrachten Wandplatten
B	Elastoplastisch	$\geq 20-<40$	Acryldispersion	5–10	Vertikalfugen bei stehend angeordneten Wandfugen
C	Plastoelastisch	$\geq 40-<70$	Acryldispersion	15–20	Vertikalfugen bei liegenden Porenbetonwandplatten
D	Elastisch	≥ 70	Acryldispersion, Polyurethan, SMP-Dichtstoffe, Polysulfid (Thiokol) (2-komponentig)	20–25	Trennfugen und Anschlussfugen

Aus: Porenbeton Bericht 6 (1997), mit frdl. Genehmigung BV Porenbeton e. V.

werden, solange sie im Rahmen der ZGV bleiben, ebenfalls vergleichsweise gut vom elastischen Dichtstoff aufgenommen. Die ZGV darf hierbei nicht dauerhaft überschritten werden. Bei einer Scherfuge wird der Dichtstoff hauptsächlich auf Scherung, nicht auf Zug oder Druck belastet. In manchen Fugen überlagern sich zusätzlich zur Scherung auch die Bewegungen des Öffnens und Schließens der Fugenbreite b_F, was einer zweidimensionalen Belastung des Dichtstoffs entspricht. Ziel der Auslegung muss es sein, dass der Dichtstoff durch die Überlagerung der Bewegungen in Richtung der Hypotenuse, d. h. an der Stelle mit der stärksten Dehnung, des aufgespannten rechtwinkligen Dreiecks laut Abb. 4.20 nicht überlastet wird. Für die nun folgende Berechnung einer „idealen" Scherfuge wird vereinfachenderweise angenommen, dass *keine* Veränderung von b_F erfolgt, sondern nur eine thermische und/oder hygrische Längenänderung Δl einer Fugenflanke auftritt. Nach Pythagoras gilt:

$$b_F^2 + \Delta l^2 = (b_F + Z \cdot b_F)^2, \tag{4.8}$$

wobei $Z = \mathrm{ZGV}/100$. Wird Gl. 4.8 nach b_F aufgelöst, ergibt sich:

$$b_F = \sqrt{\frac{\Delta l^2}{(1+Z)^2 - 1}}. \tag{4.9}$$

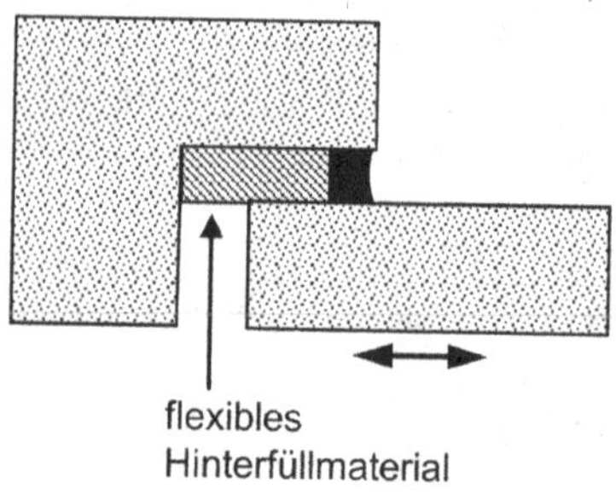

Abb. 4.19 Scherfuge

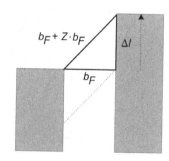

flexibles
Hinterfüllmaterial

Abb. 4.20 Skizze zur Berechnung der Dehnung eines Dichtstoffs während der Scherung

Berechnungsbeispiel 3

Es soll die Breite einer Fuge in mm bestimmt werden, deren eine Flanke sich 5 mm transversal zur anderen bewegt. Bei Verwendung eines Dichtstoffs mit ZGV = 25 % ergibt sich eingesetzt in Gl. 4.9 als Mindestbreite:

$$b_F = \sqrt{\frac{5^2}{(1 + 0{,}25)^2 - 1}} = 6{,}7 \text{ mm}. \tag{4.10}$$

Überlagern sich die Bewegungen des Öffnens und Schließens der Fuge mit den transversalen Längenänderungen der Bauteile, muss man unterscheiden, ob diese Bewegungen hintereinander oder simultan erfolgen. Im ersten Fall kann man diese Bewegungen separat betrachten, im zweiten müssen die Dimensionsveränderungen rechnerisch in entsprechend erweiterten Formeln nach Gln. 4.8 und 4.9 erfasst werden. Die hierbei erhaltenen Werte für b_F liegen deutlich über denen der vereinfachten obigen Berechnung.

4.6 Anschlussfugen

„Eine Anschlussfuge ist eine Fuge zwischen zwei in Material oder Funktion unterschiedlichen Bauteilen." (DIN EN ISO 6927)

Wahrscheinlich gibt es deutlich mehr Anschlussfugen als Dehnfugen. Der im obenstehenden Infokasten aufgeführte, etwas knapp formulierte Auszug aus der Begriffsnorm zur Definition einer Anschlussfuge lässt sich folgendermaßen erläutern: Überall, wo zwei Bauteile aneinander stoßen, entsteht eine Fuge. Wenn es sich um unterschiedliche Werkstoffe handelt, spricht man von vornherein von einer Anschlussfuge. Diese wird sich in den meisten Fällen auch bewegen, praktisch wie eine klassische Dehnfuge, sie heißt aber dennoch Anschlussfuge. Wenn zwei gleichartige Materialien aneinander stoßen und eine Fuge bilden (Beton an Beton) aber diese Bauteile eine *unterschiedliche* Funktion haben, spricht man ebenfalls von einer Anschlussfuge. Beispiel: Ein Betonpfeiler geht durch eine Betondecke. Die Unterschiedlichkeit der Funktionen der beiden Bauteile ist offensichtlich, also entsteht eine Anschlussfuge. In den Fällen, wo Anschlussfugen zwischen sich bewegenden Bauteilen entstehen, müssen diese berechnet werden. In den Fällen, wo beispielsweise zwei plattenförmige Werkstoffe (Scheiben) aus unterschiedlichem Material aufeinander treffen, müssen hier die thermischen Ausdehnungskoeffizienten von *zwei* Materialien berücksichtigt werden. Die Berechnung erfolgt nach den Gln. 4.3 und 4.5. Etwas anders ist es im oben genannten Beispiel des Betonpfeilers, denn hier kommt die Relativbewegung der beiden (gleichartigen) Materialien ins Spiel: Während die *Quer*ausdehnung des Pfeilers praktisch vernachlässigbar ist, muss die Ausdehnung der betonierten Geschoßdecke in Pfeilerrichtung in die Rechnung eingehen. Auch Anschlussfugen darf man nicht unterdimensionieren. Man sollte sich an den Maßen von Dehnfugen orientieren, wenn absehbar ist, dass nicht unerhebliche Bewegungen der abgedichteten Bauteile kompensiert werden müssen. Alternativ können die Werte z. B. aus Tabellen entnommen werden.

Berechnungsbeispiel 4
Der thermische Ausdehnungskoeffizient von Acrylglas (PMMA) ist laut Tabelle 70–80 · 10^{-6}/K. Nach Gl. 4.3 ergibt sich bei einer Außenanwendung mit $\Delta T = 80$ K bei einem 1 m langen Element eine thermisch bedingte Längenänderung von immerhin 5,6 mm. Grenzt daran ein frei bewegliches Betonelement von 3 m Länge, kommen noch weitere 2,4 mm Fugenbewegung hinzu; die maximal mögliche Gesamtbewegung beträgt also 8,0 mm. Wenn diese Anschlussfuge mit einem Dichtstoff mit 25 % ZGV in diesem fiktiven Beispiel verschlossen würde, müsste sie also mindestens 32 mm breit sein!

Bei Anschlüssen grenzen die Substrate oft im rechten Winkel aneinander. Hier muss eventuell mit Gl. 4.10 gerechnet werden, wenn sich eine Scherfugen-ähnliche Konstellation ergibt. Oft kann man ein Bauteil als unbeweglich annehmen, was die Berechnung vereinfacht.

4.6.1 Fensteranschlussfugen und ihre Auslegung

Die Fensteranschlussfuge ist eine der bekanntesten und auch bestbeschriebenen Anschlussfugen und sie entsteht zwischen einem Fensterrahmen[8] und dem Baukörper (Abb. 4.21); dies ist bereits im Planungsstadium nach DIN 4108 zu berücksichtigen. Fensteranschlussfugen spielen eine entscheidende Rolle bei der Abdichtung einer Gebäudehülle gegen Wind, Schlagregen und Schall. Es muss zudem sichergestellt sein, dass der im Gebäudeinneren befindliche Wasserdampf nach außen gelangen kann, ohne im Fensterbereich zu kondensieren und einem möglichen Schimmelbefall Vorschub zu leisten. Sie muss dauerhaft luft- und wasserdicht abgedichtet werden und die Relativbewegungen zwischen dem Baukörper und dem Fensterrahmen aufnehmen können. Solche Relativbewegungen entstehen z. B. durch:

- Schwund des Mauerwerks während der Verfestigung des Mörtels,
- Feuchtigkeitsbedingte Quellung/Schwindung des Mauerwerks bzw. eines hölzernen Fensterrahmens,
- Unterschiedliche Temperaturausdehnungskoeffizienten von Mauerwerk und Rahmenmaterial,
- Vibrationen, hervorgerufen durch Erschütterungen (Fensterbetätigung, Straßenverkehr, schwere Maschinen),
- Windlasten (Druck- und Sogbeanspruchung),
- Durchbiegung durch das Eigengewicht des Rahmens.

Auf die abgedichtete Fuge wirken neben den obigen noch weitere Belastungen, z. B. raumseitige (Mechanik, Feuchtigkeit, Temperatur) und von außen einwirkende Belastungen (Wind, Regen, Schnee, Hagel, Sonneneinstrahlung, Schall)

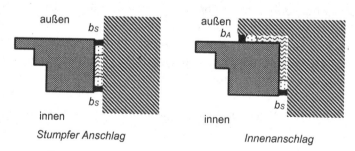

Abb. 4.21 Ausführungsbeispiele für Anschlussfugen zwischen Fensterrahmen und Mauerwerk, b_S: Fugenbreite für stumpfe Anschläge, b_A: Fugenbreite für Innenanschläge

---

[8] Die hier gemachten Ausführungen gelten in gleichem Maße auch für Außentüren (Fenstertüren).

Fensteranschlussfugen müssen ausreichend dimensioniert werden. Der Hauptfehler beim Fenstereinbau sind zu schmale oder vergessene Anschlussfugen.

Die korrekte Abdichtung eines Fensters im Baukörper kann man nach dem 3-Ebenen-Prinzip darstellen:

- *1. Ebene* (Außenseite): Die Fuge muss vor Regenwasser, Schlagregen und Schnee schützen. Eingedrungenes Wasser und Luftfeuchtigkeit aus dem Gebäudeinneren müssen nach außen abgeführt werden können.
- *2. Ebene* (mittlerer Bereich): Hier muss für Wärme- und Schallschutz gesorgt werden.
- *3. Ebene* (innerer Fugenbereich): In dieser Ebene erfolgt die luftdichte (nicht wasserdampfdichte) Trennung zwischen Innen- und Außenklima. Die Trennebene muss, um Kondensation und Schimmel zu vermeiden, so liegen, dass der Taupunkt des Raumes nicht unterschritten wird.

Die Gestaltung von Fensteranschlussfugen ist gut beschrieben und durch entsprechende Richtlinien geregelt. Bei spritzbaren Dichtstoffen werden solche mit einer Zulässigen Gesamtverformung (ZGV) von $\geq 12{,}5\,\%$ (Klasse 12,5 E) für die Rauminnenseite empfohlen. Für die Außenseite sollten aufgrund der größeren Temperaturdifferenzen Dichtstoffe mit ZGV von 25 % eingesetzt werden.

Trotz vieler Hinweise und Richtlinien sieht man bei manchen Bauten fehlerhafte, d. h. zu schmale oder praktisch nichtexistente Spalte zwischen Mauerwerk und Fenster. Dementsprechend bilden sich im Dichtstoff Risse aufgrund von Überforderung, durch die Feuchtigkeit eindringen kann. In extremen Fällen kann die Feuchtigkeit der Raumluft auf dem Weg nach draußen an kühleren Stellen zwischen Fensterrahmen und Mauerwerk kondensieren. Im Folgenden wird die Abdichtung von Fensteranschlussfugen mit spritzbaren Dichtstoffen beschrieben; die ebenfalls mögliche Abdichtung mit sog. Kompribändern[9] oder Foliensystemen wird in Kap. 7 behandelt. Die Aufgaben bzw. Funktionen der abgedichteten Fensteranschlussfugen sind:

- Ausgleich von Relativbewegungen (s. o.),
- Luftdichter Abschluss des Innenklimas vom Außenklima,
- Feuchteschutz,
- Witterungsschutz (Schlagregen, Schnee),
- Schallschutz.

Aus der Bauphysik leiten sich die drei „ehernen" Gesetze der Fensteranschlussfugenabdichtung ab, wie sie vom Institut für Fenstertechnik in Rosenheim prägnant formuliert wurden:

---

[9] Schaumstoffbänder haben ein sehr hohes Bewegungsvermögen und werden vorteilhaft bei zu schmal ausgelegten Fugen anstelle eines Dichtstoffs verwendet.

- Innen luftdicht,
- Außen schlagregendicht,
- Innen dichter als außen.

Durch die *innere Dichtebene* ist gewährleistet, dass strömungsbedingt keine feuchte Raumluft in den Bauanschluss eindringt und die mitgeführte Feuchtigkeit an den kühleren Stellen kondensieren und zu Schäden führen kann. Rauminnenseitige Undichtigkeiten lassen im fensternahen Mauerwerk Tauwasser anfallen, das Mauer und Fensterrahmen schädigen kann, Wärmebrücken bildet und nicht zuletzt der Schimmelbildung Vorschub leistet. Die *äußere Dichtebene* hält Schlagregen ab, der von der anderen Seite das Mauerwerk durchfeuchten könnte. Weil über Diffusionsvorgänge immer ein gewisser Anteil Feuchtigkeit in das Mauerwerk eindringt, muss durch Art der Konstruktion und Ausführung gewährleistet sein, dass sich eingedrungene Feuchtigkeit nicht im Anschluss staut, sondern zügig nach außen abgegeben werden kann („Innen dichter als außen"). Natürlich muss auch die sonstige Konstruktion der gesamten Wand nach den anerkannten Regeln der Technik erfolgen, sonst bewirkt auch eine noch so ausgefeilte Anschlussfugenkonstruktion nicht viel.

Neben dem Abdichten ist die weitere Hauptfunktion einer Fensteranschlussfuge der Ausgleich von thermischen Relativbewegungen zwischen so unterschiedlichen Werkstoffen wie Mauerwerk und dem Fensterrahmen, der aus Holz, Aluminium, Kunststoff oder einer Kombination dieser bestehen kann. Auch potentielle Baukörperbewegungen müssen bedacht werden.

Die nötigen Dimensionen einer Fensteranschlussfuge kann man auf die schon bekannte Weise berechnen, was eher selten der Fall sein dürfte, oder für einen Dichtstoff mit einer ZGV von 25 % aus Tab. 4.7[10] entnehmen.

Hieraus geht auch hervor, dass eine Fensteranschlussfuge ungünstigenfalls bis zu 30 mm breit sein muss. Allerdings ist die Verwendung dunkler PVC-Profile stark zurückgegangen, sodass sich diese Herausforderung kaum mehr stellen dürfte. Besonders praxisgerecht ist die Fugenauslegung jedoch mit dem Rechenschieber der Glasfachschule Hadamar (siehe Abb. 4.22), mit dem man schnell die Mindestfugenbreite für Innen- und Außenanschlag des Fensterrahmens bestimmen kann, wenn man die Maße des Rahmens, dessen Material und die zulässige Gesamtverformung des ins Auge gefassten Dichtstoffs kennt, was vorauszusetzen ist. Bei hölzernen Fensterrahmen kann je nach Art und Beschichtung des Holzes auch noch die feuchtebedingte Längenänderung eine Rolle spielen. Der sorgfältige Beobachter wird beim Vergleich anderer Quellen mit Tab. 4.7 feststellen, dass viele, aber nicht alle der angegebenen Zahlen deckungsgleich sind. Die Differenzen spiegeln die unterschiedlichen Ansätze wider und zeigen einmal mehr, dass es eigentlich auf die Größenordnung und generelle Erfassung der Notwendigkeit breiter

---

[10] D. Hepp, W. Jehl, Fenster und Montage – immer wieder spannend, Teil 2, Fachinformationen – ift Rosenheim, S. 3, ohne Jahresangabe.

Tab. 4.7 Mindestfugenbreiten bei Fensteranschlussfugen

Werkstoff der Fensterprofile	Elementlänge in m						
	Bis 1,5	Bis 2,5	Bis 3,5	Bis 4,5	Bis 2,5	Bis 3,5	Bis 4,5
	Mindestfugenbreite für stumpfen Anschlag b_S in mm				Mindestfugenbreite für Innenanschlag b_A in mm		
PVC hart (weiß)	10	15	20	25	10	10	15
PVC hart und PMMA (dunkel), farbig extrudiert	15	20	25	30	10	15	20
Harter PUR-Integralschaumstoff	10	10	15	20	10	10	15
Aluminium-Kunststoff-Verbundprofile	10	10	15	20	10	10	15
Aluminium-Kunststoff-Verbundprofile (dunkel)	10	15	20	25	10	10	15
Holzfensterprofile	10	10	10	10	10	10	10

Die Tabelle gilt für Dichtstoffe mit einer ZGV von 25 % für die Außenabdichtung und 15 % für die Innenabdichtung gem. Abb. 4.21. Wiedergegeben mit frdl. Genehmigung ift-Rosenheim e. V.

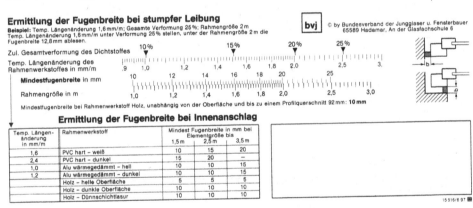

Abb. 4.22 Fugenrechner zur Bemaßung von Fensteranschlussfugen. (Mit frdl. Genehmigung Erwin-Stein-Schule, Hadamar)

Fugen ankommt. Leider eröffnen diese Unterschiede im Streitfall auch einen breiten Interpretationsspielraum.

Die vielfach beim Einbau des Fensterrahmens zur Wärmedämmung eingesetzten Polyurethanschäume dürfen nicht als Ersatz für eine korrekte Anschlussfugendichtung verwendet werden. Zwar erscheint es möglich, dass sie kurz nach Fertigstellung des Gebäudes eine Dichtheit vortäuschen, doch die recht starren Schäume können den Bewegungen

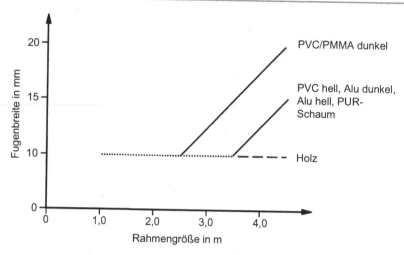

Abb. 4.23 (Gesamt-)Fugenbreite der Fensteranschlussfuge (*Innenanschlag*) in Abhängigkeit vom Rahmenmaterial. Das Nomogramm gilt für einen Dichtstoff der ZGV = 25 % für die Außenabdichtung und ZGV = 15 % für die Innenabdichtung

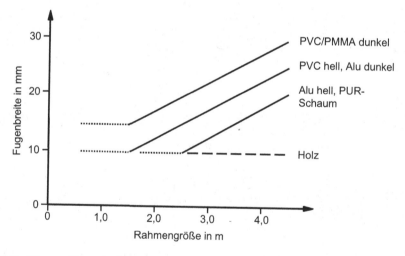

Abb. 4.24 (Gesamt-)Fugenbreite der Fensteranschlussfuge (*stumpfe Leibung*) in Abhängigkeit vom Rahmenmaterial. Das Nomogramm gilt für einen Dichtstoff der ZGV = 25 % für die Außenabdichtung und ZGV = 15 % für die Innenabdichtung

von Fensterrahmen und Mauerwerk auf Dauer nicht folgen. Es entstehen zwangsläufig Spalte und Risse mit den weiter oben ausgeführten Konsequenzen.

Die beiden Nomogramme, Abb. 4.23 und 4.24, sind eine weitere Möglichkeit, eine korrekte Fugendimensionierung ohne Rechenaufwand vorzunehmen.

▶ **Praxis-Tipp** Man kann einen noch frischen Dichtstoff in der äußeren Fensteranschlussfuge mit trockenem Sand o. ä. bestreuen, um ihm ein weniger auffälliges Aussehen zu geben. Diese Vorgehensweise kann insbesondere bei Klinkerfassaden zu sehr ästhetischen Ergebnissen führen, sodass man bei geeigneter Wahl des Streuguts die Anschlussfuge nicht mehr von einer gemörtelten Fuge unterscheiden kann.

Das in der DIN 18550 („Putznorm") vorgegebene Schalenmodell für verputztes Mauerwerk, das besagt, dass Putze weicher sein müssen als das verputzte Mauerwerk, hat Auswirkungen auf die Art der Dichtstoffe, die zum Abdichten von Fensteranschlussfugen verwendet werden. Weiche Putze vertragen kaum eine nennenswerte Krafteinleitung, wie sie z. B. durch die hochelastischen Polyurethane oder Silikone erfolgt. Hier empfehlen sich sehr weich eingestellte Polysulfide, Polyurethane, Hybriddichtstoffe, Silikone oder auch Acrylatdispersionsdichtstoffe, deren plastische Anteile zu einem Abbau von Spannungen im Dichtstoff bzw. an den Haftflächen führen. Insbesondere sind die letztgenannten Dichtstoffe anstrichverträglich bzw. mit den üblichen Anstrichen überstreichbar.

Als Dichtstoffe für Fensteranschlussfugen müssen für die Außenabdichtung solche mit einer ZGV von 25 % verwendet werden, für die Innenfugen genügt eine ZGV von ≥ 15 %. In vielen Fällen werden die Außenfugen mit Silikon (Anstrichverträglichkeit A1, A2) ausgeführt und die Innenfugen mit einem Acrylatdichtstoff. Andere Produkte, die die Anforderungen an die ZGV erfüllen, sind prinzipiell ebenso geeignet. Bei bereits beschichtetem Mauerwerk muss weiterhin darauf geachtet werden, dass der ausgewählte Dichtstoff mit der vorhandenen Beschichtung verträglich ist und die Haftzugfestigkeit des Untergrundes größer ist als die des Dichtstoffs.

Der Vollständigkeit halber sei noch darauf hingewiesen, dass auch die Abdichtung der Anschlussfugen der äußeren Fensterbretter (meist aus Aluminium) zum Mauerwerk fachgerecht erfolgen muss, damit hier keine Kapillarwasserschäden entstehen können.

4.6.2 Glasfugen

Glas kann in einem Fensterflügel oder -rahmen auf verschiedene Arten befestigt werden. Ursprünglich wurde eine Einfachglasscheibe in einen Holzrahmen gesetzt, mit kleinen Nägeln fixiert und dann mit Glaserkitt abgedichtet. Die Fülle der modernen Konstruktionen und die Erkenntnis, dass unterschiedlich beanspruchte Fenster auch mit Dichtstoffen unterschiedlicher Eigenschaften abgedichtet werden müssen, hat sich sowohl in der DIN 18545 Teil 1–3[11] als auch in verschiedenen Merkblättern und Richtlinien des Handwerks niedergeschlagen. Insbesondere das Institut für Fenstertechnik e. V. in Rosenheim hat sich der richtigen Konstruktion von Fenstern und der Glasabdichtung ausführlich gewidmet.

---

[11] Es liegt ein Normentwurf vor, der die Teile 1–3 in *eine* Norm zusammenführt (DIN 18545).

Bei der *Nassverglasung* wird im Gegensatz zur Trockenverglasung mit pastösen Dichtstoffen gearbeitet.[12] Die Glasscheibe selbst (meistens eine Isolierglaseinheit, bestehend aus zwei oder drei verklebten, planparallelen Glasscheiben) wird heutzutage durch Verklotzungen positioniert und durch Glashalteleisten gehalten. Der in die Fuge zwischen Scheibe und Rahmen einzubringende Dichtstoff, beispielsweise Silikon für Aluminium- und Kunststoffrahmen, oder Polysulfid für lasierte Holzrahmen, muss bei geschickter Versiegelungsführung oft nicht mehr nachgeglättet werden. Die verschiedenen für die Verglasung verwendbaren Dichtstoffe werden in fünf Dichtstoffgruppen A–E eingeteilt, um den Eigenschaften unterschiedlicher Fensterkonstruktionen und Beanspruchungen gerecht werden zu können. Je nach Endbuchstabe werden unterschiedliche Anforderungen an die entsprechenden Dichtstoffe bzgl. ihres Rückstellvermögens, Haft- und Dehnverhaltens, ihrer Volumenänderung und auch der Schlierenbildung[13] bei der Reinigung von Fenstern gestellt. Angefangen bei Dichtstoffgruppe A steigen die Anforderungen an die Dichtstoffe bis zur Dichtstoffgruppe E.

Die allgemeine Bedeutung der Nassverglasung ist in den letzten Jahrzehnten durch die starke Verbreitung industriell vorgefertigter Kunststoff- oder Aluminiumfenster, die üblicherweise trocken verglast werden, gesunken. Im Holzfensterbau, der je nach Örtlichkeit, z. B. im Alpenraum, eine erhebliche Bedeutung aufweist, wird auch weiterhin nass verglast. Bei Holz-Aluminium Konstruktionen kommen neben Dichtprofilen auch Dichtstoffe zum Einsatz. In allen Fällen muss der Fensterflügel (oder bei einer Festverglasung) der Rahmen schlagregendicht zum Glas abgedichtet werden.

▶ **Praxis-Tipp** Bei der Nassverglasung von pulverbeschichteten Aluminiumprofilen immer die Haftung des Dichtstoffs auf der Oberfläche prüfen oder vom Dichtstoffhersteller bestätigen lassen. Moderne, umweltfreundliche Beschichtungen können in Einzelfällen Haftungsprobleme verursachen – auch verschiedenartige Farbtöne können ein unterschiedliches Haftverhalten bewirken.

Zur Auswahl eines geeigneten Dichtstoffs muss man schrittweise vorgehen:

- *Ermittlung der Beanspruchungsgruppe* des Verglasungssystems. In der sog. „Rosenheimer Tabelle"[14] werden die unterschiedlichen Beanspruchungen, die auf ein Fenster bzw. auf eine Außentür aus Bedienung und Umgebungseinwirkung mit der Scheibengröße und der Gebäudehöhe (Windlasten) korreliert. Die Zuordnung der mechanischen Belastungen aus dieser Tabelle findet sich auch in einer Gruppeneinteilung der Dichtstoffe in DIN 18545 Teil 3.
- *Ermittlung des Verglasungssystems* Va 1 bis Vf 5 nach DIN 18545 Teil 3. Diese Einstufung gibt vor, wie die die Konstruktion des Rahmens auszusehen hat und wie die Glasscheibe bzw. Isolierglaseinheit zu befestigen ist.

---

[12] Bei der Trockenverglasung wird mit einem Kunststoffprofil abgedichtet.

[13] ift-Richtlinie Prüfung und Beurteilung von Schlierenbildung und Abrieb von Verglasungsdichtstoffen (1998).

[14] ift-Richtlinie VE-06/01, Beanspruchungsgruppen für die Verglasung von Fenstern (2003).

Abb. 4.25 Eine der möglichen
Ausführungen einer Glasfuge

Um 15 Grad geneigte
Dichtstoffoberfläche

- *Zuordnung der geeigneten Dichtstoffgruppe* A–E nach DIN 18545 Teil 2. Die Einstufung des Dichtstoffs nach A–E nimmt der Hersteller entsprechend der in der Norm vorgegebenen Prüfkriterien vor. Der Anwender muss demnach nur den geeigneten Dichtstoff auswählen. Zur Vereinfachung ist in der DIN 18545 Teil 3 die Zuordnung der Dichtstoffgruppen zu den Verglasungssystemen bereits aufgeführt.

In der DIN 18545 ist auch detailliert beschrieben, wie die Dichtstoff-Fuge auszubilden ist. In allen Fällen ist darauf zu achten, dass sich an der Scheibe herablaufendes Regen- oder Kondenswasser nicht in Vertiefungen des Dichtstoffs sammeln kann, sondern abfließen kann. Dies lässt sich durch eine Neigung der Dichtstoffoberfläche von ca. 15° erreichen (Abb. 4.25). In die entsprechenden Fugen ist der Dichtstoff vollsatt einzubringen, d. h. ohne Bildung von Hohlräumen oder Kanälen. Diese würden sich im Laufe der Zeit über Diffusionsvorgänge mit Wasser füllen, was zur vorzeitigen Ablösung des Dichtstoffs vom Substrat führen kann. Bei Holzfenstern kann von innen anstehendes Wasser zu Fäulnisschäden führen oder es kann zu Abhebungen der Beschichtung kommen. Dass die zu verwendenden Dichtstoffe witterungsstabil sind, darf vorausgesetzt werden. Eine wichtige Anforderung ist die Langzeitstabilität der Haftung zum Glas; diese Grenzfläche erfährt über reflektiertes Licht eine zusätzliche Belastung.

▶ **Praxis-Tipp** Man kann auf die im vorangegangen Abschnitt genannte Auswahlprozedur verzichten, wenn man mit dem bestmöglichen, für Verglasungen geeigneten Dichtstoff (Gruppe E) arbeitet. Dieser deckt alle Fälle ab.

Die modernen, elastischen, feuchtigkeitsaushärtenden Verglasungsdichtstoffe erfüllen fast alle die Anforderungen nach Gruppe D oder E und eigenen sich daher auch für anspruchsvolle Verglasungen. Wegen ihrer hervorragenden UV-Beständigkeit werden zur Fensterverglasung meist (neutralhärtende) Silikone eingesetzt; auch spezielle Silan modifizierte Polymersysteme kommen zur Anwendung. Bei Holzfenstern kommen entsprechende Silikone und weiterhin auch Polysulfiddichtstoffe zum Einsatz.

Selbstreinigende Gläser, die eine katalytisch wirksame Oberflächenschicht auf dem außen liegenden Glas (Ebene 1) tragen, sind unverträglich mit klassischen Fenstersilikonen. Silikonölspuren, die beim Reinigen oder durch Bewitterung auf die aktive Schicht gelangen, hydrophobieren das Glas und blockieren die Katalysatorwirkung der Oberflächenschicht und verhindern somit die Selbstreinigung. Nur einige wenige, eigens formulierte Dichtstoffe auf Basis spezieller silanisierter Polymere zeigen sowohl Haftung auf dem Spezialglas als auch eine ausreichende physikalisch-chemische Verträglichkeit, da sie keine Silikonspuren absondern. Sie erfüllen auch die sonstigen Anforderungen an einen Verglasungsdichtstoff nach DIN EN ISO 11600.

Strukturelle Verglasungen (structural glazing), d. h. das abdichtende, elastische Verkleben von Glaselementen mit Fassadenunterkonstruktionen kann man zweiseitig oder vierseitig ausführen. Bei der zweiseitigen strukturellen Verglasung wird die Verglasungseinheit immer noch an zwei, entweder waagerechten oder senkrechten Seiten, mechanisch verankert. Bei der vierseitigen Verglasung wird nur noch geklebt. Letztere ist in Deutschland (noch) nicht allgemein bauaufsichtlich zugelassen. Für den Architekten ergibt sich durch die vierseitige Verglasung die Möglichkeit, auch sehr große Fassadenflächen praktisch unterbrechungsfrei gestalten zu können. Für die strukturelle Verglasung gelten besondere Vorschriften für die verwendeten Kleb- und Dichtstoffe und es dürfen bisher nur elastische Klebstoffe höchster Güte auf Silikonbasis verwendet werden. Auch muss die Qualität der Vorfertigung und nachfolgenden Ausführung auf der Baustelle höchsten Anforderungen genügen. – Um die Stoßstellen zwischen den einzelnen Elementen abzudichten, müssen geeignete Wetterversiegelungsdichtstoffe verwendet werden. Die Planung einer strukturell verglasten Fassade darf nur durch zertifizierte Fachunternehmen erfolgen. Der Prüfungs- und Überwachungsaufwand ist erheblich.[15] Eine strukturelle Verglasung darf nur mit dafür zugelassenen Produkten durch entsprechend zertifizierte Fachfirmen ausgeführt werden.

4.6.3 Sanitärfugen

Die aus dem Alltag wohl bekanntesten Anschlussfugen dürften die Sanitärfugen sein. Unter diesem Sammelbegriff versteht man alle elastisch abgedichteten Fugen in sog. Feuchträumen, im Badezimmer, der Toilette oder im Waschkeller. In öffentlichen Nassbereichen wie Duschanlagen von Sporthallen, Hallenbädern etc. treten ebenfalls Sanitärfugen auf. Daneben gibt es viele weitere Fugen, bei denen es kürzer oder länger „nass" sein kann, z. B. in Küchen, Fleischereien, Schlachthäusern. Die hierfür verwendeten Dichtstoffe müssen teilweise besonderen Anforderungen genügen und können daher nicht in einem Atemzug mit den klassischen Sanitärdichtstoffen genannt werden.

In einem durchschnittlichen Badezimmer existiert eine Reihe unterschiedlicher Sanitärfugen: Anschlussfugen in den Ecken des Raumes, zwischen Boden und Wand, zwischen Waschbecken/WC-Schüssel und der Wand (Abb. 4.26), Fugen zwischen Duschtasse

---

[15] Leitlinie für die Europäische Technische Zulassung für Geklebte Glaskonstruktionen, ETAG 002 (1999–2012).

Abb. 4.26 Die bekannteste Sanitärfuge besteht zwischen Waschbecken und gefliester Wand

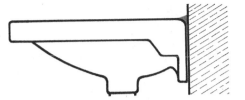

und angrenzenden gefliesten Wandteilen bzw. der Duschabtrennung und nicht zuletzt die Fuge(n) zwischen Badewanne und Wand.[16]

Die *Belastungen* einer abgedichteten Sanitärfuge sind:

- Direkte, stellenweise auch länger andauernde Wassereinwirkung,
- Hohe Luftfeuchte,
- Belastungen durch Reinigungs- und Desinfektionsmittel, Urin etc.,
- Mechanische Belastung durch Scheuern bei der Reinigung und Begehen von Bodenfugen,
- Belastung durch heißes Wasser,
- Möglicherweise Schimmelpilzbefall,
- Dehn- und Stauchbewegungen.

Bisher kommen nahezu ausschließlich eingefärbte oder transparente Sanitär*silikone* auf Acetatbasis zur Anwendung.

Die sich ergebenden Anforderungen an einen Sanitärdichtstoff sind hoch:

- Exakt auf die Fliesen bzw. den Fliesenmörtel abgestimmter Farbton,
- Fungizide Einstellung,
- Keine Farbabstumpfung durch äußere Einwirkungen,
- Lichtechtheit,
- Kein Oberflächenabrieb beim Reinigen.

Diese Fugen werden manchmal von unterschiedlichen Auftragnehmern abgedichtet, dem Fliesenleger oder dem Installateur.

Der Fliesenleger sieht sich als erster mit der Abdichtthematik konfrontiert. Wenn es sich hierbei um einen Fachbetrieb handelt, wird er beim Einkleben der Fliesen darauf achten, dass sich den Anschlüssen zwischen Boden und Wand, in den Raumecken und bei Vor- und Rücksprüngen ausreichend dimensionierte Spalte befinden, die dann professionell abgedichtet werden. Diese Anschlussfugen müssen, beispielsweise wenn für Bodenmaterial und Wand sehr unterschiedliche Baustoffe mit deutlich verschiedenen thermischen Ausdehnungskoeffizienten verwendet werden (z. B. Betonstrich und Gipskarton),

---

[16] Manche Sanitärfugen lassen sich auch mit Dichtbändern abdichten, siehe Abschnitt „Weiterführende Literatur".

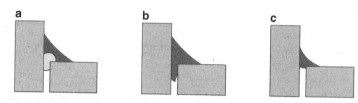

Abb. 4.27 Empfehlenswerte (**a**) und weniger gute (**b, c**) Fugenkonstruktionen im Sanitärbereich. Wenn praktisch keine Relativbewegungen zwischen Boden und Wand auftreten, kann auch gem. **b** und **c** abgedichtet werden

erhebliche Bewegungen mitmachen. Bei einer fehlerhaften, meist zu schmalen Fugenauslegung kommt es leicht vor, dass auf Dauer auch ein hochelastisches Silikon überdehnt wird und reißt. Dies ist insbesondere bei den Bodenfugen äußerst unerwünscht, denn hier treten immer wieder schwallartig größeren Mengen an Wasser auf, die dann in den Spalt zwischen Wand und Boden eindringen können. Einige mögliche Fugenkonstruktionen sind nebst Negativbeispielen in Abb. 4.27 dargestellt. Bei Wandanschlüssen kommen Rechteck- oder Dreiecksfugen in Betracht.

▶ **Praxis-Tipp** Horizontale Sanitärfugen möglichst so ausführen, dass Hohlkehlen und stehendes Wasser vermieden werden.

Die nächste Abdichtherausforderung muss der Installateur bewältigen, der die Anschlussfugen der eingebauten Becken etc. zu verschließen hat. Während Wasch- und WC-Becken vollkommen unkritisch abzudichten sind, sollte beim Abdichten der Duschtasse und noch mehr bei der Badewanne berücksichtigt werden, dass sich diese bei Benützung etwas bewegen, d. h. temporär setzen. Es empfiehlt sich also, vor dem Abdichten der Fugen die Wanne und Duschtasse zumindest teilweise mit Wasser zu füllen um das Gewicht des Benutzers zu simulieren. Solange der Dichtstoff noch nicht vollständig ausgehärtet ist, darf das Wasser nicht abgelassen werden. Der Dichtstoff ist dadurch bei Benützung der Wanne relativ spannungsfrei. Insbesondere Acrylwannen verformen sich bei Belastung durch Gewicht und Temperatur deutlich stärker als Eisenwannen. Hier müssen die Fugen breiter sein, um den Dichtstoff nicht zu überdehnen. Speziell hier muss die Wanne beim Aushärten des Dichtstoffs beschwert werden.

▶ **Praxis-Tipp** Bei der Abdichtung von Acrylbadewannen zur Wand immer mit Hinterfüllprofil arbeiten, um eine optimale Ausformung des Dichtstoffquerschnitts zu erhalten. Nur so kann der Dichtstoff den auftretenden starken Bewegungen langfristig folgen.

Bei Neubauten oder Totalrenovierungen stellt man gelegentlich fest, dass nach einem (zu) kurzen Abtrocknen des Estrichs vor Erreichen der Belegreife gefliest und anschließend verfugt wird. Oft wird auch deswegen sehr zeitnah verfugt, um das Objekt möglichst rasch abnehmen zu lassen und übergeben zu können. Nach vier bis sechs Wochen, manchmal auch erst später, stellt man sporadisch einen Abriss des Dichtstoffs in der Bo-den/Wandfuge fest. Der Grund ist meist das Schrumpfen des Estrichs (Aufschüsseln) während seiner Verfestigung. Bei schmalen Fugen eher, bei breiten etwas später, gerät der Dichtstoff durch das Wegschrumpfen des Estrichs um mehrere Millimeter unter per-manente, kritische Zugspannung und reißt. Die einzige wirklich dauerhafte Abhilfe ist es, die Fugen erst nach „Beruhigung" des Estrichs zu versiegeln. Das kann dann, abhängig von der Temperatur, durchaus 6–8 Wochen dauern.

> **Praxis-Tipp** Wird zu früh nach dem Verlegen des Estrichs die Anschlussfu-ge zwischen Wand und Boden verfugt, ist ein Dichtstoffabriss aufgrund des Schrumpfens des Estrichs nicht auszuschließen. Ausreichend Zeit im Bereich von Wochen zwischen den Gewerken verstreichen lassen.

Die Berechnung von Sanitärfugen erfolgt, falls überhaupt nötig, nach Gl. 4.3. „Die anzusetzenden Temperaturdifferenzen sind für die entsprechenden Räumlichkeiten (In-nenanwendung) mit 20 °C anzunehmen. Das Prinzip „Im Zweifelsfalle eher zu breite Fugen als zu schmale" gilt auch hier.

4.6.4 Trockenbaufugen

Im trockenen Innenausbau von Gebäuden wird vorwiegend mit Baustoffen wie Holz, Spanplatten, Gipsplatten und Metall gearbeitet. Alle diese Baustoffe, und andere, wie Mauerwerk und Beton, zu denen Anschlüsse hergestellt werden müssen, zeigen unter-schiedliche thermische und hygrische Ausdehnungskoeffizienten. Die genannten Stoffe werden zu unterschiedlichen Tragwerken kombiniert, die sich zudem gegeneinander be-wegen. Bei folgenden Anschlüssen muss erfahrungsgemäß mit merklichen Bewegungen gerechnet werden:

- aneinanderstoßende Gipsplattenflächen auf unterschiedlichen Tragwerken (z. B. Mau-erwerk und Holzständerkonstruktion oder Dachstuhl),
- großflächige Gipsplattenkonstruktionen mit Vor- und Rücksprüngen bzw. Einschnitten,
- neue Holz-Unterkonstruktionen.

Dasselbe gilt auch bei starken Feuchtigkeitswechseln und bei Bauteilen, die ihre Aus-gleichsfeuchte noch nicht erreicht haben. Je nach zu erwartender Bewegung der ent-stehenden Fuge müssen unterschiedliche Fugenkonstruktionen gewählt werden. Die im Trockenbau auftretenden Fugen reichen von solchen, die sich praktisch nicht bewegen und die man daher verspachteln kann über die, die sich zwischen 0,1 und 1 mm bewegen und die mit Dichtstoff verschlossen werden können bis hin zu solchen, deren Bewegung deutlich im Millimeterbereich liegt. Letztere müssen dann beispielsweise als offene Fugen (Schattenfugen) ausgeführt werden, denn die für eine klassische Bewegungsfuge nötigen

Fugenbreiten stehen in aller Regel im Trockenbau aus ästhetischen Gründen nicht zur Verfügung.

> Gipsbauteile sind von den anderen Bauteilen eines Gebäudes konstruktiv zu trennen und können fallweise über geeignete Anschlussfugen mit pastösen Dichtstoffen abgedichtet werden.

Um zu vermeiden, dass später in Wänden oder Decken, die mit Gipskarton- oder Gipsfaserplatten ausgeführt wurden, Risse auftreten, die sich auch in Dekorbelägen wie Tapeten zeigen können, müssen die Fugen sorgfältig geplant werden. Der Verleger von Gipsplatten muss sich vor Beginn der Arbeiten mit den Gegebenheiten des Gesamtgebäudes auseinandersetzen. Bewegungsfugen, die das Gebäude bereits „mitbringt", müssen beispielsweise konstruktiv mit derselben Bewegungsaufnahme übernommen werden. Es sind Bewegungsfugen („gleitende" Anschluss- bzw. Feldfugen) vorzusehen:

- Für große Bauteilflächen,
- Bei starken Querschnittsänderungen, Öffnungen, Ausschnitten,
- Bei starken, erwartbaren Bewegungen des Rohbaus.

Die vielen Möglichkeiten der Fugenausbildungen im Trockenbau mit Gipsplatten lassen sich in sieben Typen einteilen:[17]

A: Starrer, angespachtelter Anschluss an Massivbauteile in Verbindung mit Trennstreifen,
B: Starrer angespachtelter Anschluss zwischen Trockenbaukonstruktionen mit Gipsplatten,
C: Anschlussfuge mit Dichtstoff,
D: Offene Anschlussfuge (Schattenfuge),
E: Gleitender Anschluss (horizontale und vertikale Gleitung),
F: Offene Feldfuge (Fuge in der Bekleidung der Konstruktion),
G: Gleitende Feldfuge (Bewegungsfuge; konstruktive Trennung der gesamten Konstruktion).

In Abb. 4.28 ist beispielhaft dargestellt, wie die Anschlussfuge Typ C einer Gipsplatte zu einem Massivbauteil ausgeführt sein kann. Durch ein Hinterlegband wird Dreiflankenhaftung vermieden. Bei Fugentyp C werden vorwiegend pastöse Dichtstoffe eingesetzt. Da hier nur vergleichsweise geringe und langsam ablaufende Bewegungen aufgenommen werden müssen, verwendet man meist elastoplastische Acrylatdispersionen. Sie haben zudem den Vorteil, dass sie anstrichverträglich mit den üblicherweise verwendeten Dispersionsfarben sind.

---

[17] Merkblatt Nr. 3, Gipsplattenkonstruktionen, Fugen und Anschlüsse, Bundesverband der Gipsindustrie e. V. (2014).

Abb. 4.28 Anschlussfugen-
ausführung zwischen einer
Gipsplatte und einem Massivbauteil

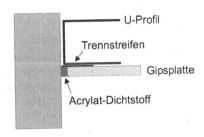

▶ **Praxis-Tipp** Um die (Dichtstoff)-Tragfähigkeit der angeschnittenen Gipsplatten
zu verbessern, sollte man diese entweder mit einem Vorstrich oder verdünntem
Dichtstoff (1 : 4 in Wasser, bei Acrylatdichtstoff) bestreichen.

Zur Berechnung der hygrisch bedingten Fugenbewegungen nach Gl. 4.7 verwendet
man für eine typische Änderung der relativen Luftfeuchte von 55 % für R folgende Faktoren: Gipsplatte GKB 0,03 %, Gipsfaserplatte 0,07 %, Gipsspanplatte 0,1 % und Holzspan-
platte 0,35 %.

4.6.5 Fugen im Holzbau

Holz und Holzwerkstoffe waren und sind beliebte Baustoffe beim Bau oder (Innen-)
Ausbau von Wohngebäuden. Zwangsläufig treten Fugen zwischen den Holzbauteilen
selbst und anderen Baustoffen wie Mauerwerk, Mörtel, Putz, aber auch Metallen oder
Kunststoffen auf. Vor dem Abdichten muss allerdings eine Besonderheit des Werkstoffs
Holz berücksichtigt werden: Nicht nur, dass es organischen Ursprungs ist und aufgrund
seines Wuchses in alle drei Richtungen des Raumes unterschiedliche Eigenschaften zeigt,
Holz verändert sein Volumen stark durch hygrische Einwirkungen (Feuchtigkeit) – Holz
„arbeitet". Diese Dimensionsveränderungen sind quer zur Holzfaser ca. 10–15-mal stärker
als in Längsrichtung. Das Quellen und Schrumpfen des Holzes bzw. Holzwerkstoffs als
Folge schwankender Umgebungsbedingungen ist eine inhärente Eigenheit dieses vielsei-
tigen Werkstoffs und muss bei der Überlegung berücksichtigt werden, ob eine Holzfuge
abgedichtet werden kann oder nicht. Aus Holz gefertigte Bauteile zeigen eine unterschiedliche *Maßhaltigkeit*. Maßhaltigkeit bedeutet in diesem Zusammenhang, inwieweit Holz
bei Klimaschwankungen sein Volumen verändert. Je weniger maßhaltig ein Holzbauteil
ist, desto stärker verändert es seine Geometrie bei Feuchtigkeits- und Temperaturschwankungen. Diese Veränderungen können nicht genau vorhergesehen werden, damit ist auch
eine rechnerische Dimensionierung bei manchen Holzbauteilen nicht möglich. In Tab. 4.8
sind Beispiele für Maßhaltigkeit von Holzbauteilen aufgeführt.

Tab. 4.8　Abdichtung Fugen im Holzbau

Begriff	Bauteil (Beispiele)	Abdichtungsempfehlung
Maßhaltig	Fenster, Fenstertüren, Haustüren, Innentüren, Fensterbänke, Treppenstufen und -wangen, Leimbinder, Küchenarbeitsplatten, Wintergärten, Einbaumöbel, Zwischenwände	Innenbereich: Abdichtung mit geeigneten Dichtstoffen problemlos möglich Außenbereich: bei Fenstern und Türen möglich, ansonsten Rücksprache mit Dichtstoffhersteller
Begrenzt maßhaltig	Verbretterungen mit Nut und Feder, Gartenmöbel, Fachwerk, Dachuntersichten und -gesimse, Außentore, Fenster- und Türläden, Fachwerk und -imitate, Balken, Rollladenkästen	Innenbereich: Oftmals möglich (nicht in Feucht- und Nassräumen) Außenbereich: Nicht zu empfehlen
Nicht maßhaltig	Verbretterungen, Schindeln, Pergolen, Zäune, Palisaden, offene Schalungen	Keine Abdichtung mit pastösen Dichtstoffen

Die Beanspruchung von Dichtstoffen in Fugen des Holzbaus hat verschiedene Gründe:

- Thermisch bedingte Längenänderungen der Bauteile,
- Mechanische bedingte Dimensionsänderungen der Fugen durch Benutzung des Gebäudes, evtl. auch durch Windlasten bei Giebel- und Deckenkonstruktionen und im Außenbereich,
- Hygrisch bedingte Volumenänderungen der Bauteile als Besonderheit des Werkstoffs Holz.

Feuchtigkeitsaufnahme bzw. -abgabe bewirken ein Quellen bzw. Schwinden von Holz in Längsrichtung von bis zu 0,3 %, in Querrichtung (radial und tangential) bis zu 5 % (!). Dazu kann sich das Holz noch verziehen, verdrehen oder reißen. Risse in nicht maßhaltigen Holzbauteilen sind nicht mit Dichtstoff auszufüllen. Durch die starken Bewegungen des Holzes kann der Dichtstoff in einer an Holz grenzenden Anschlussfuge starken Zug- und Scherkräften ausgesetzt werden. Auch Dichtstoffe mit einem hohen Bewegungsvermögen sind in solchen Situationen häufig überfordert und reißen kohäsiv. Anschlussfugen mit dreieckigem Querschnitt können fast keine Bewegungen aufnehmen, hier treten Risse am ersten auf. Longitudinal, d. h. in Faserrichtung längs, können Quellen und Schwinden des Holzes praktisch vernachlässigt werden. Kritisch sind die tangentiale und radiale Richtung. Für europäische Nadelhölzer nimmt man einen Durchschnittswert von 0,24 % pro 1 % Holzfeuchteänderung an. Das Schwind- und Quellmaß für Bau-Furniersperrholz beträgt dagegen nur ca. 0,02 %, für Flachpressplatten 0,035 %. Hieraus ist ersichtlich, dass *Holzwerkstoffe* weitaus weniger kritisch sind als natürlich gewachsenes Holz.

Als Dichtstoffe kommen unter Beachtung der zulässigen Gesamtverformung, Haftung und Verträglichkeit Produkte auf Basis von Silikon, Polyurethan, MS- und Hybridpolymer sowie Polysulfid (im Holzfensterbau) zur Anwendung.

4.6.6 Fugen in Schwimmbädern und Nassbereichen

Anschlussfugen (und auch Dehnfugen[18]) in Schwimmbädern (Abb. 4.29) und öffentlichen Nassbereichen müssen zunächst allen Anforderungen genügen, die man an eine „normale" Fuge in Bezug auf Auslegung und Ausführung auch stellt. Es kommt jedoch eine Reihe von besonderen Beanspruchungen hinzu, die man in dieser Häufung bei anderen Anwendungen nicht findet:

- Fugen im Schwimmbecken (Unterwasserfugen) und am Beckenumgang,
- Fugen im Dampfbad, in der Sauna, am Whirlpool,
- Fugen in Räumen und Gängen,
- Fugen Sanitär- und Duschbereich,
- Fugen in Lager- und Technikräumen.

Viele davon sind besonderen Belastungen ausgesetzt:

- Mechanisch: Begehen, durch Bürsten und Scheuern (manuell und mechanisiert) sowie durch Hochdruckwasser- und Dampfstrahlen, Vandalismus,
- Chemisch: Wasser und Wasserdampf, Reinigungs- und Desinfektionsmittel (Chlor, Ozon, Desinfektionsmittel, Saure oder alkalische Reiniger),
- Biologische: Schimmelpilze, in WC-Anlagen auch Urin,
- Physikalisch: Temperatur, UV-Strahlung (bei Außenanwendungen).

Typische Haftuntergründe in Schwimmbad- und Nassbereichen sind keramische Fliesen, Metalle (meist Edelstahl) und auch Kunststoffe wie PVC-Schwimmbadfolie. Alle

Abb. 4.29 Thermalbad mit Innen- und Außenbecken. (Foto: Enslin/Wikipedia)

---

[18] D. werden in diesem Kapitel der Einfachheit halber mitbehandelt. Dehnfugen, die sich aus der Baukonstruktion ergeben, müssen in Fliesenbelägen weitergeführt werden.

diese Untergründe müssen vor dem Verfugen geprimert werde. Bei Dehnfugen ist darauf zu achten, dass nur geschlossenzellige Hinterfüllprofile verwendet werden, um ein Vollsaugen mit Wasser zu vermeiden. Aus der Praxis haben sich drei hauptsächlich verwendete Dichtstoffklassen ergeben:

- Silikondichtstoffe für Unterwasserfugen, Beckenumgänge und den Sanitärbereich,
- Polyurethandichtstoffe für Boden- und Wandfugen ohne dauernde Wassereinwirkung,
- Hybriddichtstoffe Boden-, Wand- und sonstige Fugen ohne dauernde Wassereinwirkung.

Zur Vermeidung von Schimmelbildung empfiehlt es sich, fungizid ausgerüstete Silikondichtstoffe zu verwenden, wenn dies behördlich nicht eingeschränkt ist. Trotzdem muss der Betreiber einen vergleichsweise hohen Aufwand treiben, um die Fugen pilz- und algenfrei zu halten: gründliche Wasserumwälzung, häufige Kontrolle und ggf. Einstellung des p_H-Wertes des Wassers im Becken, besonders bei neu gebauten Bädern, weil zementäre Fugen Alkalien ins Wasser abgeben. Chlor- und Mineralsalzgehalt im Wasser müssen ebenfalls im Sollbereich liegen, damit Schimmel- und Algenbefall möglichst unterdrückt werden. Ggf. müssen schimmelgefährdete Fugen in den Nassbereichen routinemäßig desinfiziert werden. Aus dem vorstehend Gesagten ergibt sich, dass die beschriebenen Fugen als Wartungsfugen einzustufen sind und daher regelmäßig inspiziert werden müssen und ggf. zu erneuern sind.

4.6.7 Fugen in Reinräumen und im Lebensmittelbereich

Nach der engen Definition eines Rein- oder Reinstraumes (Abb. 4.30) ist dies ein Bereich, in dem die Konzentration luftgetragener Teilchen oder Keime kontrolliert und beherrscht wird (DIN EN ISO 14644). Die hier dargestellte Sicht auf die sog. Reinräume ist allerdings breiter, und umfasst eine breite Palette von Räumen, die landläufig als „sehr sauber" oder „sauber" gelten. Beispiele hierfür sind:

- Chipentwicklung und -fertigung, Mikroelektronikentwicklung und -fertigung,
- Nanotechnologie,
- Luft- und Raumfahrt,
- Optik- und Lasertechnologie,
- Medizinische, pharmazeutische und biotechnische Labors,
- keimfreie Produktion von Arznei- und Lebensmitteln,
- Klinikräume, OP-Räume,
- Kühlräume,
- Lebensmittelaufbewahrung und -herstellung,
- Brauereien, Getränkeherstellung,
- Verkaufstheken,
- Großküchen.

Abb. 4.30 Reinraum von außen für die Fertigung von Elektronikbauteilen. (Foto: Stan Zurek, Courtesy of Cardiff University, Wikipedia)

Aus dieser langen, gewiss nicht vollständigen Liste, erkennt man bereits, dass hier sicherlich sehr unterschiedliche Anforderungen an die Räume und damit an die Abdichtung zu stellen sind. Bei vielen der genannten Anwendungen werden neben der Hygiene und Partikelarmut in den jeweiligen Räumen selbst auch sehr hohe Anforderungen an die Güte der Zuluft gestellt, wenn unter Überdruck gearbeitet wird. Ausgasungen aus den verwendeten Dichtstoffen in allen Einsatzbereichen sind nicht zu tolerieren. So wird beispielsweise für gewisse Elektronikproduktionen ein im ppm-Bereich liegender, maximaler Gehalt an Chlor im Dichtstoff gefordert, der oft schon durch geringste Verunreinigungen in den Dichtstoffrohstoffen überschritten werden kann. Routinemäßig wird für Rein(st)raumanwendungen in der Elektronik auf folgende Kontaminantenfamilien (Verunreiniger) geprüft:

- VOC (volatile organic compounds, flüchtige organische Verbindungen),
- Amine,
- Organo-Phosphate,
- Siloxane,
- Phthalate.

Einiger dieser Verbindungsklassen sind typischerweise in Dichtstoffen enthalten und können mit ein Grund sein, warum eine bestimmte ISO-AMC[19]-Klasse (x) erreicht wird oder nicht.

Im Lebensmittelbereich mit seinen Hauptsäulen Lebensmittelherstellung und -verarbeitung, Handel und Verwendung dominieren als Substrate Fliesen und Edelstahl. Die Beanspruchungen, denen die Dichtstoffe standhalten müssen, sind in diesen professionellen Umfeldern enorm:

---

[19] AMC: Airborne molecular contamination.

- Mechanisch: durch Begehen und Befahren von Fugen, durch Bürsten und Kehren (manuell und mechanisiert) sowie durch Hochdruckwasser- und Dampfstrahlen,
- Chemisch: durch Wasser und -dampf, Reinigungs- und Desinfektionsmittel, manche Lebensmittel (Fruchtsäuren, Essig) und Öle und Fette, die auch heiß sein können,
- Biologisch: durch Schimmelpilze, Bakterien(-ausscheidungen),
- Physikalisch: Temperatur, UV-Strahlung (bei Außenanwendungen).

Bei den Fugen im Lebensmittelbereich handelt es sich sowohl um Dehnfugen (z. B. in Böden oder gekachelten Wänden) als auch um Anschlussfugen aller Art. Aufgrund ihrer teilweise sehr hohen Beanspruchung sind sie als Wartungsfugen zu deklarieren, regelmäßig zu inspizieren und ggf. zu erneuern.

Besonders im Lebensmittelbereich wird peinlichst darauf geachtet, dass von den verwendeten Werkstoffen keine Übertragung von Inhaltsstoffen des Dichtstoffs durch direkten Kontakt (Migration) oder über die Luft stattfindet und den Geruch oder Geschmack der Lebensmittel beeinflusst. Je nach Anwendung müssen unterschiedliche Tests die Eignung eines Dichtstoffs für eine geplante Anwendung nachweisen. Allein von der Bezeichnung „Reinraumdichtstoff" oder „Lebensmitteldichtstoff" auf eine generelle Anwendbarkeit in einem dieser großen Felder zu schließen, wäre voreilig. Dem Planer/Anwender obliegt es auch, genau zu prüfen, ob ein vorgelegtes Zertifikat wirklich den gewünschten Sachverhalt für ein spezielles Bauprojekt beinhaltet. Auch wenn ein Dichtstoffe nach irgendeiner (dieser) Vorgaben getestet und für gut befunden wurde, heißt das noch nicht, dass dadurch für einen möglicherweise etwas abweichenden Anwendungsfall ohne Wenn und Aber einsetzbar ist; solche Angaben können jedoch durchaus als erstes positives Indiz gewertet werden, dass der ins Auge gefasste Dichtstoff ein aussichtsreicher Kandidat für weitere Erwägungen sein dürfte. Fehlerhaft geplante und abgedichtete Fugen können insbesondere im Bereich der Reinraum- und Lebensmittelverarbeitung ganz erhebliche (!) Ausfall- und Sanierungskosten nach sich ziehen, wenn sich beispielsweise im Nachhinein herausstellt, dass ein ungeeigneter Dichtstoff die Ursache für das Nichterreichen einer Rein- oder Reinstraumklasse ist. Speziell diesem Umfeld empfiehlt sich eine besonders enge Zusammenarbeit zwischen Planer, Auftragnehmer und Dichtstoffhersteller sowie ggf. noch weiteren Parteien, um auf Anhieb passende Lösungen zu schaffen.

Die nachstehende (auszugsweise) Liste zeigt eine Reihe von Normen, Richtlinien, Zeichen etc., die bei der Beurteilung der Eignung eines Dichtstoffs für Reinräume und Lebensmittelanwendungen relevant sein *können*. Dies soll gleichzeitig einen Eindruck über die Komplexität der Thematik vermitteln und vor leichtfertigem Einsatz eines Dichtstoffs ohne nachgewiesene Eignung warnen.

DIN EN ISO 846, Kunststoffe – Bestimmung der Einwirkung von Mikroorganismen auf Kunststoffe

DIN 25415, Radioaktiv kontaminierte Oberflächen – Verfahren zur Prüfung und Bewertung der Dekontaminierbarkeit

DIN 52452-2, Prüfung von Dichtstoffen für das Bauwesen; Verträglichkeit der Dichtstoffe; Verträglichkeit mit Chemikalien

DIN EN ISO 16000, Innenraumluftverunreinigungen – Teil 9: Bestimmung der Emission von flüchtigen organischen Verbindungen aus Bauprodukten und Einrichtungsgegenständen – Emissionsprüfkammer-Verfahren

DIN EN ISO 14644-8, Reinräume und zugehörige Reinraumbereiche – Teil 8: Klassifikation luftgetragener molekularer Kontamination

DIN EN ISO 16000, Innenraumluftverunreinigungen – Teil 9: Bestimmung der Emission von flüchtigen organischen Verbindungen aus Bauprodukten und Einrichtungsgegenständen – Emissionsprüfkammer-Verfahren

DIN EN ISO 16000, Innenraumluftverunreinigungen – Teil 11: Bestimmung der Emission von flüchtigen organischen Verbindungen aus Bauprodukten und Einrichtungsgegenständen – Probenahme, Lagerung der Proben und Vorbereitung der Prüfstücke

VDI 2083 Blatt 17, Reinraumtechnik – Reinraumtauglichkeit von Werkstoffen

VDI 2083 Blatt 18, Reinraumtechnik – Biokontaminationskontrolle

VDI 6022 Blatt 1, Raumlufttechnik, Raumluftqualität – Hygieneanforderungen an Raumlufttechnische Anlagen und Geräte (VDI-Lüftungsregeln)

Richtlinie BGA, Abdichtung von Bodenfugen in Lebensmittel verarbeitenden Betrieben

Sensorische Prüfung zur Geschmacksbeeinträchtigung (Butter, Käse, Speck) Kontaktversuch und organoleptische Beurteilung

CSM[20] TVOC (ISO-AMC Class-X.Y)

CSM Biological Resistance

FDA-Code (US), CFR – Code of Federal Regulations, Title 21 – Foods and Drugs § 175.105 Adhesives und § 177 ff.

Keller, Markus, Reinraumtechnik in der Lebensmittelindustrie? Materialauswahl für hygienische Fertigungsumgebungen am Beispiel Wände, Böden und Fugen. Der Lebensmittelbrief. Lampertheim: Lebensmittelinformationsdienst, 2010. Bd. 21, 11/12, S. 12–17

ASTM E 595, Standard Test Method for Total Mass Loss and Collected Volatile Condensable Materials from Outgassing in a Vacuum Environment

EMICODE EC1[+] (Ausgasung nach 3 Tagen TVOC $\leq 750\,\mu g/m^3$, nach 28 Tagen TVOC/ TSVOC[21] $\leq 60/40\,\mu g/m^3$).

Möglicherweise kommen für manche Anwendungen noch weitere Forderungen hinzu, z. B. aus der Trinkwassergesetzgebung:

Leitlinie zur hygienischen Beurteilung von organischen Materialien im Kontakt mit Trinkwasser (KTW-Leitlinie)

---

[20] CSM: Industrieverbund cleanroom suitable materials.
[21] TVOC: Total volatile organic compounds (alle flüchtigen organischen Verbindungen), TSVOC: Total semi-volatile organic compounds.

DVGW-Arbeitsblatt W 270 (DVGW: Deutscher Verein des Gas- und Wasserfaches e. V.)

Verordnung über die Qualität von Wasser für den menschlichen Gebrauch (Trinkwasserverordnung – TrinkwV 2012)

EU-GMP-Leitfaden für Human- und Tierarzneimittel

NSF/ANSI 61-2013 Drinking water system components – Health effects

Zur *Anwendung* im Reinraum- und Lebensmittelbereich kommen hauptsächlich acetat- und neutralhärtende Silikone fallweise mit und ohne Fungizid. Hybriddichtstoffe und Polyurethane werden für manche Boden- und Anschlussfugen verwendet.

4.7 Fugen in Metallbau und Klempnerei

Im Metallbau lebt die Vielfalt! Das liegt einerseits natürlich an dem sehr breit gefassten Oberbegriff, der alles umfasst, was mit Metall im weitesten Sinne zu tun hat. Andererseits ist das Arbeiten mit Metall in roher oder veredelter Form eine Tätigkeit, die vom Bauwesen (Spenglerei, Fassadenbau, Gewächshaus- und Wintergartenbau) über den baunahen Apparate-, und Maschinenbau (Klima- und andere lufttechnische Anlagen, Kühlhäuser) bis hin zum Fahrzeugbau führt. Typische, im Metallbau vorkommende Fugen sind:

- Flansch,
- Naht/Dreiecksfuge,
- Überlappung,
- Punktschweißfuge,
- Stoßfuge, selten, aber in Fassaden durchaus anzutreffen,
- Rohr- oder Kabeldurchbruch.

Um zwei aneinandergrenzende Metallteile (statisch) gegeneinander abzudichten, gibt es im Wesentlichen zwei Methoden:

- *Flächendichtung*: Zwischen die Trennflächen zweier zu verbindender Bauteile wird ein Dichtmaterial gegeben. Erst danach werden die Bauteile gefügt. Dieses Dichtmaterial kann einerseits eine Feststoffdichtung oder ein breites Dichtstoffband sein, andererseits auch ein pastöser, chemisch reaktiver oder nichtreaktiver Dichtstoff („Flüssigdichtung"). Die Dichtwirkung entfaltet sich über die Fläche. Beispiele: Flansche, Blechüberlappungen.
- *Nahtabdichtung*: Auf oder in eine Fuge von zwei bereits miteinander verbundenen Teilen wird Dichtstoff gegeben. Der Auftrag des Dichtmittels erfolgt im Wesentlichen eindimensional, dem Verlauf der Naht folgend. Oft wird hier nur sehr wenig Material benötigt. Beispiele: Blechverwahrungen, Verkleidungen.

Abb. 4.31 Einige typische
Fugen im Metallbau

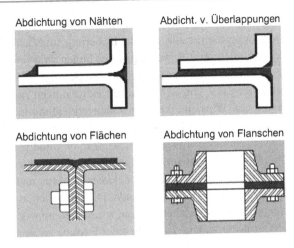

Die meisten der auftretenden Abdichtaufgaben (Abb. 4.31) lassen sich nach diesen Kategorien einordnen. Der Metallbau zeigt einige Besonderheiten, die bei der Auswahl des Dichtstoffs berücksichtigt werden müssen: Die Toleranzen reichen vom Submillimeterbereich bei gedrehten Flanschen bis möglicherweise zu Zentimetern bei der Klempnerei. Im letztgenannten Falle können auch noch erhebliche betriebsbedingte Bewegungen und Verwindungen dazukommen. Die Untergründe umfassen frisch verzinktes, haftunfreundliches Blech, unzählige Aluminiumqualitäten, Edelstahl, Kupfer, beschichtete Metalle bis zu nichtmetallischen Werkstoffen, wenn Anschlussfugen abgedichtet werden sollen. Gelegentlich muss mit auch Medienbelastung gerechnet werden, z. B. durch auslaufendes Öl oder Hydraulikflüssigkeiten. Es ist daher nicht möglich, generelle Empfehlungen für Dichtstoffe zu geben. Sollen die abzudichtenden Verbindungen nicht mehr geöffnet werden, kann mit chemisch reaktiven Flächendichtstoffen (Silikon, Polyurethan, MS-Polymer, Hybrid) dichtend verklebt werden. Hat man es aber in einer lufttechnischen Anlage mit einer Inspektionsöffnung zu tun, empfehlen sich thermoplastische, nichtreaktive Produkte auf Kautschukbasis oder die klassischen Elastomerdichtungen (Profile). Bei der Auswahl des Dichtstoffs sollte neben den Herstellerempfehlungen auch die zu erwartenden, allerdings meist geringen, Bewegungen der abgedichteten Fuge nicht ganz vergessen werden. Eine Berechnung erfolgt in der Regel nicht.

▶ **Praxis-Tipp** Bei lufttechnischen Anlagen muss man zwischen der Zu- und Abluftseite unterscheiden: Während Dichtstoffe im Zuluftstrom im Betrieb keinerlei Gerüche abgeben dürfen, können auf der Abluftseite auch preiswertere, geruchlich anspruchslose Produkte verbaut werden.

Bei *Fassadenelementen* aus Metall gilt, dass sich leichte, dunkle und/oder gut isolierte Fassadenelemente oder -verkleidungen bei Sonneneinstrahlung wegen ihrer geringen Wärmekapazität und ggf. geringem Wärmeabfluss dank guter Isolierung sehr rasch erwärmen und hohe Temperaturen erreichen, die deutlich über der Umgebungstemperatur liegen können. Beim Abkühlen erreichen derartige Fassadenverkleidungen wiederum schnell die Umgebungstemperatur, weil die Isolierung ein Nachströmen von Wärme aus dem Gebäude verhindert. Die Bewegungen der Fugen sind damit entsprechend schnell und heftig. Damit bieten sich für Stoßfugen zwischen zwei Elementen hochelastische Dichtstoffe mit einer ZGV von 25 %, die den Bewegungen rasch folgen können, zur Fugenversiegelung an. Wird eine helle Fassadenverkleidung im Rahmen von Renovierungsarbeiten beispielsweise durch eine dunkle ersetzt, ohne dass die Fugen neu berechnet wurden, kann es zum Fugenversagen wegen stärkerer und heftigerer Bewegungen kommen. Auch die Oberflächenstruktur, matt oder glänzend, hat Auswirkungen auf das Ausdehnungsverhalten entsprechender Fassadenelemente. Matte und dunkle Elemente zeigen intensivere Bewegungen als helle, glänzende. Die thermischen Ausdehnungskoeffizienten aller verwendetet Baumaterialien müssen zur Berechnung der Fugen vorliegen.

Das nachträgliche Isolieren einer Fassade erzeugt stärkere Fugenbewegungen als vorher!

Die *tiefste* Temperatur, die eine Gebäudeaußenwand im Winter erreichen kann, entspricht der tiefsten Lufttemperatur. Gegebenenfalls ist sie wegen eines Wärmeflusses aus dem Gebäudeinneren um 1–2 Grad höher. Die *höchste* Temperatur, die eine Gebäudeaußenwand im Sommer erreichen kann, hängt von der Wärmekapazität der Wand und dem solaren Absorptionskoeffizienten ab und kann erheblich über der Lufttemperatur liegen.

Die kälteste Wintertemperatur kann Klimatabellen entnommen werden; sie ist unterschiedlich je nach geografischer Lage des Bauvorhabens. Man kann der Einfachheit halber davon ausgehen, dass die tiefstmögliche Lufttemperatur auch der tiefstmöglichen Temperatur der Fugenflanken entspricht. Diese Annahme ist gültig, solange der Wärmestrom aus dem Inneren des Gebäudes gering ist. Die maximal an einer Fassade auftretende Temperatur hängt von der Himmelsrichtung der ersteren ab, von Sonnenstand und Sonnenscheindauer, vom solaren Absorptionskoeffizienten und der Wärmekapazität der Fassadenkonstruktion. Diese Werte bzw. die erreichbaren Maximaltemperaturen für Mitteleuropa können beispielsweise von Systemfassadenherstellern zur Verfügung gestellt werden.

Dichte und schwere Baustoffe mit hoher Wärmekapazität folgen den tatsächlichen Temperaturschwankungen nur langsam, mit Verzögerung und meist unvollständig. Damit bewegen sich die Fugen weniger und langsamer. Dichtstoffe für diesen Anwendungsfall können, da sie eine längere Zeit aus der Nulllage ausgelenkt werden, durchaus plastische Anteile aufweisen, damit eine gewisse Spannungsrelaxation erfolgen kann. Leichtbaustoffe verhalten sich dementsprechend umgekehrt und sollten mit Dichtstoffen abgedichtet werden, die nur wenig plastisches Verhalten zeigen.

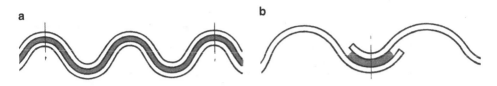

Abb. 4.32 Querabdichtung (**a**), Längsabdichtung (**b**) zweier Wellblechelemente

In der Bauklempnerei sind sehr verschiedenartige Anschlussfugen abzudichten. Als Werkstoffe, und damit als Haftflächen, kommen bautypische Metalle zum Einsatz wie verzinkte Stahlprofile und verzinktes Stahlblech, Edelstähle, Aluminium mit unterschiedlichen Oberflächenbehandlungen, Kupfer, Titanzink und gelegentlich Blei. Auch Kunststoffe (z. B. Hart-PVC) werden verwendet. Typische Anwendungen sind Wandanschlüsse von Flachdächern zu senkrechter Mauer oder Vorsatzschale, Anschlüsse zu Überhangstreifen, zu Vordächern, Lichtkuppeln oder Kaminverwahrungen. Weiterhin werden auch Rohrdurchführungen, Fensterbankabdeckungen (siehe z. B. Abb. 10.6 als Beispiel für unsachgemäße Arbeit), Dachrandabschlussprofile, Wellbleche (Abb. 4.32) oder Mauerabdeckprofile abgedichtet und auch elastisch geklebt.

Die im Metallbau und der Bauklempnerei zum Einsatz kommenden Dichtstoffe und profilierten Bänder umfassen praktisch das gesamte Sortiment der lieferbaren Produkte. Generelle Empfehlungen lassen sich allerdings nicht geben, hierzu wird auf Kap. 6 mit den Einzelbeschreibungen der Dichtstoffe verwiesen. Die im Dachbereich anzutreffenden Bitumenprodukte und -bauteile, sind, wie an anderer Stelle ausgeführt, als kritisch in Bezug auf ihre Verträglichkeit mit anderen Dichtstoffen anzusehen.

4.8 Bodenfugen

Bodenfugen[22] sieht man als Bewegungsfugen in horizontalen oder nahezu horizontalen Flächen vor, um ein ungehindertes, vorwiegend thermisch bedingtes „Arbeiten" von aneinandergrenzenden flächigen Bauteilen zu ermöglichen. Fast allen Bodenfugen ist gemeinsam, dass sie einer Vielzahl von Beanspruchungen ausgesetzt sein können:

- Thermisch bedingte Dehn- und Stauchbewegungen,
- Hygrisch bedingte irreversible und reversible Bewegungen,
- Scherung und Versatz durch Setzung oder Verschiebung von Bauteilen,
- Mechanische Belastungen durch Begehen und Befahren,
- Mechanische Belastung durch Reinigungsvorgänge (Bürsten, Hochdruckreiniger),
- Chemische Belastung durch Reinigungsmittel, Treibstoffe, Chemikalien,
- Bei Außenfugen UV- und Feuchtebelastung durch das Wetter.

---

[22] Zwischen mineralischen Bauteilen wie Beton, Fliesen etc.

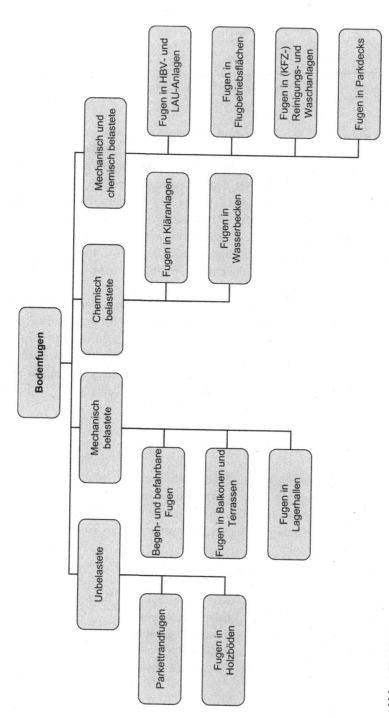

Abb. 4.33 Einteilung der Bodenfugen

In Abb. 4.33 ist eine Möglichkeit dargestellt, die Bodenfugen einzuteilen. Hieraus ist ersichtlich, dass, im Gegensatz zu den bisher behandelten Fugen typischerweise zwei zusätzliche Beanspruchungsarten auftreten: *Mechanische* und *chemische* Belastung.

Die mechanische Belastung rührt sowohl aus dem Begehen und Befahren (Auto, LKW, Gabelstapler, Flugzeug) typischer Industrieböden her als auch von Reinigungsvorgängen durch Bürsten und Kehrmaschinen aller Art. Durch eine entsprechende Konstruktion der Fuge versucht man, die mechanische Beanspruchung des Dichtstoffs zu minimieren. Weiterhin ist es möglich, dass auf dem Boden liegende Gegenstände wie Steine oder Metallteile in den Dichtstoff eingedrückt werden können, wenn die Böden und Fugen befahren werden. Die möglichen chemischen Belastungen reichen von gelegentlichen unabsichtlichen Spritzern einer Chemikalie bis hin zur geplanten, länger dauernden Beaufschlagung. In all diesen Fällen muss eine Bodenfuge als Teil einer größeren Dichtfläche dauerhaft ihre Aufgabe erfüllen, das unerwünschte Durchdringen von Medien zu verhindern.

4.8.1 Aufbau und Auslegung

Bodenfugen ähneln in erster Näherung den Dehnfugen im Hochbau und es gelten vergleichbare Grundvoraussetzungen: Haftung des Dichtstoffs an den Fugenflanken, Begrenzung der Dichtstofftiefe, keine Überschreitung der ZGV während des Betriebs der Fuge. Trotz ihrer großen Bedeutung für die Umwelt existiert keine eigene Norm für Bodenfugen. Dafür werden, wenn es um die Abdichtung von Betonflächen gegen den Durchtritt von wassergefährdenden Stoffen in das Erdreich geht, u. a. im Wasserhaushaltsgesetz (WHG, § 62, § 63) entsprechende Vorschriften gemacht. Die Rechtslage ist kompliziert (Abb. 4.34), nicht zuletzt deswegen, weil sowohl Bundes- als auch Landesrecht beachtet werden müssen. Planer und Ausführende sollten sich vor Beginn der Arbeiten genauestens über die aktuellen Vorschriften informieren, die für den jeweiligen Ort des Bauvorhabens gelten.

Anlagen zum Lagern, Abfüllen, Herstellen und behandeln wassergefährdender Stoffe sowie Anlagen zum Verwenden wassergefährdender Stoffe im Bereich der gewerblichen Wirtschaft und im Bereich öffentlicher Einrichtungen müssen so beschaffen sein und so errichtet, unterhalten, betrieben und stillgelegt werden, dass eine nachteilige Veränderung der Eigenschaften von Gewässern nicht zu besorgen ist. (§ 62 WHG)

Als Konstruktionsgrundsätze sollte man speziell bei Bodenfugen (aber auch bei allen anderen Fugenarten) berücksichtigen: Einen möglichst einfachen Fugenverlauf wählen,

Abb. 4.34 Rechtslage bei (chemisch) belasteten Bodenfugen

idealerweise ohne Ecken und Versprünge und eine möglichst einfache Fugenkonstruktion (Querschnitt). In Abb. 4.35 sind einige der infrage kommenden Fugenkonstruktionen gezeigt. In allen Fällen muss darauf geachtet werden, dass keine Dreiflankenhaftung zustande kommt, die durch die Bewegungen der Bauteile zur Zerstörung des Dichtstoffs führen würde. Als abschreckendes Beispiel eines missglückten Fugenverlaufs[23] möge Abb. 4.36 dienen, das mehrere Fehler bei der Planung von in diesem Fall offenen Fugen zeigt.

Die Berechnung der nötigen Fugenbreite erfolgt für die thermisch bedingten Bewegungen nach Gl. 4.3 oder es kann das Nomogramm von Abb. 4.37 verwendet werden. Die auftretenden Temperaturbänder reichen von $\Delta T = 20\,K$ für Fugen in temperierten Industriehallen über bis $\Delta T = 80\,K$ für Fugen im Freien. Die Fugendimensionierung für den erstgenannten Fall ist für Dichtstoffe mit einer ZGV von 10–25 % recht einfach: Dichtstoffdicke und -breite sollten bei Fugenabständen von 1–6 m rund 10 mm betragen. Fugenbreiten unter 10 mm sollten aus bekannten Gründen möglichst vermieden werden, genauso wie Breiten deutlich über 20 mm, denn hier wächst die Wahrscheinlichkeit einer

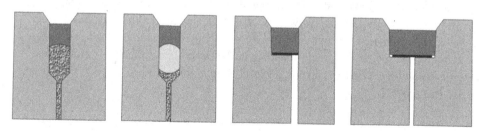

Abb. 4.35 Beispiele für die Ausführung von Bodenfugen mit zurückgesetzter Dichtstoffoberfläche

---

[23] Das Foto stammt nicht aus einer LAU-Anlage.

Abb. 4.36 Die viel zu geringe Breite der offenen Fugen
führte zu Abplatzern durch
Zwängungen, der Einsprung
in der unteren Platte zu einem
Riss. (Foto: StockExchange)

mechanischen Beschädigung des Dichtstoffs bzw. der Fugenkante, wenn nicht entsprechende Vorkehrungen getroffen wurden. Bei konstruktionsbedingt breiten Fugen, die mit
Dichtstoffen (nicht Profilen) verschlossen werden sollen, können zum Schutz des Dichtstoffs Schleppbleche oder Abdeckungen vorgesehen werden. Fugen im Freien sollten bei
einem Fugenabstand von 2 m 10–12 mm breit sein, bei 3 m 14–16 mm, bei 4 m 18–20,
bei 6 m 20–22 mm, wenn ein Dichtstoff mit einer ZGV von 25 % verwendet wird. Die
entsprechenden Fugentiefen sollten rund 75 % der nötigen Fugenbreite betragen, jedoch
15 mm nicht überschreiten. Bei Dichtstoffen mit niedrigerer ZGV benötigt man entsprechend breitere Fugen: Bei einem Fugenabstand von 6 m wären bei einer ZGV von 15 %
bereits 35 mm Fugenbreite anzusetzen, eine Vorgehensweise, die gut überlegt sein sollte,

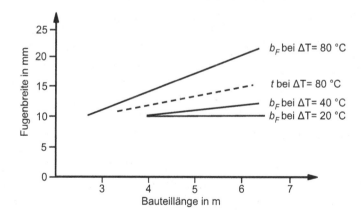

Abb. 4.37 Nomogramm zur Auslegung von Bodenfugen unter Verwendung eines Dichtstoffs mit
einer ZGV von 25 %. b_F Fugenbreite, t: Dichtstofftiefe, exemplarisch angegeben für $\Delta T = 80\,°C$

zumal die Verwendung eines Dichtstoffs mit einer ZGV von 25 % eine deutlich geringere Fugenbreite von gut 20 mm ermöglichen würde.

Bodenfugen können prinzipiell auf zwei Arten mit Dichtstoff ausgefüllt werden: oberflächenbündig oder mit zurückgesetztem Dichtstoff.

Oberflächenbündig verfugte Flächen in Beton, Plattenbelägen, Kunst- und Naturstein, aber auch Holz und Holzwerkstoffen werden vorwiegend für begehbare Flächen vorgesehen. Sie tragen keine Fase an den Bauteilkanten, meist auch keine Kantenverstärkung und bieten keine Stolperstellen, wenn sie vollständig mit Dichtstoff ausgefüllt werden. Die Fugenbreite sollte auf 15 mm beschränkt werden, um ein Einsinken mit hochhackigen Schuhen und sonstige mechanische Beschädigungen möglichst zu vermeiden. Härtere Dichtstoffe mit ausreichender ZGV werden verwendet, wenn es sich um oberflächenbündig versiegelte Fugen handelt, die befahren werden. Hier ist es wichtig, die Tiefe des Dichtstoffs nicht zu gering zu wählen und ein stabiles, lastaufnehmendes Hinterfüllmaterial zu verwenden.

Die von den Dehnfugen bekannte Regel: „Im Zweifelsfalle die Fuge breiter als nötig auslegen" gilt bei Bodenfugen nur bedingt, da die Gefahr einer mechanischen Dichtstoff- oder Fugenkantenbeschädigung mit der Fugenbreite wächst.

Zurückgesetzt verfugte Flächen sieht man meist vor, wenn diese befahren werden sollen. Durch das Zurücksetzen der Dichtstoffoberfläche und die Ausbildung von Fasen (≈ 5 mm) an den Fugenkanten wird die Belastung von Dichtstoff und Kanten beim Überrollen verringert. Idealerweise hat der Dichtstoff keinen Kontakt zu den Rädern. Weiche Dichtstoffe, die in Kontakt mit darüber rollenden Rädern kommen, werden durch Walken zerstört. Ungeschützte Kanten können brechen und zur Umläufigkeit (Undichtigkeit des dichtstoffnahen Substrats) führen. Wird auch bei zurückgesetztem Dichtstoff die Fugenbreite zu groß gewählt, können darüberrollende Räder in den Fugenraum eintauchen und den Dichtstoff schädigen. Je breiter eine Fuge ist, umso höher ist die Wahrscheinlichkeit, dass auch Steine in den Dichtstoff eingedrückt werden und Fehlstellen verursachen.

4.8.2 Bodenfugen ohne chemische Belastung

Fugendichtstoffe für Fußgängerwege (gemäß DIN EN 15651, Teil 4) verwendet man sowohl in begeh- als auch als befahrbare Bodenflächen, z. B. in Lagerhallen, Einkaufszentren, Plätzen und Wegen, Abflughallen, Industriehallen, bei Balkonen und Terrassen. Als abzudichtende Oberflächen kommen vorwiegend Beton, Betonwerksteine, Fliesen oder beschichtete Böden in Frage.

Fugen an und in Holzfußböden wie Dielen, Parkett, Holzpflaster oder Laminat für den Innenbereich dienen dazu, die Bewegungen des Fußbodens selbst oder gegenüber anderen Bauteilen auszugleichen. Die Ursachen für Fugenbewegungen sind:

- Temperaturbedingte Dimensionsänderungen von Bauteilen (Holzfußbodenkonstruktion und angrenzende Bauteile),
- Feuchtebedingte Dimensionsänderungen des Holzes und der Holzwerkstoffe (bei gewachsenem Holz in Längs- und Querrichtung deutlich unterschiedlich),
- Schwindung bei zementgebundenen Bauteilen,
- Bewegungen, hervorgerufen durch statische Lasten (Setzungen),
- Schwingungen durch Begehen des Bodens.

Wie bei anderen Bodenbelägen auch, kommen Dehn- und Anschlussfugen vor, die vorschriftsmäßig zu dimensionieren sind. Die temperatur- und feuchtebedingten Dimensionsänderungen, die sich im Jahreslauf (Heizperiode!) ergeben, sind in der Berechnung der Fugenbreite zu berücksichtigen, um eine Überforderung des Dichtstoffs mit nachfolgender Rissbildung oder Ablösung vom Untergrund zu vermeiden. Dehnfugen des Baukörpers müssen uneingeschränkt in allen Bodenbelägen übernommen werden. Die zur Anwendung kommenden Dichtstoffe müssen neben den üblichen Anforderungen gesundheitlich unbedenklich, schleifbar und chemisch verträglich mit allen Kontaktstoffen sein. Beim Schleifen des Bodens darf sich der abgetragene Dichtstoff nicht über die Fläche verschmieren („Radiergummieffekt") und diese verunreinigen. Die zur Anwendung kommenden Dichtstoffe auf Basis von Polyurethan, MS- oder Hybridpolymer sollten deshalb einen eher „kurzen" Abriss haben. Neutralsilikone können, wenn vom Hersteller empfohlen, ebenfalls verwendet werden; acetatvernetzende Silikone sind nicht geeignet. Bei den abzudichtenden Holzwerkstoffen muss sichergestellt sein, dass die Fugenflanken frei sind von Oberflächenbehandlungen, Versiegelungen, Wachs oder Holzimprägnierungen, weil diese die Haftung und Verträglichkeit (unkontrolliert) negativ beeinflussen können. Als haftungskritische Untergründe gelten geöltes Holz oder ölhaltiges Exotenholz, hier sind ausführliche Vorversuche dringend anzuraten. Rand- und andere Fugen, die mit Leisten geschlossen werden, kommen ohne Dichtstoff aus, wenn nicht Schallschutzgründe doch für eine Dichtstoffverwendung sprechen. Die Fugengestaltung geschieht ähnlich wie bei Fliesenböden mit Hinterfüllprofil.

4.8.3 Bodenfugen mit chemischer Belastung

Überall, wo mit Chemikalien jeglicher Art umgegangen wird, muss dafür gesorgt werden, dass diese nicht unkontrolliert in das Erdreich und Grundwasser gelangen können. Eine bekannte potentielle Quelle für Grundwasserverschmutzung sind sicherlich Tankstellen. Das Problem der Tropfverluste an den Zapfsäulen ließ sich bisher nicht vollständig lösen. Diese Verluste summieren sich an Deutschlands gut 14.000 Tankstellen im Jahr auf bis zu fünf Millionen Liter Kraftstoff, der keinesfalls in das Grundwasser gelangen darf. Dies gilt ebenso für Abwässer, Jauche, Gülle und Silageablauf. Die entsprechenden Plätze, Rohrleitungen oder Behälter sind nach § 62 WHG so auszuführen und abzudichten, dass sie dauerhaft flüssigkeitsundurchlässig sind und keine Gefährdung oder Verschmutzung des Grundwassers erfolgt. Wegen ihrer massenhaften Verwendung geht die Hauptgefahr für das Grundwasser von Treibstoffen wie Otto- und besonders Dieselkraftstoff und vom chemisch ähnlichen Heizöl aus. Die in jüngerer Zeit erfolgten Beimischungen von Ethanol zu Otto- und Rapsölmethylester (RME, Biodiesel) zu Dieselkraftstoffen führen zu neuen Szenarien der chemischen Belastung von Bodenfugen.

Alle Bodenfugen mit chemischer Belastung sind Wartungsfugen und müssen dementsprechend in sinnvollen Abständen inspiziert, repariert und ggf. erneuert werden. Die Inspektionsintervalle sind der auftretenden Belastung anzupassen. – Bei Fugen, die den ZulGrds LAU-Anlagen, Teil 1 des DIBt entsprechen, geht man von einer Lebensdauer von mindestens 10 Jahren aus.

Dichtstoffe zum Abdichten von chemisch belasteten Bodenfugen

Für eine Verwendung in *LAU-Anlagen* (Anlagen zum Lagern, Abfüllen und Umschlagen, z. B. Tankstellen für Land-[24], Luft- und Wasserfahrzeuge, Abfüllstationen in Chemiebetrieben, Fasslager) müssen die Dichtstoffe den Zulassungsgrundsätzen für Fugenabdichtungssysteme, Teil 1, des Deutschen Instituts für Bautechnik (DIBt) entsprechen. Die Zulassungsprüfung ist von einem durch das DIBt anerkannten Prüfinstitut durchzuführen. Nur Systeme (Dichtstoff und Primer), die diese Prüfung bestanden haben, dürfen eingesetzt werden. In der allgemeinen bauaufsichtlichen Zulassung werden die Chemikalien oder -gruppen genau angegeben, mit denen der Dichtstoff in Abhängigkeit der gewählten Belastungsstufe die Prüfung bestanden hat. Die Kennzeichnung L_1, L_2, L_3 steht für geringe, mittlere und hohe Beanspruchung durch die Lagerung des Dichtstoffs in der Prüfflüssigkeit und korreliert mit einer zugelassenen Beanspruchungsdauer von 8, 72 h bzw. 21 d. Die Kennzeichnungen A_1–A_3 bzw. U_1–U_3 beschreiben eine geringe, mittlere und hohe Häufigkeit des Abfüllens bzw. Umschlagens und korrelieren mit max. 4-mal, 200-mal oder mehr als 200-mal pro Jahr. Die Zulassungsprüfungen umfassen folgende Materialeigenschaften der Dichtstoffe: Flüchtige Bestandteile, Volumen- und Massenänderung nach Lagerung in der Prüfflüssigkeit, Klebfreie Zeit, Hydrolysebeständigkeit, Brandverhalten, Witterungsbeständigkeit, Haft- und Dehneigenschaften (Zugspannung, Rückstellung, Dehnung nach Lagerung in der Prüfflüssigkeit, Verhalten bei zyklischer Dehn- und Stauchbeanspruchung, Verhalten bei zyklischer Scherbeanspruchung, Verhalten bei gleichzeitiger Dehn- bzw. Stauchbeanspruchung und Scherung), Umläufigkeit, Verträglichkeit, Befahrbarkeit (über Volumen- und Masseänderung). Bei den Tests wird

---

[24] Siehe hierzu TRwS-A 781.

zwischen einachsiger Stauch-/Dehnverformung bzw. Scherung und mehrachsiger Beanspruchung unterschieden, um das Verhalten des Dichtstoffs in Parallelfugen bzw. T- oder Kreuzfugen zu simulieren. Die Belastung bei T- oder Kreuzfugen wird dabei 1,5-mal so groß gewählt wie bei Parallelfugen und dürfte die Realität mit der erhöhten Beanspruchung gut widerspiegeln. Das Prüfzeugnis wird nur erteilt, wenn alle Kriterien bestanden wurden.

Die Verwendung von Dichtstoffen in *HBV-Anlagen* (Anlagen zum Herstellen, Behandeln und Verwenden wassergefährdender Stoffe; z. B. Chemiebetriebe) wird durch die Technischen Regeln für wassergefährdende Stoffe (TRwS 132/1997, TRwS 786/2005[25]) geregelt. Die dort auftretenden Dichtflächen werden je nach Nutzung unterteilt in:

- Ableitfläche (Fläche mit einem Gefälle von > 2° zur Ableitung wassergefährdender Flüssigkeiten),
- Auffangraum (Einrichtung zur Aufnahme wassergefährdender Flüssigkeiten für eine begrenzte Zeit),
- Tiefpunkt (Einrichtung, an der sich wassergefährdende Flüssigkeiten zuerst sammeln).

Ähnlich wie bei den LAU-Anlagen auch, können die Dichtflächen und damit die Dichtstoffe in den Fugen einmalig, mehrmalig oder auch ständig beaufschlagt werden, der letztgenannte Fall wird jedoch nicht von der TRwS 786 abgedeckt. Als kurzzeitige Beanspruchung wird eine Beaufschlagungsdauer von max. 8 h angesehen, als begrenzte bezeichnet man eine solche zwischen 8 und 72 h und als langzeitige eine mit 72 h bis 3 Monaten. Wegen der Nähe der Vorschriften zu denen von LAU-Anlagen werden in manchen Bundesländern HBV- und LAU-Anlagen nicht mehr getrennt betrachtet.

> Die (idealerweise wenigen) Fugen in den Dichtflächen von HBV-Anlagen sind sicherlich deren Schwachstellen. Trotzdem müssen sie gegen die anstehenden Medien in Bezug auf alle zu erwartenden Belastungen stabil sein.

Für *Anwendungen in Verkehrsflächen* (Fahrzeugwaschplätze und -anlagen, Parkdecks, Flugplätze) können Dichtstoffe nach der Zusätzlichen Technischen Vorschrift Fugen im Straßenbau 01 (ZTV Fug-StB 01) klassifiziert werden. Die Belastungsklassen sind:

A: Für die normalbelastete Fuge mit Abdichtung gegenüber Oberflächenwasser und Partikeln,

B: Für die Abdichtung von Fugen, bei denen zusätzlich eine Beständigkeit gegenüber Flugkraftstoffen und Enteisungsmittel gefordert wird,

C: Für die Abdichtung von Fugen, bei denen zusätzlich eine Beständigkeit gegenüber Otto- und Dieselkraftstoffen gefordert wird.

---

[25] In Überarbeitung (2014).

Dichtstoffe für *JGS-Anlagen* (Anlagen zur Lagerung von Jauche, Gülle, Festmist und Silagesickersaft) und Abwasser- oder Kläranlagen müssen neben vielen anderen Anforderungen resistent sein gegen mikrobiellen Angriff, z. B. Bakterien, die im anaeroben Milieu gedeihen. Ziel der Abdichtung ist es, stark nitrathaltige Sickerwässer vom Grundwasser fernzuhalten. Speziell eingestellte Polysulfide haben sich hier bewährt. Bei JGS-Anlagen werden auch hohe Anforderungen an den verwendeten Beton gestellt, fallweise muss dieser beschichtet werden, um den aggressiven Flüssigkeiten standzuhalten.

Bei der Planung von belasteten Bodenfugen in sollte man sich von folgenden Prinzipien leiten lassen:

- Anzahl der nötigen Fugen minimieren,
- Fugen möglichst dort vorsehen, wo die mechanische Beanspruchung gering ist,
- Wenn möglich, Fugen an Hochpunkten vorsehen.

Bei den für Bodenfugen verwendeten Dichtstoffen handelt es sich im Wesentlichen um speziell chemikalienresistent eingestellte Polyurethan-, Polyurethan-Harz- und Polysulfiddichtstoffe, seltener Polyurethan-Teer-Produkte, die zur Erzielung einer besseren chemischen Beständigkeit oft zweikomponentig (bei Polysulfid immer) eingesetzt werden. Polyurethandichtstoffe sind sehr abriebresistent und zeigen eine hohe Weiterreißfestigkeit, was zu einer beträchtlichen Unempfindlichkeit gegenüber mechanischen Angriffen führt. Spezielle Silikone sind gegen oxidierende Substanzen beständig. Für manche Anwendungen sind laut ZTV Fug-StB 01 und gem. TL Fug-StB 01 auch vergütete, heißverarbeitbare Bitumenmassen in Erwägung zu ziehen. Bis 2° Gefälle können selbstnivellierende Dichtstoffe durch Vergießen rationell in die Fugen eingebracht werden, bei größerem Gefälle verwendet man standfeste Einstellungen. Die für viele Dichtstoffe nötigen, oft zweikomponentigen Primer, sind Teil des Gesamtsystems.

In § 63 WHG ist zusätzlich festgelegt, dass die Verarbeitung der Dichtstoffe für LAU- und HBV-Anlagen geschulten Fachbetrieben vorbehalten ist, um die Sicherheit zu erhöhen, dass möglichst wenige Verarbeitungsfehler gemacht werden. Über die genaue Art der Schulung steht allerdings nichts im Gesetz und in Deutschland existiert auch kein anerkannter Lehrberuf „Fugenabdichter“. Entsprechende Schulungen zum Erwerb der Sachkunde werden von Industrie- und Interessenverbänden, den Dichtstoffproduzenten, Sachverständigen sowie Prüf- und Weiterbildungseinrichtungen angeboten.

4.8.4 Fugen in Estrichen

Die Fugen bei Fließestrichen sind solche, die innerhalb eines Estrichs oder an dessen Rand zur Wand vorgesehen werden. Sie haben die Aufgabe, die freie Beweglichkeit eines Estrichs bzw. von Estrichteilflächen gegeneinander oder zu anderen Bauteilen zu ermögli-

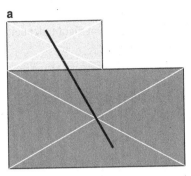
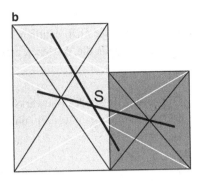

Abb. 4.38 Schwerpunktmethode. **a** Gedankliche Abtrennung der L-förmigen Fläche in zwei Rechtecke, Einzeichnen der Verbindungslinie der Teilschwerpunkte; **b** Gedankliche Abtrennung des anderen Schenkels und gleiches Vorgehen wie bei a. Der Schnittpunkt der beiden Verbindungslinien ist der Schwerpunkt S

chen.[26] Werden allerdings Estrichflächen unterschiedlich beheizt, sollten Fugen zwischen den einzelnen Zonen unabhängig von deren Größe vorgesehen werden, um die unterschiedliche thermische Ausdehnung aufzufangen. Bei vollflächig beheizten Estrichen, die eine L- oder U-Form aufweisen, müssen an den einspringenden Ecken Bewegungsfugen vorgesehen werden, sodass *möglichst gedrungene Flächen* mit einem Längen- zu Breitenverhältnis ≤ 3:1 entstehen. Die Lage der Fugen kann nach der sog. „Schwerpunktmethode" bestimmt werden (Abb. 4.38). Hierbei wird der Flächenschwerpunkt eines zu planenden Estrichs zeichnerisch ermittelt. Bei einer L-förmigen Estrichfläche kommt es darauf an, *wo* der Schwerpunkt liegt: Liegt er im Mittelteil der größeren Fläche und ist der kürzere Schenkel länger als 6 m, sollte eine Fuge vorgesehen werden. Liegt der Schwerpunkt in einem Schenkel und ist der kürzere länger als 3 m, sollte ebenfalls eine Fuge eingeplant werden. Liegt der Schwerpunkt außerhalb der Fläche (Beispiel: Gang mit rechtwinkeliger Ecke), sollte auf jeden Fall eine Bewegungsfuge eingeplant werden. Bei U-Flächen sind bis auf sehr kleine Schenkellängen (< 3 m) Fugen einzuplanen.

Die Randfugen werden meist durch Schaumstoff-Dämmstreifen geformt, die vor dem Verteilen des Estrichs angebracht werden. Je nach Schichtenaufbau des gesamten Bodenbelags kann später oberhalb des Schaumstoffstreifens eine Anschlussfuge mit pastösem Dichtstoff notwendig werden. Wird ein Estrich vor seiner Belegreife gefliest oder ein zu weicher Dämmstoff, auf dem der Estrich aufliegt, verwendet, verändert sich die Geometrie des Estrichs unkontrolliert und es kann der nachher eingebrachte Dichtstoff in der Anschlussfuge von Boden zur Wand abreißen. Ursachen sind Setzung bzw. Aufschüsselung in der Mitte des gefliesten Raumes, was zur Absenkung am Rand führt. Ein klassischer Estrich sollte nach DIN 18560 mind. 28 Tage reifen können, bevor er belegt wird. Der

---

[26] Calciumsulfatestriche sind während des Abbindens sehr raumstabil, daher können auch große Flächen (Kantenlänge < 20 m, bei starren Bodenbelägen < 10 m) ohne Bewegungsfugen ausgeführt werden.

temperaturabhängige Reifeprozess (Abgabe von überschüssigem Wasser) verläuft insbesondere im Winter noch deutlich langsamer. Durch die Verwendung schnellabbindender Estriche kann man die Wartezeit erheblich verkürzen.

Bewegungsfugen des Bauwerks müssen in Estrichen und auch im endgültigen Belag direkt übernommen werden, um unkontrollierte Rissbildung zu vermeiden.

4.9 Brandschutzfugen

Im Brandfall kommt den Dehn- oder Anschlussfugen im Massivbau eine besondere Bedeutung zu. Sie müssen möglichst gut die brandtemperaturbedingte Längung der abgedichteten Bauteile aufnehmen, ohne dass es zu substanzgefährdeten Zwängungen und dadurch hervorgerufenen Schwächungen des Gebäudes kommt. Die Fugen sollen im Brandfall möglichst dicht bleiben. Die in den Fugen verbauten Dichtstoffe müssen zudem so beschaffen sein, dass von ihnen keine besondere Brandförderung ausgeht. Die hier verwendeten Dichtstoffe müssen mindestens „normalentflammbar", also B2 nach DIN 4102, sein. Zum Zeitpunkt der Manuskriptüberarbeitung (2015) herrscht eine Umbruchphase in der Normung: Die DIN 4102 wird durch die DIN EN 13501 abgelöst, was eine paradoxe Situation hervorgerufen hat: Derzeit ist sowohl die eine wie die andere Norm gültig (die Prüfverfahren sind allerdings nicht ganz identisch). Die Einteilung der neuen Brandklassen geht aus Tab. 4.9 hervor. In der DIN 4102 waren alle Dichtstoffe, unabhängig von ihrer Basischemie (Silikon, Polyurethan, Polysulfid, MS-Polymer etc.) in B2 eingestuft. Nach der neuen Norm ist eine derartige generelle Einstufung nicht mehr möglich. Es gibt hier Elementprüfungen, wobei die Einzelwerte der Materialien addiert werden. Die Voraussetzung für eine Elementprüfung ist das Vorhandensein einer Produktnorm, nach der geprüft wird: Diese fehlt noch in vielen Fällen. Es ist daher dringend anzuraten, sich bei brandschutzrelevanten Themen eng mit den Behörden und den entsprechenden (Prüf-)Instituten abzustimmen.

Nach DIN 1045 kann für den Normalfall mit einem Dehnfugenabstand a für Feldlängen $L \leq 30\,\text{m}$ eine Dehnfugenbreite $b_F \geq a/1200$ bzw. $b_F \geq 25\,\text{mm}$ gerechnet werden. Für Sonderfälle mit besonders hoher oder langer Brandbeaufschlagung ist $b_F \geq a/600$ bzw. $b_F \geq 50\,\text{mm}$.

Spezielle Brandschutzdichtstoffe erfüllen DIN 4102 B1 und werden gelegentlich vom Architekten vorgeschrieben, z. B. beim Bau von Krankenhäusern.

Tab. 4.9 Vergleich der Brandklassen nach DIN 4102 und DIN EN 13501

Klasse nach DIN EN 13501	Klasse nach DIN 4102	Beispiele nach DIN 4102	Bezeichnung
A1	A1	Beton, Stahl	Nicht brennbar
A2	A2		
B	B1	PVC, flammhemmende Kunststoffe	Schwer entflammbar
C			
D	B2	Dichtstoffe, dicker Karton	Normal entflammbar
E			
F	B3	Holzwolle	Leicht entflammbar

4.10 Wartungsfugen

Im Hoch- und Tiefbau ist der Begriff der *Wartungsfuge* den meisten Auftraggebern und Fugenabdichtern zwar geläufig, jedoch eher umstritten, denn jeder versteht unter einer Wartungsfuge etwas anderes. Zudem wird der Begriff „Wartung" immer mit Kosten verbunden und die sollen insbesondere bei der Auftragsvergabe und -durchführung so niedrig wie möglich erscheinen.

> Eine Wartungsfuge ist eine starken chemischen, biologischen und/oder physikalischen Einflüssen ausgesetzte Fuge, deren Dichtstoff in regelmäßigen Zeitabständen überprüft und gegebenenfalls erneuert werden muss, um Folgeschäden zu vermeiden. (DIN EN 52460)

Das bedeutet, dass eine über das Normale hinausgehende Beanspruchung der Fuge vorliegen muss, um sie als Wartungsfuge bezeichnen zu können. Die Fuge muss also besonderen (!) Beanspruchungen unterliegen und man weiß von vorneherein, dass der darin befindliche Dichtstoff den Beanspruchungen dauerhaft *nicht* standhalten kann. Beispiele hierfür sind:

- Fugen in der chemische Industrie (Betonwannen),
- Fugen, die regelmäßig mit Hochdruckreinigern bearbeitet werden (Schlachtereien),
- Fugen im Überlauf von Schwimmbecken,
- Fugen unter ständiger Nassbelastung (Nassbereiche),
- Fugen in Kläranlagen sowie der Abwasserkanalisation,
- Fugen bei Tankstellen, Abfüll- und Umschlagsanlagen gemäß LAU, HBV, WHG.

Das Bemerkenswerte an Wartungsfugen im Bauwesen ist, dass sie *nicht* der allgemeinen Gewährleistung üblicher Verfugungsarbeiten unterliegen. Derjenige, der die Fugen ausführt, muss den Auftraggeber auf das Vorhandensein potentieller Wartungsfugen vor Beginn der Arbeiten deutlich hinweisen und eine vertragliche Klarstellung herbeiführen. Dies sollte und kann jedoch nicht so weit gehen, praktisch jede Fuge zur Wartungsfuge erklären zu wollen, nur um etwaigen Garantieansprüchen aus dem Wege gehen zu können!

Die Definition der Wartungsfuge nach der Norm ist nicht zuletzt wegen der konträren finanziellen Interessen etwas umstritten, denn sie weist mehrere ungeklärte Punkte auf:

- der Begriff „Wartung" wird nicht genau definiert,
- es wird nicht eindeutig festgelegt, was eigentlich zur Fuge gehört,
- die schädigenden Einflüsse auf die Fuge werden nicht genannt,
- das Inspektionsintervall wird nicht genannt,
- die ggf. zu treffenden Abhilfemaßnahmen werden nicht spezifiziert,
- der Zeitpunkt, ab wann ggf. was zu erneuern ist, wird nicht festgelegt.

Dies bedeutet, dass in jedem Einzelfall bestimmt werden muss, was eine Wartungsfuge ist und was nicht. Diese Festlegung muss natürlich von vorneherein in den Ausschreibungsunterlagen zu finden sein; eine nachträgliche Deklaration, etwa erst im Schadensfall, ist sicherlich nicht möglich. Wie problematisch die Thematik jedoch sein kann, soll anhand der obenstehenden Punkte erläutert werden:

Unter *Wartung* kann man die verschiedensten Begriffe verstehen. Die einfachste Form der Wartung ist die Inaugenscheinnahme und Untersuchung der Fuge auf offensichtliche Schäden. Kann eine Fuge aufgrund geometrischer Unzugänglichkeit nicht besichtigt werden oder kann von zugänglichen Teilen dieser nicht auf die unzugänglichen geschlossen werden, dürfte es sich nicht um eine Wartungsfuge im engeren Sinne handeln. Wartung soll vorbeugend geschehen und kann z. B. Reinigung oder Trocknung der Fugen bedeuten aber auch die Entfernung spitzer Gegenstände wie Steine bei Bodenfugen, um mechanischen Beschädigungen zu verhindern. Wartung ist also nicht nur das Eingreifen, wenn sich ein Schaden abzeichnet oder bereits aufgetreten ist. Die Wartung wird gerade deswegen durchgeführt, um Schäden zu vermeiden.

Wie *weit* reicht eine Fuge? Nur die Fugenflanken oder Fugenflanken plus Fase oder Fugenflanken plus Fase plus einige Zentimeter des Bauteils? Man kann nun argumentieren, dass die Bauteilfläche nicht mehr zur Fuge gehören würde, doch kann das Bauteil durchaus von Migrationsvorgängen betroffen sein, die eindeutig aus der Fuge bzw. vom Dichtstoff stammen.

Welche schädigenden Einflüsse sind gemeint? „Übliche" Benutzung sicherlich nicht, doch was sind genau die besonderen Beanspruchungen? Verdünnte oder konzentrierte Säure – die wie lang bei welcher Temperatur einwirkt? Kombinationsbeanspruchungen sind ab wann besondere Beanspruchungen?

Wie *oft* muss inspiziert werden? Dort, wo das Versagen einer Wartungsfuge wenige oder geringe Schadauswirkungen hat sicherlich seltener als bei einer Tankstelle, wo das Eindringen von Diesel in das Erdreich erhebliche Grundwasserverschmutzungen nach sich zieht. Es ist vorstellbar, dass in letztgenanntem Fall täglich zu inspizieren ist, während die Fugen in der Not-Auffangwanne eines Chemiebetriebs sicherlich weniger häufig inspiziert werden müssen. Dass nach einem Schadensfall die Fugen untersucht und möglicherweise auch erneuert werden müssen, dürfte hingegen unstrittig sein.

Was muss genau getan werden, wenn eine Wartungsfuge Schäden aufweist und wie schnell? Auch hier gibt es keine genauen Festlegungen. Eine Wartungsfuge mit Schimmelbefall ist zunächst nur optisch zu beanstanden und bedarf keines sofortigen Austausches, außer wenn sich die Fuge ist in einem entsprechend kritischen Bereich, z. B. in der Lebensmittelindustrie, befindet. In manchen Fällen dürfte auch eine Reinigung als Abhilfemaßnahme ausreichend sein.

Dies führt zum *Zeitpunkt* der Erneuerungsarbeiten. Auch dieser ist abhängig vom jeweiligen Einzelfall.

Die Norm bringt also Klarheit in die Definition einer Wartungsfuge, nicht jedoch, wie diese Definition in Ausschreibungen anzuwenden ist oder wie im Zweifels- und Streitfalle vorgegangen werden muss.

Wegen dieser komplizierten Sachlage kann es sinnvoll sein, mit dem Verfügungsbetrieb einen Wartungsvertrag abzuschließen.

Weiterführende Literatur

Abdichtungsarbeiten, VOB/StLB, DIN-Taschenbuch 71, Beuth, Berlin (1996)

Anon., Porenbeton Bericht 6, Bewehrte Wandplatten – Fugenausbildung, Bundesverband Porenbetonindustrie e. V. (2014)

Anschlussausbildung zwischen Fenster und Baukörper, Institut für Fenstertechnik e. V., Rosenheim (o. J.)

ASTM C 1193, Standard Guide for the Use of Joint Sealants (2013)

ASTM C 1472, Standard Guide for Calculating Movement and Other Effects When establishing Sealant Joint Width (2010)

Bewegungsfugen in Bekleidungen und Belägen aus Fliesen, Zentralverband Deutsches Baugewerbe e. V. (1995)

Bonk, M. (Hrsg.), Lufsky Bauwerksabdichtung, Vieweg+Teubner Verlag, Wiesbaden, 2010

Dichtstoffe für Verglasungen und Anschlussfugen, Verlagsanstalt Handwerk GmbH, Düsseldorf (2009)

DIN 1045, Tragwerke aus Beton, Stahlbeton und Spannbeton (2008–2013)

DIN 4201, Brandverhalten von Baustoffen und Bauteilen (1977–2014)

DIN 18195-8, Bauwerksabdichtungen – Teil 8: Abdichtungen über Bewegungsfugen (2011)

DIN 18355, VOB Vergabe- und Vertragsordnung für Bauleistungen – Teil C: Allgemeine Technische Vertragsbedingungen für Bauleistungen (ATV) – Tischlerarbeiten (2012)

DIN 18540, Abdichten von Außenwandfugen im Hochbau mit Fugendichtstoffen (2014)

DIN 18545, Abdichten von Verglasungen mit Dichtstoffen (1992–2008)

DIN 18545 (Entwurf), Abdichten von Verglasungen mit Dichtstoffen – Anforderungen an Glasfalze und Verglasungssysteme (2014)

DIN 18550, Putz und Putzsysteme – Ausführung (2014)

DIN 18560, Estriche im Bauwesen (2004–2012)

DIN EN 6927, Bauwerke – Fugenabdichtungen – Begriffe (2012)

DIN EN 13501, Klassifizierung von Bauprodukten und Bauarten zu ihrem Brandverhalten (2010–2014)

DIN EN 15651, Fugendichtstoffe für nichttragende Anwendungen in Gebäuden und Fußgängerwegen (2012)

ETAG 002, Leitlinie für die Europäische Technische Zulassung für Geklebte Glaskonstruktionen (1999–2012)

Fugen in Calciumsulfat-Fließestrichen, Merkblatt Nr. 5, Hrsg.: IGE und IWM e. V., Duisburg (2008)

Fugendichtungen in Verkehrsflächen mit heißverarbeitbaren Fugenmassen [Tagungsband], EMPA, Dübendorf (2005)

Gipsplattenkonstruktionen Fugen und Anschlüsse, Merkblatt Nr. 3, Hrsg.: Bundesverband der Gipsindustrie e. V., Darmstadt (2011)

Hepp, D., Jehl, W., Fenster und Montage – immer wieder spannend, Teil 2, Fachinformationen – ift Rosenheim, S. 3 (o. J.)

Hinweise für Fugen in Estrichen, Teil 1: Fugen in Industrieestrichen, Bundesverband Estrich und Belag e. V. (1992)

Hinweise für Fugen in Estrichen, Teil 2: Fugen in Estrichen und Heizestrichen auf Trenn- und Dämmschichten nach DIN 18560 Teil 2 und Teil 4, Bundesverband Estrich und Belag e. V (2009)

Hohmann, R., Fugenabdichtung bei wasserundurchlässigen Bauwerken aus Beton, Fraunhofer IRB, Stuttgart (2009)

ift-Richtlinie Prüfung und Beurteilung von Schlierenbildung und Abrieb von Verglasungsdichtstoffen (1998)

ift-Richtlinie VE-06/01, Beanspruchungsgruppen für die Verglasung von Fenstern (2003)

Jehl, W., Fenster und Montage – immer wieder spannend. Fachinformation ift Rosenheim (o. J.)

Leitfaden zur Montage, Hrsg.: RAL Gütegemeinschaften Fenster und Haustüren e. V. (2014)

Merkblatt 02, Wärme- und feuchteschutztechnische Planung und Ausführung der Bauanschlüsse von Wohn-Wintergärten, Bundesverband Wintergarten e. V. (2008)

Merkblatt 06, Fugenabdichtung mit spritzbaren Dichtstoffen und vorkomprimierten Dichtungsbändern sowie Montageklebstoffe im Wintergartenbau, Bundesverband Wintergarten e. V. (2013)

Merkblatt Bewegungsfugen (Bewegungsfugen in Bekleidungen und Belägen aus Fliesen und Platten), Fachverband Fliesen und Naturstein im Zentralverband des Deutschen Baugewerbes e. V, (1995)

Merkblatt HM.02, Richtlinie für Holz-Metall-Fassadenkonstruktionen, Verband der Fenster- und Fassadenhersteller e. V., Frankfurt (2006)

Merkblatt Nr. 1, Abdichten von Bodenfugen mit elastischen Dichtstoffen, Industrieverband Dichtstoffe e. V. (2014)

Merkblatt Nr. 2, Klassifizierung von Dichtstoffen, Industrieverband Dichtstoffe e. V. (2014)

Merkblatt Nr. 3-1 – Konstruktive Ausführung und Abdichtung von Fugen im Sanitärbereich und in Feuchträumen – Teil 1: Abdichtung von spritzbaren Dichtstoffen, Industrieverband Dichtstoffe e. V. (2014)

Merkblatt Nr. 3-2 – Konstruktive Ausführung und Abdichtung von Fugen in Sanitär- und Feuchträumen – Teil 2: Abdichtung von Wannen und Duschwannen mit flexiblen Dichtbändern, Industrieverband Dichtstoffe e. V. (2014)

Merkblatt Nr. 6, Fugenabdichtung an Anlagen zum Umgang mit wassergefährdenden Stoffen, Industrieverband Dichtstoffe e. V. (2014)

Merkblatt Nr. 8, Konstruktive Ausführung und Abdichtung von Fugen im Holzfußbodenbereich, Industrieverband Dichtstoffe e. V. (2014)

Merkblatt Nr. 9, Spritzbare Dichtstoffe in der Anschlussfuge für Fenster und Außentüren, Industrieverband Dichtstoffe e. V. (2014)

Merkblatt Nr. 10, Glasabdichtung am Holzfenster mit Dichtstoffen, Industrieverband Dichtstoffe e. V. (2014)

Merkblatt Nr. 11, Erläuterung zu Fachbegriffen aus dem „Brandschutz" aus der Sicht der Dichtstoffe bzw. den mit Dichtstoffen ausgespritzten Fugen, Industrieverband Dichtstoffe e. V. (2014)

Merkblatt Nr. 13, Glasabdichtung an Holz-Metall-Fensterkonstruktionen mit Dichtstoffen, Industrieverband Dichtstoffe e. V. (2014)

Merkblatt Nr. 16, Anschlussfugen im Trockenbau, Industrieverband Dichtstoffe e. V. (2014)

Merkblatt Nr. 17, Anschlussfugen im Schwimmbadbau, Industrieverband Dichtstoffe e. V. (2014)

Merkblatt Nr. 21, Elastische Fugenabdichtungen im Lebensmittelbereich, Industrieverband Dichtstoffe e. V. (2014)

Merkblatt Nr. 21, Technische Richtlinien für die Planung und Verarbeitung von Wärmedämm-Verbundsystemen, Bundesausschuss Farbe und Sachwertschutz e. V., Frankfurt/M. (2012)

Merkblatt Nr. 23, Technische Richtlinien für das Abdichten von Fugen im Hochbau und von Verglasungen, Bundesausschuss Farbe und Sachwertschutz e. V., Frankfurt/M. (2005)

Merkblatt T 17/1, Fugendichtungen in der Klempnertechnik, Zentralverband Sanitär, Heizung, Klima (2011)

Merkblatt Schwimmbadbau (Hinweise für Planung und Ausführung keramischer Beläge im Schwimmbadbau), Fachverband Fliesen und Naturstein im Zentralverband des Deutschen Baugewerbes e. V, (2012)

Merkblatt V.04, Selbstreinigendes Glas im Fenster- und Fassadenbau, Verband Fenster und Fassade e. V., Frankfurt (2005)

Ruth, J., Bewegungsfugen: Notwendiges Übel oder verzichtbar?, 3. Informationstag des IKI, Bauhaus-Universität Weimar (1998)

Schindel-Bidinelli, E. H., Gutherz, W., Konstruktives Kleben, VCH, Weinheim, S. 87 (1988)

Technische Richtlinie des Glaserhandwerks Nr. 1: Dichtstoffe für Verglasungen und Anschlussfugen, Verlagsanstalt Handwerk GmbH, Düsseldorf (2009)

ZTV Fug – StB 01, Zusätzliche Technische Vertragsbedingungen und Richtlinien für Fugen in Verkehrsflächen, Ausgabe 2001, FGSV-Nr. 897/1

Kontaktprobleme: Baustoffverträglichkeit

Im Gegensatz zu vergangenen Jahrhunderten, in denen nur „Stein auf Stein" gebaut werden konnte, treffen im modernen Bauwesen sehr unterschiedliche Baustoffe aufeinander und kommen für Jahre und Jahrzehnte in Kontakt. Die klassischen mineralischen Baustoffe werden zunehmend durch Metalle, Glas, Leichtbauwerkstoffe und Kunststoffe ergänzt. Gerade die Letzteren – zu denen auch die Dichtstoffe zählen – bringen neue Herausforderungen für alle am Bau Beteiligten. *Alle* pastösen oder flüssigen Kleb- und Dichtstoffe enthalten im unausgehärteten, aber oft auch noch im ausgehärteten Zustand migrationsfähige, d. h. wanderungsfähige, Komponenten. Diese können in entsprechend dafür anfällige Substrate einwandern und dort zu optischen und technischen Veränderungen bis hin zu irreversiblen Schäden führen. Auch manche Kunststoffe (z. B. Profile, Leisten) oder Lacke enthalten derartige wanderungsfähige Bestandteile, die entweder die Haftung eines damit in Kontakt kommenden Kleb- oder Dichtstoffs von vornherein unterbinden können oder in diesen eindringen und z. B. zu Aushärtestörungen führen können. Die Kenntnis dieser Vorgänge trägt zur Vermeidung von langwierigen und kostspieligen Reklamationen bei.

Von *Verträglichkeit* spricht man, wenn zwischen zwei in Kontakt befindlichen Werkstoffen keine schädlichen Wechselwirkungen auftreten, zu denen hauptsächlich die Migration zählt. Wo die Grenze zwischen „schädlich" und „unschädlich" liegt, wird in DIN EN ISO 6927 nicht definiert – dies hängt vom jeweiligen Einzelfall ab. So kann es z. B. sein, dass leichte Verfärbungen im Kontaktbereich zweier Werkstoffe in einem Fall als geringfügiger optischer Mangel akzeptiert werden (müssen), im anderen ein berechtigter Reklamationsgrund sind.

> „Verträglichkeit: Eigenschaft eines Dichtstoffs, bei dauerndem Kontakt mit anderen Stoffen keine unerwünschten chemischen oder physikalischen Reaktionen auszulösen." (DIN EN ISO 6927)

© Springer Fachmedien Wiesbaden 2016
M. Pröbster, *Baudichtstoffe*, DOI 10.1007/978-3-658-09984-8_5

Die Hauptursache für Unverträglichkeit zwischen zwei Baustoffen (oder Hilfsstoffen) ist die Wanderung von Weichmacher aus einem Werkstoff in den anderen. Es sind aber auch unerwünschte chemische Reaktionen möglich (z. B. zwischen jungem, alkalischen Beton und einem direkt kontaktierten Dichtstoff).

5.1 Migration

Die Wanderung von beweglichen, meist kleinen Molekülen von einem Werkstoff in einen ihn berührenden zweiten bezeichnet man als *Migration*. In Kleb- und Dichtstoffen bzw. auch manchen Kunststoffen können sich, abhängig vom Rezept, folgende wanderungsfähigen Substanzen befinden:

- Weichmacher,
- Lösemittel/Öle,
- Extender, wie sie manchen Silikondichtstoffen zur Verbilligung zugesetzt werden,
- Nicht abreagierte Ausgangsstoffe, wie sie in polymerisierbaren Produkten vorkommen, z. B. ungesättigten Polyesterharzen,
- Härter von Zweikomponenten Kleb- und Dichtstoffen,
- Haftvermittler,
- Niedermolekulare Reste, die bei der Herstellung eines Polymers angefallen sind und daraus nicht entfernt werden konnten, z. B. Siloxane in Silikonen,
- Sonstige Additive wie Katalysatoren, Sikkative etc.,
- Phenolverbindungen in älteren Polysulfiddichtstoffen,
- Bitumen/Asphalt bzw. deren Inhaltsstoffe.

Die Wanderung eines Moleküls aus einem (Bau-)Stoff in einen anderen wird durch die Fickschen Diffusionsgesetze beschrieben. Sie hängt unter anderem ab von

- Molekülgröße/Polarität der migrierenden Flüssigkeit,
- Löslichkeit dieser im aufnehmenden Substrat,
- Konzentrationsgefälle der migrierenden Flüssigkeit zwischen den Kontaktstoffen,
- Temperatur,
- Kristallinitätsgrad/Vernetzungsdichte/Porosität/Härte des Substrats.

Metalle und Glas werden nicht durch organische Flüssigkeiten erweicht.

Durch die Migration verändern sich über die Zeit die chemische Zusammensetzung und die physikalischen Eigenschaften der beiden in Kontakt stehenden Werkstoffe. Der die flüssige, wandernde Substanz aufnehmende Stoff wird weicher, elastischer, klebriger und quillt an. Der die migrierende Substanz abgebende Stoff wird härter, spröder und schrumpft. Ist dies ein Dichtstoff, kann er dadurch eine seiner Haupteigenschaften, die Elastizität, verlieren und folglich seine Haftung und Dichtwirkung einbüßen.

Der bei weitem häufigste Fall von Migration ist die *Wanderung von Weichmachern* aus einem Kleb- oder Dichtstoff in ein aufnahmefähiges Substrat. Hierbei handelt es sich um einen längerfristigen Prozess, der sich über Monate und Jahre hinziehen kann, bevor er überhaupt bemerkt wird. Das gleiche gilt umgekehrt für den wesentlich selteneren Fall weichgemachter Kunststoffe, z. B. Weich-PVC, aus dem der Weichmacher in einen Kleb- bzw. Dichtstoff einwandern kann.

Das zeitverzögerte Auftreten von Schäden und deren Beseitigung ist in vielen Fällen nicht nur ein technisches, sondern in der Folge auch ein juristisches Problem, wenn es um die Begleichung der mit einer Sanierung verbundenen hohen Kosten geht – sofern die Schäden überhaupt mit vernünftigem Aufwand sanierbar sind.

5.2 Baustoffverträglichkeit

Bei Natursteinen, die als Bodenbelag oder Fassadenverkleidung verwendet werden, sind Poren bzw. Zwischenräume zwischen einzelnen Kristallen anzutreffen. Urgesteine, wie Granit zeigen eher Zwischenräume zwischen einzelnen Kristalliten als Poren, während Umwandlungsgesteine (Marmor) eindeutig Poren und Kapillaren aufweisen. In Sediment-gesteinen (z. B. Sandstein, Kalkstein) findet man die größte Porosität und damit auch die maximal aufnehmbare Menge an migrationsfähigen Substanzen. Aus der Praxis ist jedoch bekannt, dass auch Granit mit einer vergleichsweise geringen Porosität von 0,4–1,5 % ge-nauso unter Migration leiden kann wie Kalkstein mit einer Porosität von 0,6–30 %. Die Oberflächenstruktur (rau, poliert, versiegelt) des infrage kommenden Gesteins hat eben-falls einen gewissen Einfluss auf dessen Migrationsempfindlichkeit.

Generell kann aber gesagt werden, dass viele Öle und Weichmacher in *alle* bauüblichen Gesteine einwandern und zu Verfärbungen Anlass geben können (Abb. 5.1). Vielfach ist es nur eine Frage der Zeit, wann die ersten Effekte auftreten.

Nicht die chemische, sondern die spezielle physikalische Struktur der Natursteine ist also der Grund, dass es zu Migrationsschäden wie „Fetträndern" oder „schwarzen Schat-ten" in der Nähe der Fuge kommt, wenn ein ungeeigneter Dichtstoff verwendet wurde.

Abb. 5.1 Auswirkungen der Migration bei einer Natur-steinabdichtung als Folge der Verwendung eines un-geeigneten Dichtstoffs in der Horizontalfuge. (Foto: M. Pröbster)

Abb. 5.2 Schematischer Aufbau eines Natursteins mit
teilweise flüssigkeitsgefüll-
ten Poren (*dunkel*)

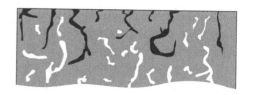

Die von feinen Kapillaren und Poren durchzogenen Natursteine, deren kritische Größe
sich zwischen knapp 1 bis 5 µ bewegt, ziehen über den Kapillareffekt, auch kapillarer Sog
genannt, wanderungsfähige Weichmacher oder Öle an. Durch Verdrängung der Luft in
den Kapillaren lässt der eingedrungene Weichmacher den Naturstein dunkler als vorher
erscheinen (Abb. 5.2). Zudem kann der klebrige Weichmacher noch Staub aus der Luft
aufnehmen, was zu einer weiteren Abdunkelung des Fugenrandes führt. Wird dieser an-
gesammelte Staub durch Regen an einer Fassade ungleichmäßig abgespült, ergeben sich
unschöne dunkle „Fahnen", die von den Fugen ausgehen und die umso besser sichtbar
sind, je heller der Naturstein ist, mit dem die Fassade verkleidet wurde. Zur Vermeidung des Migrationsproblems könnte man filmbildende, weichmachersperrende Primer in
Kombination mit Standarddichtstoffen verwenden; jede einzelne Kombination Naturstein-
Primer-Dichtstoff müsste aber im Labor erst einzeln abgetestet und freigegeben werden.
Wegen des damit verbundenen enormen Aufwands hat sich stattdessen die Verwendung
von speziell migrationsarm formulierten Dichtstoffen durchgesetzt. Hierbei muss auch
nicht mehr auf die abzudichtende Gesteinsart geachtet werden. Je nach Herstellervor-
schrift muss aber auch hier ein geeigneter Primer zur Verbesserung der Haftung eingesetzt
werden.

▶ **Praxis-Tipp** Fugen zwischen Natursteinen (Marmor, Granit etc.) ausschließlich
mit speziell dafür geeigneten Dichtstoffen abdichten, um Weichmacherwanderung und nachfolgende Verfärbungen der Fugenkanten zu verhindern.

Manche Fugen, die mit Natursteinsilikon abgedichtet wurden, verschmutzen trotzdem:
Hier wird vermutet, dass Staub über elektrostatische Effekte auf dem Silikon abgeschieden
und durch Regen auf die umliegenden Steine transportiert wird, was zu einer Dunkelfär-
bung führen kann. Während die Wanderung von Silikonölen in Natursteine zunächst einen
gravierenden optischen Mangel darstellt, kann sich daraus durch fortgesetzten Weich-
macherverlust auch ein technischer Mangel durch die nachfolgende Verstrammung (bis
Versprödung) des Dichtstoffs ergeben. Je schmaler die Fuge ist, umso eher wird sich der
verstrammte Dichtstoff von den Fugenflanken lösen. Wichtig ist, dass man sich schon in
der Planungsphase, d. h. vor der Durchführung der eigentlichen Arbeiten im Gewerk, über
die potentiellen Probleme klar ist und entsprechende Vermeidungsmaßnahmen, z. B. eine
kritische Auswahl des Dichtstoffs, vorsieht.

Unter *Kompression* stehende Dichtstoffe tendieren unabhängig von ihrer chemischen Basis zu verstärkter Migration bei Kontakt zu Natursteinen, wenn sie migrationsfähige Bestandteile enthalten.

Sehr offensichtlich wird die Wanderung von flüssigen Substanzen beim Kontakt bitumenhaltiger Werkstoffe wie Dachpappe oder Bitumendichtstoff mit anderen, vorzugsweise hellen Dichtstoffen: Schon nach kurzer Zeit beginnt sich eine gelbe Zone von der Kontaktstelle her auszubreiten, die schnell dunkler wird. Dies ist ein eindeutiger Hinweis auf Migrationseffekte und damit auf die Unverträglichkeit der beiden Kontaktstoffe.

Ganz allgemein deutet auch das Klebrigbleiben oder -werden von Kontaktstellen auf Unverträglichkeit hin.

Neben der oben geschilderten *physikalischen* Unverträglichkeit können auch *chemische Reaktionen* zwischen den Kontaktstoffen zur Unverträglichkeit führen.

Tiefengesteine und metamorphe Gesteine (Metamorphite, Umwandlungsgesteine) sind chemisch relativ widerstandsfähig. Karbonathaltige Sedimentgesteine reagieren mit säureabspaltenden Acetatsilikonen. Ein späterer Haftungsverlust und die Bildung von weißen Ausblühungen sind absehbar.

Alkalische Abspaltprodukte von Silikonen reagieren mit manchen Metallen unter Verfärbung, Acetatsilikone bilden Grünspan auf Kupfer oder Messing. Im Zweifelsfall sollte der Hersteller des Dichtstoffs um Auskunft ersucht werden. Polyester (UPE) kann durch einwandernde alkalische Substanzen, die z. B. als Haftvermittler in manchen Dichtstoffen enthalten sind, in der Nähe der Kontaktstellen vergilben oder möglicherweise einen hellen Dichtstoff verfärben.

Eine schnelle oder kostengünstige *Sanierung* eines einmal eingetretenen Migrationsschadens, auch im Anfangsstadium, ist in vielen Fällen kaum möglich. Man kann zwar versuchen, mit Spezialprodukten (Reinigungspaste für Naturstein) oder viel Lösemittel die schwarze klebrige Schicht zu entfernen, wird aber möglicherweise nur kurzzeitig Erfolg haben, wenn weiterer Weichmacher aus den Tiefen des flüssigkeitsgetränkten Steins nachgeliefert wird. Das „Wegbrennen" der migrierten Substanzen mit einem Heißluftgebläse (T ~ 400 °C) könnte ebenfalls eine Sanierungsmöglichkeit darstellen. Das radikale Entfernen der befallenen Stellen und neue Schneiden der Fuge dürfte die aufwändigste, optisch und finanziell meist unbefriedigende Methode sein. Umso wichtiger ist es daher, sich im Vorfeld, d. h. im Planungs- und Konstruktionsstadium bei einem beabsichtigten Kontaktieren von zwei oder mehreren Kleb- und/oder Dichtstoffen Kleb- und/oder Dichtstoff(en) mit potentiell migrationsanfälligen oder -fähigen Substraten die möglichen

Wechselwirkungen vor Augen zu führen und abzuklären. Erst nach Vorliegen von Testergebnissen kann entschieden werden, ob diese potentiellen Wechselwirkungen toleriert werden können und ob sie sich vorhersehbar auf Dauer, d. h. über Jahre und Jahrzehnte (!) hinaus, schädlich für den geplanten Einsatzzweck des Verbundes auswirken. Hier einige mögliche Strategien zur Schadensvermeidung:

Wenn es bei einer Werkstoffauswahl möglich ist, müssen solche Kombinationen gewählt werden, bei denen die im Substrat bzw. Dichtstoff befindlichen Weichmacher keine Affinität zum jeweils anderen Partner zeigen. Dies muss auch bei den höchstmöglich im Dauerbetrieb auftretenden Temperaturen des Verbundes noch gewährleistet sein und ist durch Tests seitens des Herstellers oder jahrelange positive Erfahrungen nachzuweisen. Die Freigabe eines geeigneten Systems ist – abhängig von Testbedingungen und der Testdauer – niemals vollständig risikolos. Insbesondere wenn der Verarbeiter, der Substrat und Dichtstoff zusammenfügt und keinen Einfluss auf die Konstanz der von ihm verwendeten Werkstoffe hat, was z. B. Rezepturänderungen der Hersteller angeht, kann eine einzelne Laborfreigabe schnell wirkungslos werden. In Tab. 5.1, ist, soweit das für allgemeine Aussagen überhaupt möglich ist, eine Liste zur Verträglichkeit der wichtigsten Dichtstoffe mit einigen Baustoffen angegeben. Diese kann als Anhaltspunkt bei der Auswahl von Dichtstoffen dienen.

Fallbeispiel: Fassadenbau

Zur Erläuterung der Brisanz der Migrationsthematik auch in Hightech-Anwendungen wie im Glasfassadenbau dient dieses Fallbeispiel aus dem Fassadenbau.[1,2] Hier waren nach wenigen Monaten im Inneren der die Fassade bildenden Isolierglaseinheiten schwarze „Tränen" und Fahnen heruntergelaufen, Ölspuren aufgetreten oder der innere Dichtstoff (Primärdichtstoff) des Isolierglases angequollen. Durch chemische Analysen konnte nachgewiesen werden, dass die Migration von Silikon- bzw. Extenderölen aus einem ungeeigneten Wetterdichtstoff in den Isolierglasrandverbund der Auslöser der Probleme war. Bei einem falsch gewählten Wetterdichtstoff können Extenderöle/Siloxane aus der Wetterversiegelung zunächst unbemerkt in den Sekundärdichtstoff einer Isolierglasscheibe einwandern. Offensichtlich können diese eingewanderten Öle, *ohne zunächst in der Sekundärdichtung nennenswerten Schaden anzurichten*, bis in den Primärdichtstoff vordringen, diesen teilweise anlösen und zu den oben geschilderten Effekten führen. Durch Pumpbewegungen der Isolierglasscheibe, wie sie z. B. durch Luftdruckschwankungen oder Temperaturänderungen hervorgerufen werden, werden auch Teile des ab- oder angelösten Primärdichtstoffs in den Scheibenzwischenraum gezogen und führen mindestens zu optischen Schäden.

In den zitierten Fällen muss davon ausgegangen werden, dass die beteiligten Kleb- und Dichtstoffe nicht gegeneinander auf Verträglichkeit angeprüft worden sind.

---

[1] Anon., Glaswelt 10(2002)170.
[2] R. Oberacker, GFF – Zeitschrift für Glas, Fenster Fassade 11(2002)16.

Tab. 5.1 Die Verträglichkeit von Baustoffen mit Dichtstoffen

Dichtstoff \ Baustoff	Silikon			Poly-urethan	Silan mod. Polymer	Acrylat-Dispersion	Löse-mittelh. Acrylat
	Acetat	Amin	Neutral				
mineralisch							
Beton	−	+	+	+	+	+	+
Faserzement	−	+	+	+	+	+	+
Ziegel	−	+	+	+	+	+	+
Porenbeton	−	+	+	+	+	+	−
Naturstein	−	−	?	?	?	?	−
Fliesen/Keramik	+	+	+	+	+	?	−
Gipswerkstoffe	−	+	+	+	+	+	+
Steingut	+	+	+	+	+	+	−
Porzellan	+	+	+	+	+	−	−
Emaille	+	+	+	+	+	−	−
Glas	+	+	+	?	?	−	+
metallisch							
Aluminium	+	+	+	+	+	+	−
Zink (verzinkt)	−	+	+	+	+	?	−
Buntmetall	−	?	?	+	+	−	−
polymer							
Hart-PVC	+	+	+	+	+	+	
Polyester	+	+	+	+	+	+	−
Polycarbonat	+	−	?	?	?	−	−
Polyacrylat	?	?	?	−	−	−	−
Resopal	+	+	+	+	+	+	−
Bitumen	−	−	?	−	−	?	−

Wie die obige Erfahrung zeigt, genügt es offensichtlich nicht, dass nur jeweils Zweierpaarungen durchgetestet und freigegeben werden, denn hierdurch wird die Transitproblematik, bei der Weichmacher über eine „Zwischenstation" wandert, nicht erfasst. Von der Industrie werden geeignete und spezialisierte migrationsarme Wettersilikone empfohlen und für den Fassadenbau vorgeschrieben. So genannte Billigsilikone, die für manche andere Anwendungen durchaus ihre Berechtigung haben, dürfen im anspruchsvollen Fassadenbau keinesfalls ungeprüft oder in Unkenntnis der Migrationsproblematik eingesetzt werden.

Tab. 5.2 Die Verträglichkeit von Dichtstoffen untereinander

neuer Dichtstoff / Vorhandener Dichtstoff	Silikon	Polyurethan	Silan modifiziertes Polymer	Acrylat-Dispersion
Silikon	+	–	–	–
Polyurethan	–	+	–	–
Silan mod. Polymer	–	+	+	–
Acrylatdispersion	–	–	?	+

+: möglich; —: nicht möglich; ?: Vorversuche/Rücksprache mit dem Hersteller. Bei den Silikonen und Silan mod. Produkten wird davon ausgegangen, dass keinerlei Abspaltungsprodukte mehr im alten Dichtstoff vorhanden sind

Derjenige, der in einem Gewerk potentiell migrationsgefährdete Baustoffe kombiniert, ist verantwortlich für die dauerhafte Funktion dieser Kombination, auch was die Verträglichkeit betrifft.

Auch die Verträglichkeit von nur zwei in Kontakt befindlichen Dichtstoffen auch in anderen Anwendungen als in der Fassade ist ein durchaus kritisches Thema, welches allgemein nur unbefriedigend gelöst ist. Im Sanierungsfall, bei dem alter Dichtstoff aus einer beliebigen Bewegungsfuge teilweise entfernt werden muss, um z. B. die schadhafte Versiegelung eines Fensters zu ergänzen und zu reparieren, sollte man die Frage stellen: „Was für ein Dichtstoff wurde verwendet und ist das Reparaturmaterial verträglich mit diesem?" Die Beantwortung setzt voraus, dass man überhaupt ermitteln kann, welcher Dichtstoff ursprünglich verwendet wurde, um einen dazu verträglichen aussuchen zu können. Die Verträglichkeit der Dichtstoffe untereinander ist in Tab. 5.2 verallgemeinernd dargestellt. Daraus ist zu erkennen, dass mit Ausnahme der PU- und MS-Polymer-Dichtstoffe (und ähnlicher Systeme) die einzelnen Dichtstoffe im Wesentlichen mit ihresgleichen verträglich sind. Die Praxis zeigt allerdings, dass sogar hier Ausnahmen bestehen: Es gibt Kombinationen, bei denen beispielsweise ein Silikon A mit einem Silikon B nicht verträglich ist und auch nicht auf letzterem haftet, weil die chemischen Zusammensetzungen/Härtungssysteme zu unterschiedlich sind. Gleiches gilt für einige MS-Polymer-Dichtstoffe. Die Kombination frisches MS-Produkt auf altem PU-Dichtstoff wird in den meisten Fällen problemlos sein. Anders sieht es umgekehrt aus: Auch in einem ausgehärteten MS-Dichtstoff können prinzipiell noch Reste des bei der Härtung freigesetzten Methanols vorhanden sein. Es kann möglicherweise unter Bildung eines weichen Schmierfilms mit einem frisch aufgebrachten PU-Dichtstoff reagieren und es kommt keine Haftung zustande.

Die Verträglichkeit der chemisch reaktiven Dichtstoffe mit *Hinterfüllstoffen* ist bei der Verwendung von geschlossenzellig geschäumtem, mechanisch unverletztem PE-

Hinterfüllprofil gegeben. Auch wenn ausnahmsweise offenzellige Polyurethanhinterfüllprofile verwendet werden, ist nicht mit Verträglichkeitsproblemen zu rechnen. Bei anderen Hinterfüllstoffen ist unbedingt darauf zu achten, dass sie nicht getränkt sind, z. B. mit Bitumen. Dies führt unweigerlich zur Unverträglichkeit mit den üblichen Dichtstoffen.

Eng mit der Migrationsthematik hängen Anstrichverträglichkeit und Überstreichbarkeit von Dichtstoffen zusammen. Der Begriff der Anstrichverträglichkeit wird in der Praxis immer wieder mit dem der Überstreichbarkeit/Überlackierbarkeit verwechselt. Nicht zuletzt liegt das daran, dass hier viele ähnlich klingende Begriffe wie anstrichverträglich, anstrichneutral, bedingt überstreichbar oder anstrichfreundlich kursieren, die meist nicht klar definiert sind.

5.3 Anstrichverträglichkeit

Beim Verarbeiten von Dichtstoffen sind immer wieder oberflächenbeschichtete Werkstoffe abzudichten. In den nachstehend aufgeführten Anwendungen ist es wahrscheinlich, dass Dichtstoffe mit bereits vorhandenen Beschichtungen (Anstrichen) in Kontakt kommen können:

- Glasversiegelung von Holzfenstern,
- Reparaturversiegelung an Holzfenstern,
- Anschlussverfugung von Fenstern und Türen zum Baukörper,
- Fassadenfugen bei Sanierung und Anbringen eines Vollwärmeschutzes,
- Abdichtung von Rissen im Putz,
- Fugen beim Bau mit Porenbeton,
- Fugen im Innenbereich.

Von der Anstrichverträglichkeit eines Dichtstoffs wird dann gesprochen, wenn ein *frisch* applizierter Dichtstoff auf einem lackierten oder lasierten Substrat oder angrenzenden Bauteilen keine negativen Wechselwirkungen zeigt.[3] Solche sind beispielsweise:

- Verfärbungen im Bereich der Haftflächen,
- Klebrigbleiben oder -werden,
- Haftungsverlust an beliebiger Stelle im Beschichtungsaufbau.

---

[3] Nach DIN 52460 wird in Ergänzung zu dem oben Gesagten auch von Anstrichverträglichkeit gesprochen, wenn ein abgedichtetes Bauteil nachträglich beschichtet wurde und der Dichtstoff bis 1 mm im Randbereich mit beschichtet wird.

Anstrichverträglicher Dichtstoff: Zur Abdichtung von mit Anstrichmittel beschichteten Bauteilen verwendbarer Dichtstoff, ohne Auftreten schädigender Wechselwirkungen zwischen dem Dichtstoff, dem Anstrich und angrenzenden Baustoffen. (DIN 52460)

Die Thematik der Anstrichverträglichkeit entstammt dem Holzfensterbau, wo bei der Nassverglasung auf die dort verwendeten offenporigen Holzlasuren auf Lösemittel- oder Dispersionsbasis oder sonstigen Beschichtungen entsprechende Einglasungsdichtstoffe aufgebracht werden. Nicht jeder mögliche Dichtstoff haftet auf lasiertem Holz oder bleibt frei von physikalisch-chemisch bedingten Veränderungen, die durch Einwandern von Lasurbestandteilen in den Dichtstoff und umgekehrt hervorgerufen werden. Idealerweise sollte für jede einzelne Lack-/Dichtstoffkombination die Anstrichverträglichkeit getestet und nachgewiesen werden, bevor sie verwendet werden darf.[4] Auch im Reparaturfall oder wenn andere lackierte, lasierte oder beschichtete Gegenstände abgedichtet werden müssen, ist von vorneherein darauf zu achten, dass der Dichtstoff auf der Beschichtung des Werkstücks haftet und sie weder im frischen oder ausgehärteten Zustand angreift. Die in den Dichtstoffen enthaltenen Weichmacher, Lösemittel und Additive können manche Lacke und Beschichtungen verfärben, anquellen, chemisch angreifen oder vom Untergrund lösen. Speziell Holzlasuren erwiesen sich hierbei als relativ kritisch. Auch bei lackiertem oder pulverbeschichtetem Metall ist, in Erweiterung des ursprünglichen Begriffsumfangs der Anstrichverträglichkeit, auf Haftung und Abwesenheit von schädlichen Wechselwirkungen, wie z. B. Verfärbungen in der Nähe des Dichtstoffs, zu achten. Von den vielen im Markt befindlichen Lacken und Beschichtungen müssen die verbreiteten Pulverbeschichtungen für Metalle gesondert erwähnt werden: Manche Dichtstoffe haften auf einzelnen Pulverlacktypen nicht gut. Vor einer Verwendung des Dichtstoffs muss daher jeder einzelne Pulverlack, dies gilt auch für unterschiedliche Farbeinstellungen desselben Herstellers, bezüglich seiner Tauglichkeit als Untergrund ausgetestet werden. Im Zweifelsfalle kann mit einem nachweislich geeigneten Kunststoffprimer die Haftung verbessert werden.

Bei der Abdichtung von Fassaden existiert ebenfalls das Thema Anstrichverträglichkeit, denn sehr oft muss auf vorhandene Anstriche abgedichtet werden. Letztere sind sehr unterschiedlich zusammengesetzt und durchaus nicht mit allen Dichtstoffen verträglich. In Tab. 5.3 sind einige Hinweise für die Bereiche Fenster und Fassade gegeben.

Fallbeispiel:

Im Rahmen einer Gebäudesanierung wurden die Fassade und die Fenster erneuert. Die Fassadenfarbe, eine nicht näher spezifizierte Dispersion, wurde auch, entsprechend der

---

[4] Nach dem BfS-Merkblatt Nr. 23 können allerdings die Ergebnisse der Prüfung gemäß DIN 52452, Teil 4, Prüfmethode A1 mit lösemittelhaltigen Alkydharzsystemen auf alle marktüblichen lösemittelhaltigen Beschichtungen übertragen werden.

Tab. 5.3 Anstrichverträglichkeit von Dichtstoffen mit vorhandener Beschichtung

Dichtstoff / vorhandene Beschichtung	Silikon			Poly-urethan	MS-Polymer	Acrylat-Dispersion	Löse-mittelh. Acrylat
	Acetat	Amin	Neutral				
Am Fenster							
Alkydharzlasur	+	+	+	+	+	+	+
Dispersionslasur	+	+	+	+	+	+	+
Alkydlack	+	?	+	–	–	+	+
Dispersionslack	+	+	+	+	?	+	+
An der Fassade							
Silikatfarbe	–	+	+	+	+	+	+
Silikatdispersion	–	+	+	+	+	+	+
Silikonemulsion	–	+	?	–	–	+	+
Harz	–	+	+	?	?	+	+
2K-Lack	–	+	+	–	+	+	+

+: möglich; –: nicht möglich; ?: Vorversuche/Rücksprache mit dem Hersteller

bisherigen erfolgreichen Praxis, im Bereich der noch abzudichtenden Fensteranschluss-fugen vor Einsatz des Dichtstoffs aufgebracht. Da es sich um Kunststofffenster handelte, wurden die vorschriftsmäßig groß dimensionierten, ca. 10 mm breiten Fugen mit einem elastischen Dichtstoff abgedichtet. Bereits nach einigen Monaten traten Fugenabrisse auf der Seite zum Baukörper auf. Es zeigte sich, dass der Grenzbereich erweicht und stark klebrig geworden war. Offensichtlich war hier eine unverträgliche Paarung Dichtstoff-Fassadenfarbe zustande gekommen. Der Dichtstoff musste zur Schadensbeseitigung her-ausgeschnitten werden und die bauseitige Fugenflanke vollständig von der erweichten Dispersion befreit werden, bevor neu abgedichtet werden konnte. Ein Nichtüberstreichen der Fugenflanken hätte alternativ zur vorherigen Prüfung der Verträglichkeit der Kontakt-stoffe die Reklamation ebenfalls verhindern können.

5.4 Überstreichbarkeit

Überstreichbarer Dichtstoff: Ein Dichtstoff gilt dann als überstreichbar, wenn er ganzflächig überdeckend mit einem oder mehreren Anstrichen beschichtet werden kann, ohne dass sich schädigende Wechselwirkungen ergeben.

Viele plastische und elastische Dichtstoffe können mit einer geeigneten Beschichtung überstrichen (überlackiert) werden, ohne dass die Beschichtung schon im nassen Zustand wieder abperlt. Es ist jedoch eine Reihe von Punkten zu beachten, damit die überstrichene Fuge samt Dichtstoff auch dauerhaft funktionsfähig bleibt.

Elastische Dichtstoffe in klassischen Dehnfugen sollten generell nicht vollständig überstrichen werden. Bei den seltenen Ausnahmen müssen diverse Bedingungen erfüllt sein.

> Elastische Dichtstoffe in Dehnfugen dürfen generell nicht vollständig überstrichen werden.

Elastische und plastische Dichtstoffe in Anschlussfugen können mit geeigneten, chemisch verträglichen Lacken und Beschichtungen (lösemittel- oder wasserbasierend) überlackiert werden. Dies führt nur dann zu guten Ergebnissen, wenn es sich um Fugen handelt, die sich allenfalls im niedrigen Prozentbereich (<5 %) bewegen, wie es beispielsweise im Metallbau der Fall ist, wo die Substrate oft mechanisch miteinander verbunden sind. Bei der Renovierung von Holzfenstern darf die Beschichtung maximal einen Millimeter auf den Glasfugendichtstoff übergreifen. Dadurch kann man vermeiden, dass die Beschichtung die freie Bewegung des Dichtstoffs stört.

Wenn ein Dichtstoff vollflächig überlackiert wird, kann man mehrere Fälle mit unterschiedlichen Konsequenzen unterscheiden:

- Das Beschichtungsmittel (Lasur, Dispersion, Lack) haftet *nicht* auf dem ausgehärteten Dichtstoff. Bei Fugenbewegungen – oder schon vorher, wenn die Benetzung unzureichend ist – blättert die Beschichtung ab und gibt den Blick auf den Dichtstoff frei, der oft andersfarbig als die Beschichtung ist: Die Optik der Fuge leidet, ihre Funktionsfähigkeit bleibt aber erhalten. Beispiele: Lösemittelhaltige Lacke auf Silikon-, Wasserlacke auf Polyurethandichtstoff.
- Die Beschichtung *haftet* auf dem ausgehärteten Dichtstoff. Ein normaler Lack, sei er ein- oder zweikomponentig, ist im gehärteten Zustand fast immer deutlich spröder als ein elastischer Dichtstoff. Bei Fugenbewegungen reißt der Lack. Die Kerbwirkung, die vom gerissenen Lack ausgeht, kann sich in das Innere des Dichtstoffs fortpflanzen und insbesondere bei einer Zugbeanspruchung die Risse im Dichtstoff wachsen lassen, bis sie im ungünstigsten Fall durch die gesamten Dichtstoff hindurch gehen und die Fuge undicht werden lassen (Abb. 5.3). Die üblichen 1K- und 2K-Epoxy- oder Polyurethanlacke haben Reißdehnungen von wenigen Prozent und können größeren Dichtstoffverformungen nicht folgen. Die Lackindustrie stellt allenfalls einige wenige Spezialformulierungen zur Verfügung, deren Dauerdehnfähigkeit nachweislich der des zu lackierenden Dichtstoffs entspricht. Sie ergeben zusammen mit dem Dichtstoff ein System, welches dann als vollständig überlackierbar bezeichnet werden kann. Werden Dispersionsdichtstoffe mit Dispersionsfarben überschichtet, ergeben sich bei weißen Produkten wenige Probleme: Eventuell auftretende Risse sind häufig kaum sichtbar. Da auch Dispersionsbeschichtungen gewisse plastische Anteile enthalten, können sie einer nicht zu großen Bewegung des darunterliegenden Dichtstoffs folgen.

Abb. 5.3 Schematische Darstellung der Kombination weicher Dichtstoff/spröde Beschichtung

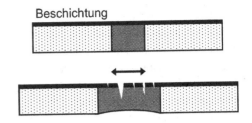

- Die Beschichtung ist mit dem ausgehärteten Dichtstoff chemisch nicht verträglich, d. h. Beschichtung und Dichtstoff beeinflussen sich gegenseitig negativ. Durch Hin- und Herwandern von Substanzen zwischen Dichtstoff und der frisch aufgetragenen Beschichtung können Aushärteverzögerungen dieser verursacht werden oder die Aushärtung kann vollständig versagen. Beides äußert sich durch Klebrigbleiben der Beschichtung von Anfang an. Auch zunächst ordnungsgemäß ausgehärtete Beschichtungen können im Verlauf der Zeit wieder erweichen, klebrig werden und verschmutzen, wenn z. B. Weichmacher aus dem Dichtstoff in die Beschichtung einwandert.

Gut mit lösemittelhaltigen Lacken überlackierbare, reaktive Dichtstoffe sind Polysulfide und manche Polyurethane. Formulierungsabhängig gilt dies auch für Silan modifizierte Polymer-Systeme. Butyl- und Kautschuk-basierende Dichtstoffe sind ebenfalls gut mit lösemittelhaltigen Systemen überlackierbar. Mit Dispersionen überlackierbar sind Acrylatdispersionsdichtstoffe und auch die Silan modifizierten Produkte. Silikone, auch Silikondispersionen, sind nicht überlackierbar. Sie werden praktisch nicht benetzt und der Lack perlt ab.

In Fassaden ergeben sich wohl am öftesten die Fragen die Fragen von Verträglichkeit und Überstreichbarkeit – nicht zuletzt, weil hier auch unterschiedliche Gewerke aufeinander stoßen können: die Verfuger und die Maler. Hier ist zu unterscheiden, ob die Fassade zuerst gestrichen und dann verfugt wird oder umgekehrt. Im erstgenannten Fall muss man zwei Möglichkeiten unterscheiden, nämlich, ob die Fugenflanken freigelassen wurden oder mitgestrichen wurden. Auch im Falle der freigelassenen Fugenflanken sollte eine Verträglichkeit zwischen Dichtstoff und Farbe gegeben sein. Im anderen, kritischeren, Fall unterliegt der Aufbau Fassade-Beschichtung-Dichtstoff noch Zugkräften, die über die Beschichtung in das Substrat eingeleitet werden müssen. Dieser Aufbau sollte vermieden werden. Wird eine Fassade erst nach der Verfugung gestrichen, sollte die Dichtstoffoberfläche idealerweise freigelassen werden oder sie kann bei maximaler Überlappung an den Rändern von 1–2 mm teilweise überstrichen werden. Im letztgenannten Fall gelten dann die Anforderungen der vollständigen Verträglichkeit zwischen Dichtstoff und Beschichtung. Es besteht also erheblicher Abstimmungsbedarf zwischen Planer, Bauaufsicht, Verfuger und Maler und den Herstellern der einzelnen Produkte, um dauerhaft dichte, ansprechende Fugen zu erhalten.

Bei der Prüfung der Überstreichbarkeit weisen folgende Effekte auf ein mögliches Verträglichkeitsproblem hin:

- Verlaufsstörungen, keine oder nur teilweise Benetzung,
- Erweichen des Dichtstoffs,
- Erweichen eines anderen Kontaktstoffs,
- Klebrigwerden von Oberflächen,
- Auswanderung von Substanzen, Bildung von Rändern,
- Versprödung des Dichtstoffs,
- Verfärbungen,
- Ablösungen.

5.5 Bestimmung von Migration und Verträglichkeit

Die Bestimmung der Migration und Aussagen zur Verträglichkeit sind Sache des Dicht-stoffherstellers. Wo es immer möglich ist, wird dieser eine generelle Aussage treffen, die idealerweise durch Einzelprüfungen der tatsächlich auf einer Baustelle verwendeten Baustoffe ergänzt wird. Wird ein Dichtstoff beispielsweise als Natursteinsilikon ausge-lobt, kann davon ausgegangen werden, dass er in Kontakt mit allen bauüblichen Natur-steinen keine Fettränder bildet. Im Zweifelsfalle sollte der Ausführende eher zu oft als zu selten die tatsächlich geplanten bzw. eingesetzten Materialpaarungen mit dem Dicht-stoffhersteller absprechen und sich die Eignung schriftlich bestätigen lassen. Wenn dies sehr frühzeitig vor Baubeginn geschieht, kann der Dichtstoffhersteller die entsprechen-den Zeitraffertests anlegen, bevor die Abdichtung vorgenommen wird und das bestge-eignete Produkt empfehlen. Die Verantwortung, wie schon erwähnt, trägt allerdings der-jenige, der die fraglichen Materialien in Kontakt bringt. Schnelltests auf der Baustelle können bei Kontaktierung des Dichtstoffs mit dem zu prüfenden Untergrund allenfalls grobe Unverträglichkeiten indizieren, erkennbar an Klebrigbleiben oder -werden bzw. Verfärbungen. Wenn schon ein Schnelltest negative Ergebnisse zeigt, ist höchste Vorsicht geboten.

In DIN 52452, Teil 4 sind genaue Laborprüfmethoden festgelegt: Die Prüfmethode A1 beschreibt die Anstrichverträglichkeit zwischen vorhandenem Farbsystem und frisch aufgetragenem Dichtstoff, die Prüfmethode A2 die Verträglichkeit zwischen ausgehär-tetem Dichtstoff und nachträglich aufgetragenem Farbsystem im angrenzenden Bereich und A3 schließlich die Beurteilung einer Beschichtung direkt auf der Dichtstoffober-fläche (Überstreichbarkeit). Dementsprechend unterschiedlich kann dann die Bezeich-nung der Dichtstoffe sein. Nur wenn alle Prüfbedingungen der Beanspruchungsgruppen A1 und A2 erfüllt sind, darf der Dichtstoff die Bezeichnung tragen: „anstrichverträglich mit … " unter genauer Handelsbezeichnung der Beschichtung tragen. Wird nur A1 aber nicht A2 erfüllt, muss dies angegeben werden. Ähnliches gilt für die Überstreichbarkeit nach A3: Nur wenn keine negativen Wechselwirkungen wie Verlaufsstörung, Rissbil-dung, Klebrigwerden, Erweichung, Ablösung, Verfärbung zwischen Beschichtung und elastischem Dichtstoff auftreten, darf von Überstreichbarkeit nach A3 gesprochen wer-den – eine sehr anspruchsvolle Anforderung. Zur Verdeutlichung dieses Sachverhalts

Abb. 5.4 Schematische Darstellung der in DIN 52452,
Teil 4, beschriebenen Kombinationen

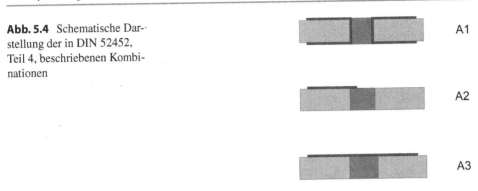

siehe Abb. 5.4. Manchmal wird auf den Gebinden oder im Technischen Datenblatt angegeben, welche Prüfmethode der Dichtstoff bestanden hat.

Prüfmethode A1, Dichtstoff auf Anstrich: Verträglichkeit zwischen vorhandenem
Farbsystem und nachfolgend aufgetragenem Dichtstoff,

Prüfmethode A2, Dichtstoff neben Anstrich: Verträglichkeit zwischen vorhandenem, ausgehärteten Dichtstoff und nachfolgend aufgetragener Beschichtung im
angrenzenden Bereich,

Prüfmethode A3, Anstrich vollflächig auf Dichtstoff: Verträglichkeit zwischen vorhandenem, ausgehärteten Dichtstoff und nachfolgend aufgetragener Beschichtung.

5.6 Spannungsrisskorrosion in Kunststoffen

Werden manche, unter *mechanischer* Spannung stehende Kunststoffe mit Dichtstoffen
kontaktiert, die im ungehärteten oder gehärteten Zustand flüssige Bestandteile enthalten,
können sich Spannungsrisse im abzudichtenden Werkstoff ausbilden. Diese können zu
einem spröden Versagen des abgedichteten Bauteils führen. Die „eingefrorenen" Spannungen des Kunststoffs stammen häufig bereits aus dem Design oder der Herstellung des
Bauteils, z. B. einer Lichtkuppel (Abb. 5.5), oder von nachträglichen Zwängungen und
Bohrlöchern. Durch Kontakt mit einem flüssigen Medium, das in den Kunststoff eindringen kann, lösen sich diese Spannungen und es kommt zur Ausbildung von Rissen
(Abb. 5.6) oder zum Sprödbruch. Ein flüssiges Medium, das im Dichtstoff (oder einem Pri-
mer/Voranstrich) enthalten ist, kann neben einem Lösemittel auch ein Weichmacher oder
interner Haftvermittler sein. Damit können die meisten Dichtstoffe als Quelle für span-
nungsrissfördernde Flüssigkeiten angesehen werden. Für Spannungsrissbildung anfällige
Kunststoffe sind vorwiegend Polystyrol, Acrylglas oder Polycarbonat. Beim Abdichten

Abb. 5.5 Lichtkuppel. (Fotos:
Henkel AG u. Co. KGaA)

Abb. 5.6 Spannungsrisse
in Acrylglas hervorgerufen
durch einen lösemittelhaltigen
Dichtstoff

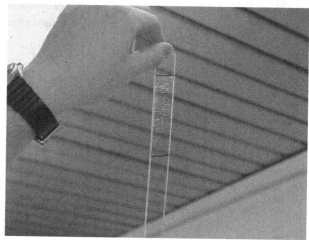

dieser Kunststoffe sollte auf jeden Fall auf lösemittelhaltige Produkte verzichtet werden,
um das Risiko für Spannungsrissbildung zumindest zu senken.

Obwohl Spannungsrisskorrosion gelegentlich für unangenehme „Überraschungen"
sorgt, ist sie ein wohlbekanntes Phänomen: In der DIN EN ISO 22088 werden immerhin
fünf Methoden zur Bestimmung der Spannungsrissanfälligkeit von Kunststoffen beschrieben.

Weiterführende Literatur

Anon., Unwissenheit verursacht Schäden, Glaswelt 10(2002)170

DIN 18540, Abdichten von Außenwandfugen im Hochbau mit Fugendichtstoffen (2014)

DIN 18545, Abdichten von Verglasungen mit Dichtstoffen (1992–2008)

DIN 52452, Teil 4, Prüfung von Dichtstoffen für das Bauwesen; Verträglichkeit der Dichtstoffe;
    Verträglichkeit mit Beschichtungssystemen (2008)

Fugendichtstoffe auf Dispersionsbasis für Porenbetonbauteile, Bundesverband für Porenbetonindustrie e. V., Wiesbaden (1991)

Merkblatt Nr. 12, Die Überstreichbarkeit von bewegungsausgleichenden Dichtstoffen im Hochbau, Industrieverband Dichtstoffe e. V. (2014)

Merkblatt Nr. 18, Beschichtungen auf Holz und Holzwerkstoffen im Außenbereich, Bundesausschuss Farbe und Sachwertschutz e. V. (2006)

Merkblatt Nr. 23, Technische Richtlinien für das Abdichten von Fugen im Hochbau und von Verglasungen, Bundesausschuss Farbe und Sachwertschutz e. V. (2005)

Oberacker, R., Die Verträglichkeit von Dichtstoffen, GFF – Zeitschrift für Glas, Fenster Fassade 11(2002)

Dichtstoffe

6

In diesem Kapitel werden die einzelnen Dichtstoffe im Detail vorgestellt. Alle Unterkapitel sind im Wesentlichen gleichartig aufgebaut um die Orientierung zu erleichtern. Viele Beispiele sollen dem Leser Anregungen geben, wo die einzelnen Dichtstoffe am vorteilhaftesten eingesetzt werden können.

Elastische Baudichtstoffe für Anwendungen in Hochbaudehnfugen werden, um der Forderung nach geringer Dehnspannung und damit geringer Zugbelastung des Substrats gerecht zu werden, möglichst weich eingestellt, aber natürlich auch nicht so weich, dass die Kohäsion und mechanische Festigkeit darunter leiden. Nach DIN 18540 darf der Dehnspannungswert bei 100 % Dehnung und 23 °C 0,4 MPa nicht überschreiten. Um die Versprödung des Dichtstoffs bei tiefen Temperaturen zu begrenzen und somit die Fugenflanken vor übermäßiger Zugbelastung zu schützen, muss die Dehnspannung bei −20 °C kleiner als 0,6 MPa sein. Dichtstoffe für Anwendungen wie Glasfuge, Anschlussfuge etc. gehorchen anderen Anforderungen und Normen.

Für praktisch vollständig *plastische* Baudichtstoffe gibt es keine dementsprechenden Normen.

Fugenbänder, die nach DIN EN 6927 ebenfalls zu den Dichtstoffen gehören (s. Abb. 2.1), und solche, die nicht unter diese Norm fallen, werden in Kap. 7 beschrieben.

6.1 Silikondichtstoffe

Die Silikonchemie wurde in den Vierzigerjahren des letzten Jahrhunderts durch Rochow in den USA entwickelt. Rund zehn Jahre später entstanden die ersten raumtemperaturvernetzenden, einkomponentigen Silikone, die danach ihren Siegeszug um die ganze Welt antraten. Heutzutage kann man manchmal den Eindruck bekommen, „Silikon" wird als Synonym für reaktive Dichtstoffe gebraucht – ein Irrtum, der schon viele Kosten verursacht hat. Die nachstehenden Ausführungen dienen dazu, Hinweise für den gezielten Einsatz der Silikone zu geben.

© Springer Fachmedien Wiesbaden 2016
M. Pröbster, *Baudichtstoffe*, DOI 10.1007/978-3-658-09984-8_6

Alle weiter unten aufgeführten Silikone haben eine Gemeinsamkeit: das äußerst stabile Polymerrückgrat, welches in seinen Eigenschaften zwischen der anorganischen und organischen Chemie anzusiedeln ist.

> *Reinsilikone* enthalten neben dem Silikonpolymer und Silikonweichmacher keine weiteren flüssigen Zusätze in nennenswerten Mengen. *Extendierte Silikone* beinhalten daneben noch Mineralöl oder Polybuten als Streckmittel.

6.1.1   Einteilung

Die einkomponentigen Silikondichtstoffe werden am besten nach der Chemie des ihnen zugrunde liegenden Härtungssystems (Abb. 6.1) eingeteilt. Während des Aushärtevorgangs, der durch den Zutritt von Luftfeuchtigkeit gestartet wird, werden bei allen einkomponentigen Silikonen kleine, oft sehr charakteristisch riechende Moleküle abgespalten, die in vielen Fällen namensgebend sind.[1]

6.1.1.1   Acetatsysteme

Sie sind die bekanntesten Vertreter eines RTV-1[3] Silikondichtstoffs. Während der Aushärtung wird Essigsäure mit ihrem typischen Geruch abgespalten. Bei objektbezogenen Sanitärabdichtungen ist dieser ein wichtiger Indikator für den Grad der Durchhärtung und

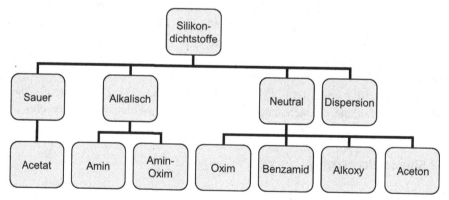

Abb. 6.1 Einteilung der Silikondichtstoffe[2]

---

[1] Ausnahme: Dispersionen.

[2] Die Aceton abspaltenden Neutralsilikone werden derzeit vorwiegend in Elektronikanwendungen eingesetzt.

[3] RTV-1: Raumtemperaturvernetzend, einkomponentig. Zweikomponentige, raumtemperaturvernetzende Silikone werden dementsprechend als RTV-2 bezeichnet.

Tab. 6.1 Richtangaben für die Haftung der wichtigsten Silikondichtstoffe

Substrat	Acetat	Amin	Oxim	Alkoxy	Benzamid
Glas	+	+	+	+	+
Emaille	+	+		+	+
Keramik	+	+	+	+	+
Einbrennlacke*	+		+, P		
Alkydlacke*	+	−	+	+	
Kunstharzlacke*	+	+	+		
Elox. Aluminium	+	+	+	+	+
Blankes Aluminium	−	+	+	+	+
Beton	−	+	+, P		
Alkal. Mauerwerk	−	+	P	P	P
PVC (hart)	P	+	P	+	
Stahl	−	+		+	
Acrylglas, Polycarbonat		+	*	+	
Edelstahl (V2A)		+	+	+	
Kunststoffe*	−, *	−, *	+, *	+, *	+, P, *
Blei, Kupfer, Messing		+	+	+	
Zinkblech	−	+	+		

Legende: + Haftung, − keine Haftung oder Unverträglichkeit, P Primer, * Vorversuche.

Belastbarkeit des Dichtstoffs in der Fuge. Solange ein starker Geruch nach Essigsäure wahrzunehmen ist, darf eine Duschtasse oder Badewanne nicht betreten oder benützt werden, weil der Dichtstoff noch nicht durchreagiert ist. Wird er in diesem Zustand belastet, könnte sich sonst seine Form in der Fuge irreversibel verändern. Die entstehende Essigsäure hat neben ihrer positiven Indikatorwirkung noch eine negative: Sie reagiert, wenn sie mit Buntmetallen in Kontakt kommt, zu Grünspan, einer Form von Korrosion.

Die Acetatsysteme zeigen ein breites Haftungsspektrum, insbesondere auf silikatischen Untergründen wie Glas, Keramik, Porzellan, Fliesen, Steinzeug oder Emaille. Zu diesen baut der Dichtstoff wegen seiner nahen chemischen Verwandtschaft sehr stabile Bindungen auf, die in ausgezeichneter Haftung resultieren, die auch über die Zeit nicht nachlässt. Auch andere Substrate, die entsprechende chemisch „passende" Strukturen an ihren Oberflächen zeigen, so zum Beispiel eloxiertes Aluminium, lassen sich dauerhaft mit Acetatsystemen abdichten, denn Ersteres trägt eine künstliche, fest haftende, Oxid-/Hydroxid-Schicht, an die das Silikon chemisch „andocken" kann. In Tab. 6.1 ist für alle Silikondichtstoffe eine Auswahl an typischen Haftuntergründen angegeben. Diese Tabelle kann damit zur Vorauswahl dienen; sicherheitshalber sollten, wie bei anderen Dichtstofftypen auch, Vorversuche durchgeführt werden, um die jeweilige spezielle Paarung Dichtstoff-Substrat abzuprüfen.

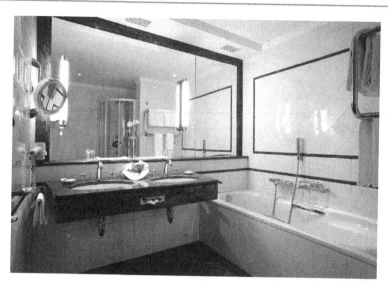

Abb. 6.2 Die Domäne der Silikonanwendungen ist die Sanitärfuge. (Foto: Kulmhotel, St. Moritz)

Acetatsysteme sind chemisch unverträglich mit alkalischen Untergründen wie Beton, Mauerwerk, hydraulisch abbindendem Putz sowie mit Buntmetallen, Blei und Eisen.

Die Anwendungen der Acetatsysteme sind äußerst vielfältig: Abdichtungen zur Glasversiegelung im Fenster, zwischen Glas und dem Aluminium des Rahmens bei entsprechenden Metallfenstern, im Fassadenbau. Wie die Erfahrung hier und auch bei allen denkbaren Sanitärverwendungen zeigt, überstehen Silikone auch über Jahrzehnte die jeweiligen Belastungen. Im Sanitärbereich (Wandfugen, Anschlussfugen zwischen Waschbecken, Bidets, Toiletten, Duschtassen und Badewannen zur Wand, s. Abb. 6.2) kommen neben den eingefärbten Typen auch die transparenten[4] Einstellungen zu Anwendung. Bei Duschabtrennungen aus naturfarben eloxiertem Aluminium soll man bei Verwendung transparenter Produkte auf den ersten Blick nicht erkennen, dass abgedichtet wurde. Die Abdichtung von Bodenfliesen in privaten und öffentlichen Räumen (innen und außen) sowie Nassbereichen wird in der Regel mit Acetatsilikonen durchgeführt. Es wurde geschätzt, dass von den rund 1 Mrd. jährlich produzierten Silikonkartuschen ca. die Hälfte Acetatsysteme sind. Der größte Anteil dieser dürfte in Sanitäranwendungen gehen. Beispielsweise benötigt man für ein Badezimmer von $10\,\mathrm{m}^2$ ungefähr fünf Kartuschen.

---

[4] Richtigerweise müsste es „transluzent" heißen, denn durchscheinendes Licht wird *gestreut*; landläufig wird aber „transparent" verwendet.

Fungizid eingestellte Acetat-Sanitärsilikone dürfen nicht zum Bau und zur Reparatur von Aquarien verwendet werden. Die enthaltenen Fungizide schaden den Fischen und Pflanzen.

6.1.1.2 Aminsysteme

Die zu den ältesten bekannten Silikontypen zählenden Aminsysteme werden heute nur mehr selten produziert. Sie wurden in ihrer Blütezeit als ideale Systeme für die Abdichtung von alkalischen Substraten, wie sie im Bauwesen vorkommen, gesehen und zeichnen sich durch eine sehr hohe physikalisch-chemische Stabilität aus. Unter Zuhilfenahme von Primern lassen sich damit alle mineralischen Untergründe wie Ziegel, Beton, Mörtel, Gipskarton oder keramische Produkte abdichten. Der Einsatzschwerpunkt der Aminsysteme hat sich mittlerweile zu speziellen, hoch belasteten industriellen Anwendungen hin verschoben. Der einerseits vielfach als störend empfundene fischähnliche Amingeruch, der beim Aushärten auftritt, ist andererseits auch ein guter Indikator für die vollständige Durchhärtung des Dichtstoffs in einer Fuge: Ist der Geruch vollständig verschwunden, kann die Fuge belastet werden. Auch im Lebensmittelbereich (Theken, Kühlhäuser) können Aminsysteme verwendet werden. Aminsysteme härten auch bei niedrigen Temperaturen noch vergleichsweise zügig durch. Bei Raumtemperatur können auch Fugentiefen bis 5 cm noch in ausreichender Zeit durchhärten, weil die alkalischen Spaltprodukte autokatalytisch wirken. Auch auf empfindlichen Untergründen wie Zinkstahl, Kupfer, Messing, Chrom lassen sich die Aminsysteme einsetzen, ohne zu einer Korrosion des Untergrunds zu führen.

Neben den Reinaminsystemen existieren auch noch vereinzelt amin-oxim-härtende Silikone, die ähnliche Eigenschaften wie die Reinamine zeigen und die wie die ersteren auch auf alkalischen Untergründen eingesetzt werden können, ohne zu Salzausblühungen oder Haftungsproblemen zu führen.

Bei der Härtung von Aminsystemen finden autokatalytische Vorgänge statt. Daher härten diese auch in Schichtdicken von deutlich über 10 mm noch zügig durch. Eine (langsame) Weiterhärtung ist sogar unterhalb der Mindestverarbeitungstemperatur von 5 °C gegeben.

6.1.1.3 Neutralsysteme

Obwohl die beiden oben genannten Silikonsysteme in ihrer Stabilität unübertroffen sind, muss die Abspaltung stark riechender und chemisch aktiver Moleküle für verschiedene Anwendungen als Nachteil gesehen werden. Dies führte zur Entwicklung der Neutralsysteme, deren Haftungseigenschaften im Vergleich zu den anderen Systemen bereits in Tab. 6.1 wiedergegeben sind. Zusammen mit den Acetatsystemen machen sie heute das

Gros der zur Anwendung kommenden 1K-Silikone aus. Man unterscheidet drei wesentliche Neutralsilikone:

- Oxim,
- Benzamid,
- Alkoxy.

Das *Oximsystem* ist das bekannteste Neutralsystem. Es entwickelt in seiner klassischen Variante beim Aushärten einen typischen Geruch durch das abgespaltene Methylethylketoxim (MEKO). Wegen ihrer chemisch relativ inerten Abspaltprodukte können Oximsilikone auch auf empfindlichen Untergründen eingesetzt werden und zählen damit zu den Universaltypen. Oximsilikone sind in den letzten Jahren wegen der Abspaltung von MEKO und dessen vermuteter Reproduktionstoxizität in die Diskussion geraten. Oximsilikone müssen teilweise auf der Verpackung mit dem X_n-Symbol gekennzeichnet werden und die eingesetzten Oximvernetzer müssen im Sicherheitsdatenblatt angegeben werden. Bei Systemen, die neben MEKO auch MIBKO abspalten, kann durch entsprechende Formulierung der MEKO-Gehalt soweit gesenkt werden, dass die Kennzeichnungspflicht entfällt. Die Anwender sollten trotzdem, wie bei anderen chemischen Produkten auch, die Sicherheitsratschläge der Hersteller strikt befolgen und insbesondere für gute Frischluftzufuhr beim Verarbeiten der Dichtstoffe und deren Aushärtung sorgen.

Im Hochbau werden Oximsilikone zum Abdichten von Fenstern, bei der Einglasung und auch für Fassadensysteme verwendet. Vielfach werden Oximsilikone als Allrounddichtstoffe angesehen, nicht zuletzt wegen ihres breiten Haftungsspektrums, vor allem auf verschiedenen bautypischen Kunststoffen, z. B. PVC. Spezielle Einstellungen können für die Natursteinversiegelung verwendet werden, andere sind hochtemperaturbeständig bis 250 °C und finden Anwendung im Umfeld von Ofen- und Heizungsbau.

Das *Benzamidsystem* ist neben dem Oximsystem eines der älteren, heutzutage aber seltener eingesetzten Vernetzungssysteme für RTV-1 Silikone. Auch dieses verhält sich neutral gegenüber vielen Untergründen und wird beispielsweise im Fensterbau oder in speziellen Formulierungen als Brandschutzsilikon eingesetzt. Benzamidsysteme können gelegentlich stärker abriebempfindlich sein als andere Silikone. Dies kann beim Putzen von Fenstern, die damit eingeglast wurden, zu Schlierenbildung führen. Bei Anwendung von wassersparenden Putzverfahren und Abziehen des frisch geputzten Fensters mit einem Gummiwischer treten normalerweise jedoch keine Probleme auf.

Alkoxysysteme erfreuen sich zunehmender Verbreitung. Schon längst sind die früheren Probleme der Hersteller, lange Lagerzeit in der Kartusche mit konstant über die Zeit bleibender Durchhärtung zu verbinden, gelöst: Auch Alkoxysysteme, die 12 Monate lagerstabil sind, zeigen am Ende der Lagerzeit keinen übermäßigen Abfall in der Durchhärtegeschwindigkeit. Sie härten pro Tag ca. 2–4 mm und sind gut lagerstabil. Das bei der Vernetzung entstehende Methanol oder Ethanol ist chemisch praktisch inert. Bei ausreichender Belüftung während der Verarbeitung und Aushärtung ist auch kaum mit toxikologischen Einwänden zu rechnen. Die Verwendbarkeit der Alkoxysysteme entspricht

Tab. 6.2 Allgemeine Eigenschaften von Reinsilikon-Dichtstoffen

Stärken	Schwächen
Witterungsstabilität	Weiterreißfestigkeit
Hohe Flexibilität auch bei tiefen Temperaturen	Nicht überlackierbar
Hitzebeständigkeit bei Dauertemperaturen von 120–250 °C	Hohe Wasserdampf- und Gasdiffusion
UV-Beständigkeit	Starke Quellung in manchen organischen Flüssigkeiten
Oxidationsbeständigkeit	Schrumpf (bei extenderten Silikonen)
Haftungseigenschaften	Durchhärtung in tiefen Schichten langsam (außer Aminsysteme)
Elektrische Isolationswirkung	Unbeständig gegen Alkalien
Geringe Moduländerung ($\leq 25\,\%$ als f(T) zwischen -40 und $+80$ °C)	Abrasionsempfindlich (besonders Benzamidsysteme)
Geringer Schrumpf beim Aushärten ($< 5\,\%$)	Schmutzaufnahme (bei extenderten Silikonen)
Hohes Rückstellvermögen	Randzonenverschmutzung bei Naturstein/porösen Substraten (außer spezielle Formulierungen)
	Geruch beim Aushärten mancher Systeme

teilweise der der Oximsilikone; daher kann man sie ebenfalls als Allround-Dichtstoffe bezeichnen. Entsprechende Formulierungen können zur Abdichtung von Mauerwerk, Beton, Fliesen und in Spezialeinstellung zur Abdichtung von Natursteinen verwendet werden. Kunststoffe wie Polycarbonat, Polyacrylat und PVC lassen sich ebenfalls damit abdichten.

6.1.2 Eigenschaften

Für Reinsilikone kann man – unabhängig vom Härtungssystem – von einem gemeinsamen Eigenschaftsprofil ausgehen, wie es in Tab. 6.2 dargestellt ist. Für alle Silikone (und im Übrigen für andere Dichtstoffe auch) gilt: Die jeweilige Formulierung beeinflusst in hohem Maße das Eigenschaftsspektrum. So optimiert beispielsweise der Hersteller eines „Küchensilikons" u. a. die Haftung für küchentypische Untergründe, während durchaus ein Silikon derselben Chemie eines anderen Herstellers hier Schwächen aufweisen kann, dafür jedoch in anderen Bereichen seine Stärken hat.

Gute Silikone sind sehr elastisch. Die *Rückstellung* eines (Silikon-)Dichtstoffs beschreibt seine Fähigkeit, sich nach einer Dehn- oder Stauchbelastung wieder die Ausgangsform zu erlangen und ist ein Maß für die Elastizität. Hochwertige Silikondichtstoffe zeigen Rückstellungen von über 90 %. Wenn ihre angegebene Dauerverformbarkeit (ZGV), von z. B. 25 % nicht überschritten wird, können diese Dichtstoffe in der Praxis über viele Jahre den Bewegungen der Fugenflanken folgen, ohne Schaden zu nehmen,

Tab. 6.3 Mechanische Eigenschaften einiger typischer Silikondichtstoffe

Eigenschaft	Acetat	Amin	Oxim	Alkoxy	Benzamid
Zugfestigkeit nach DIN 53504, MPa	0,6	1,2	1,9	1,5	0,4
Reißdehnung nach DIN 53504, %	400	250	550	500	300
100 % Modul nach DIN EN ISO 8339, MPa	0,35	0,5	0,4	0,4	0,3
Shore A Härte nach DIN 53505	17	22	22	22	40
Hautbildezeit bei 23 °C, 50 % r. Lf., min.	30	10	10	8	40–50
Durchhärtegeschwindigkeit bei 23 °C, 50 % r. Lf., mm/d	Bis 5	2	2	Bis 4	1
Rückstellvermögen nach DIN EN ISO 7389, %	90	90	90	80	60
Volumenänderung nach DIN nach DIN 52451-1, %	−5	−5	−6	−6	0 bis −4

sofern auch die übrigen Parameter wie Fugenvorbereitung und Verarbeitung stimmen. Silikone zählen zu den langlebigsten Dichtstoffen, die man im Bauwesen kennt. Die mechanischen Eigenschaften einiger Silikone sind in Tab. 6.3 dargestellt.

Die *Temperaturbeständigkeit* der Reinsilikone beträgt von vorneherein von 120 bis 180 °C, wobei die verschiedenen Härtungssysteme einen Einfluss auf diesen Wert haben. Insbesondere mit Acetatsilikonen – aber auch anderen – lassen sich unter Zugabe von Eisenoxid als Füllstoff Produkte formulieren, die für 250 °C Dauertemperatur ausgelegt sind. Kurzzeitig können manche dieser Dichtstoffe auch Temperaturen bis 300 °C ausgesetzt werden, ohne dass sie sich signifikant zersetzen. Der E-Modul der Silikone zeigt im bautypischen Temperaturbereich von −40–80 °C nur vergleichsweise geringe Unterschiede, d. h. kaum einen Anstieg bei tiefen und nur eine geringe Absenkung bei hohen Temperaturen.

Silikone haben zudem eine sehr hohe *UV-Beständigkeit*. Da sie im Polymerrückgrat keine durch UV-Strahlung anregbaren Bausteine enthalten, können sie durch diese auch nicht geschädigt werden. In extendierten Silikonen können jedoch zugesetzte Weichmacher und Extender die UV-Beständigkeit heruntersetzen und z. B. zur Vergilbung bei Langzeitbewitterung führen. Bei eingefärbten Produkten spielt auch die Lichtstabilität der verwendeten Farbpigmente eine Rolle. Leichte Farbveränderungen im Laufe von vielen Jahren werden den Dichtstoff in seiner Gesamtfunktion nicht beeinträchtigen.

Die *chemische Beständigkeit* der Silikone gegen Wasser, wässerige Salzlösungen und verdünnte Säuren und Basen ist in der Regel gegeben. Auch gegenüber saurem Regen sind sie stabil. Schwefeldioxid und Stickoxide, wie sie in belasteter Luft vorkommen, führen ebenfalls zu keinen nachhaltigen Schäden. Gegenüber organischen Lösemitteln wie Estern, Ketonen, aliphatischen oder aromatischen Kohlenwasserstoffen und den kaum mehr verwendeten chlorierten Lösemitteln sind Silikone nur kurzzeitig formbeständig. Bei längerer Einwirkung (und höheren Temperaturen) werden die Dichtstoffe stark angequollen, ohne jedoch chemisch angegriffen zu werden. Diese Quellung ist reversibel und verschwindet beim Austrocknen der Dichtstoffe wieder. Die mit der Quellung verbundene Volumenerhöhung kann jedoch zu Spannungen an den Haftflächen führen und den Dichtstoff teilweise vom Untergrund ablösen, und so die Fuge möglicherweise undicht machen.

Die *Haftung* fast aller Silikone auf silikatischen Untergründen ist unübertroffen, was von der chemischen Ähnlichkeit der Silikone mit den Silikaten herrührt. So bilden sich zwischen Keramik, Glas oder Emaille und dem Silikon die sehr stabilen Siloxanbindungen aus, die allenfalls unter heißfeuchten Bedingungen etwas leiden. In den Beschreibungen der einzelnen Härtungssysteme wurde auf die jeweiligen Besonderheiten bereits hingewiesen.

Die *Migrationsneigung* der meist verwendeten Siloxanweichmacher und Extender ist ein unübersehbares Problem vieler Standardsilikone, wenn sie auf saugfähige Untergründe wie Natursteine aufgebracht werden. Es zeigt sich eine unschöne Randzonenverschmutzung („Fettränder") oft bei unfachmännisch abgedichteten Fugen an Natursteinfassaden, z. B. bei Granit, Marmor oder Travertin oder bei Marmor- bzw. Granitböden, Waschbeckeneinfassungen. Der in das Substrat ausgetretene Weichmacher akkumuliert Staub und wird als dunkler Streifen im fugennahen Baustoff sichtbar (s. Kap. 5). Die hier unbedingt zu verwendenden Natursteinsilikone enthalten wenig bzw. keine migrationsfähigen Bestandteile. Sie sind zwar teurer, ersparen jedoch zukünftige, äußerst aufwendige Renovierarbeiten. Da die Natursteinsilikone mit wesentlich weniger wanderungsfähigen „Ölen" formuliert werden müssen als klassische Silikone, muss man bei der Verarbeitung mit höherer Viskositäten, d. h. niedrigeren Ausspritzraten und stärkerem Fadenzug rechnen. Auch die Glätt- und Modellierbarkeit können in Mitleidenschaft gezogen werden. Zudem muss man sich auf eine geringere Abriebfestigkeit und höhere Schmutzaufnahme einstellen. Der Oberflächenglanz kann sich zudem vom Standard unterscheiden.

6.1.3 Anwendung

Mit Silikonen kann man, entgegen der manchmal geäußerten Meinung, *nicht* alle Abdichtprobleme lösen. Typische, praxisbewährte baurelevante Verwendungsmöglichkeiten für die einzelnen Silikondichtstofftypen sind in Tab 6.4 ohne Anspruch auf Vollständigkeit angegeben.

Die Hersteller der Silikone vergeben teilweise sprechende Bezeichnungen für ihre Produkte, um auch weniger routinierten Anwendern die Auswahl zu erleichtern. Produktnamen wie Marmorsilikon, Natursteinsilikon, Schwimmbadsilikon, Sanitärsilikon, Glas-/ Fenstersilikon zeigen eindeutig auf die beabsichtigte Anwendung und beinhalten die Zusicherung einer gewissen Mindesteignung. Speziell bei Sanitärsilikonen kommt es neben der technischen Eignung auch auf die Farbe des Dichtstoffs an. Bei diesen, üblicherwei-

Tab. 6.4 Einige Verwendungsmöglichkeiten für Silikondichtstoffe

Verwendung (Auswahl)	Acetat	Amin	Oxim	Alkoxy	Benzamid
Warmluft-Heizung, Klima, Lüftung	+	+		+	
Heizkessel, Kachelöfen, Rauchgaskästen, Trockenschränke, Wärmeöfen	+		+		
Glaskeramik	+		+		
Reinräume, Chipfertigung				+	
OP-Räume, Lebensmittelbereich (Schlachthäuser, Molkereien, Großküchen, Theken)	+	+		+	
Fensterbau			+	+	+
Metall-, Glasbau	+		+	+	+
Hochtemperaturanwendungen	+		+		+
Fassadenbau, Dachverglasungen, Wintergärten			+	+	
Anschluss und Dehnfugen im Hochbau		+	+	+	
Kunststoffe allg.*			+	+	

* Bei der Abdichtung von unter Spannung stehenden Kunststoffen (insbesondere PC, PS und PMMA) muss vorher auf die mögliche Bildung von Spannungsrissen geprüft werden.

se acetatvernetzenden Produkten bieten die meisten Hersteller in ihrer Standardpalette folgende Farben an: transparent, weiß, jasmin, grau, silbergrau, manhattan, pergamon, bahama, beige, braun und schwarz. Daneben sind noch viele weitere Farbtöne lieferbar, die sich dem Geschmack der Zeit anpassen und mit ihm ändern. Manche Hersteller produzieren auch Sonderfarben nach Muster in kleinen Mengen.

▶ **Praxis-Tipp** Die stark riechenden Abspaltungsprodukte mancher Silikonsysteme sind ein guter Indikator dafür, ob die Aushärtung schon vollständig abgeschlossen ist oder nicht. Nur bei Geruchsfreiheit darf die Fuge belastet werden. Geruchsarm aushärtende Dichtstoffe nicht zu früh belasten! Während der Aushärtung immer gut lüften.

6.2 Polyurethandichtstoffe

Als O. Bayer im Jahre 1937 die Grundlage der modernen Polyurethanchemie legte, konnte er sicherlich noch nicht ahnen, dass man ab den sechziger Jahren des vergangenen Jahrhunderts daraus neben vielen anderen Produkten auch eine enorm breite Palette hochelastischer, ein- und zweikomponentiger Dichtstoffe für Bau-, aber auch für Industrieanwendungen formulieren würde. Polyurethane entstehen durch die Reaktion von Molekülen, die mehrere Isocyanatgruppen aufweisen, mit längerkettigen Polyolen. Über diese Polyadditionsreaktion kann man die Vorstufen (Präpolymere) von Makromolekülen erzeugen. Steuert man die Reaktion so, dass ein Präpolymer an seinen Kettenenden noch freie Isocyanatgruppen enthält, können diese auch mit Wasser reagieren und weitervernetzen, bis gummielastische Makromoleküle entstanden sind. Diese Vernetzungsreaktion kann man zur Härtung von Dichtstoffen ausnützen, wenn Polyurethanpräpolymere als Binder in Polyurethandichtstoffen eingesetzt werden. Daraus kann man ableiten, dass bei der Herstellung von Polyurethandichtstoffen unter striktem Feuchtigkeitsausschluss gearbeitet werden muss, wenn Binder, Weichmacher, Füllstoffe und weitere Rohstoffe zu einer glatten Paste vermischt werden. Polyurethandichtstoffe kommen wegen ihrer besonderen Reaktivität mit Wasser üblicherweise in hermetisch verschlossenen Aluminiumkartuschen oder Schlauchbeuteln in den Handel. Die Reaktion des Dichtstoffs mit der Luftfeuchtigkeit beginnt sofort nach dem Ausspritzen in die Fuge.

Einkomponentige Polyurethane (PU) spielen auch heute noch, nach über fünfzig Jahren der Weiterentwicklung, eine herausragende Rolle bei der elastischen Abdichtung von Hoch- und Tiefbaufugen. Bei den üblichen weichen Baudichtstoffen genügen schon verhältnismäßig geringe Wassermengen (1–3 g Wasser für 1 kg Dichtstoff), um zu einer vollständigen Aushärtung des Dichtstoffs zu kommen. Deswegen härten die PU-Dichtstoffe bei Normalbedingungen recht zügig, bei trockener Witterung aber immer noch ausreichend schnell.

Bei den *zweikomponentigen* Polyurethandichtstoffen sind Harz (Polyolkomponente) und Härter (Isocyanatkomponente) getrennt verpackt und müssen vor der Anwendung gemischt werden. Dieser Nachteil wird durch die fast luftfeuchtigkeits*un*abhängige Härtung einer Zweikomponentenmasse aber in vielen Fällen ausgeglichen. Zudem kann mit zweikomponentigen Materialien eine größere Vielfalt an Eigenschaften in die Produkte „eingebaut" werden. Insbesondere können zweikomponentige PU-Dichtstoffe erheblich medienresistenter eingestellt werden als ihre einkomponentigen Gegenstücke.

Bei der Herstellung der Polyurethandichtstoffe, besonders der einkomponentigen, und auch bei der Verarbeitung lässt sich das sehr zähflüssige Präpolymer nur recht schwer handhaben. Um die Verarbeitbarkeit zu verbessern, setzt man daher vielen Polyurethandichtstoffen zwischen 5 und 20 % Lösemittel zur Viskositätsabsenkung zu. Dies bringt neben der höheren Ausspritzrate auch ein besseres Benetzungsverhalten mit sich. Nachteilig ist dann beim Aushärten die Verdunstung des zugesetzten Lösemittels, meist Xylol oder ein höhersiedendes Benzin. Die Bildung von zündfähigen Gemischen ist nicht ganz auszuschließen, was aber nur in kleinräumigen, schlecht belüfteten Arbeitsumgebungen zu einer Gefahr werden kann. Das Rauchen sollte auf jeden Fall beim Verarbeiten von chemischen Produkten wie den Dichtstoffen unterbleiben. Manche Kunststoffe werden durch das Lösemittel angequollen; wenn dies in Maßen geschieht, kann sich sogar dadurch die Haftung des Dichtstoffs verbessern, denn die chemisch reaktiven Moleküle des Dichtstoffs dringen so in tiefere Schichten des Bauteils vor und können sich dort verankern. Zu starke Quellung kann auch die Kunststoffsubstrate schädigen. Eine weitere Folge des Lösemittelgehalts ist auch der auftretenden Volumenschwund (Schrumpf) nach vollständiger Härtung. Dies führt nachträglich zu geringen Verformungen der Oberfläche des Dichtstoffs. Diese Verformungen haben bei Hochbaudehnfugen keine technische oder optische Relevanz.

6.2.1 Einteilung

Die Polyurethanchemie ist deswegen äußerst vielfältig, weil die unterschiedlichsten Polyole und Isocyanate zur Herstellung der dichtstoffrelevanten Präpolymere eingesetzt werden können. Daraus resultieren sehr breit einstellbare mechanische Eigenschaften, von sehr weichen Produkten mit bis zu 1000 % Reißdehnung, die in Hochbaufugen zum Einsatz kommen, bis zu solchen, die erheblichen Kräften widerstehen oder diese übertragen können. Mit ein- und derselben Basischemie kann also eine vielfältige Palette an Bauanwendungen abgedeckt werden. Die Breite der Polyurethanchemie (und verwandter Sonderformen) wird nicht zuletzt dadurch noch eindrucksvoll unterstrichen, dass damit neben den Dichtstoffen auch elastische und feste Klebstoffe für verschiedenartige Industrieanwendungen formuliert werden können, z. B. zum Einkleben der Scheiben in Fahrzeuge oder für strukturelle Anwendungen.

Basierend auf der verwendeten Isocyanattype findet man im Markt zwei große Gruppen von PU-Dichtstoffen:

- Aromatische Polyurethandichtstoffe,
- Aliphatische Polyurethandichtstoffe.

Hiervon sind die aromatischen Polyurethandichtstoffe deutlich in der Überzahl, wohl nicht zuletzt deswegen, weil sie auch preiswerter sind als die aliphatischen. Der Anwender wird die Polyurethandichtstoffe eher nach dem Verarbeitungsverhalten einteilen, nach standfesten oder selbstnivellierenden oder nach ein- und zweikomponentigen Produkten.

6.2.2 Eigenschaften

Die aromatischen PU-Dichtstoffe sind demzufolge die verbreiteten Standard-Polyurethanprodukte. Einige charakteristische Eigenschaften von ein- und zweikomponentigen Standard-PU-Dichtstoffen sind verallgemeinernd in Tab. 6.5 zusammengefasst. In Tab. 6.6 sind die mechanischen Eigenschaften einer Auswahl von einkomponentigen Dichtstoffen dargestellt, in Tab. 6.7 dementsprechend für zweikomponentige.

Bei der Formulierung eines standfesten PU-Dichtstoffs muss der Hersteller einen Kompromiss zwischen leichter Extrudierbarkeit aus der Kartusche oder dem Folienbeutel, Anfließverhalten und Standfestigkeit in der Fuge selbst eingehen. Trotz des Zusatzes von Lösemitteln zur Verbesserung der Verarbeitbarkeit sind auch Formulierungen im Markt, die sich mit Handpistolen nur schwer ausspritzen lassen. Hier sollte dann besser zu druckluftbetriebenen Werkzeugen gegriffen werden.

Tab. 6.5 Allgemeine Eigenschaften von Polyurethandichtstoffen

Stärken	Schwächen
Breit einstellbare mechanische Eigenschaften	Temperaturbeständigkeit (80–90 °C)
Gute Haftung auf vielen bautypischen Substraten, Lacken, manchen Kunststoffen	Oberflächenrissbildung bei aromatischen Systemen durch Einwirkung von UV-Strahlen
Hohe Weiterreiß- und Stichfestigkeit	Auf vielen Substraten sind Primer erforderlich
Ausgezeichnete Überlackierbarkeit mit lösemittelhaltigen Lacken	Schrumpf, wenn Lösemittel enthalten sind
Hautbildezeit kann eingestellt werden	Gefahr der Blasenbildung bei zu schneller Härtung bzw. feuchtem Untergrund
Lange Hautbildezeiten möglich	Transparente Produkte nicht möglich
Hohe, einstellbare Durchhärtegeschwindigkeiten	Allergiepotential durch die Isocyanate
Wenig Kriechneigung unter statischer Last	Lange anhaltende Nachhärtung möglich
Niedrige Module möglich, auch bei tiefen Temperaturen bleibt Flexibilität erhalten	Auskreiden bei Bewitterung
Hohe Reißdehnung und Rückstellung	Metallhaftung bei älteren Formulierungen
Gute Abrasionsbeständigkeit	Haftung auf Glas
Niedriger Druckverformungsrest	Nicht überstreichbar mit Dispersionen
Resistenz gegen viele Mikroorganismen	Lange Restklebrigkeit, Schmutzaufnahme möglich
Trinkwasserzulassung ausgewählter Rezepturen	Vergilbungsneigung bei aromatischen Systemen
Beständig gegen verschiedene Chemikalien und Abwässer	Geringe Beständigkeit gegenüber Reinigungsmitteln/Tensiden
Verträglich mit Bitumen, Asphalt	Extrudierbarkeit bei niedrigen Temperaturen

Polyurethandichtstoffe sind temperaturbeständig im Bereich von −40 °C bis 80/90 °C, je nach Formulierung. Werden Polyurethane dauerhaft über 100 °C erhitzt, zersetzen sie sich. Manche Formulierungen werden weich und klebrig, andere dagegen spröde.

Bei Sonnenbestrahlung und Zutritt von nitrosen Gasen vergilben die hellen aromatischen PU-Dichtstoffe, abhängig von der Intensität der Strahlung, Expositionsdauer und der Rezeptur. War es vor einigen Jahrzehnten noch sehr schwierig, die Vergilbung einzudämmen, stehen heute wirksame Lichtschutzmittel zur Verfügung, die die Vergilbung recht gut unterdrücken. Bei dunkelgrauen oder schwarzen Farbeinstellungen fällt eine eventuelle Vergilbung von vornherein nicht auf. Die Oberflächenrisse, die sich als Folge weiterer Bewitterung (Alterung) des Dichtstoffs in der Fuge bilden, sind ein Charakteristikum für PU-Dichtstoffe: Sie pflanzen sich auch bei mechanischer Beanspruchung kaum ins Innere des Dichtstoffs fort. Die abdichtende Funktion bleibt also in der Regel gewahrt, wie die jahrzehntelange Erfahrung zeigt. Die etwas teureren aliphatischen Polyurethane zeichnen sich gegenüber den aromatischen durch eine erheblich höhere Lichtstabilität aus und werden dort bevorzugt eingesetzt, wo auch leichte Gelbverfärbungen als Zeichen der

Tab. 6.6 Mechanische Eigenschaften von typischen Polyurethandichtstoffen

Eigenschaft	PU-A	PU-B	PU-C	PU-D	PU-E	PU-F	PU-G
Rheologie	Standfest	Standfest	Standfest	Standfest	Standfest	Selbstnivellierend	Standfest
Hautbildungszeit, min	240	120	100	180	60–120	60–120	50
Durchhärtungsgeschwindigkeit; mm/d bei 23 °C/50 % r. LF.	2	2	2-3	N. best.	2	N. best.	3
Shore A Härte nach DIN 53505	20	20	20–25	40	35	N. best.	35
Zugfestigkeit nach DIN 53504, MPa	N. best.	N. best.	N. best.	1,4	N. best.	N. best.	3
Reißdehnung nach DIN 53504, %		700	N. best.	N. best.	N. best.	> 400	> 500
Rückstellvermögen nach DIN EN ISO 7389, %	> 85	> 85	> 80	> 90	80	> 90	N. best.
Zulässige Gesamtverformung; %	25	25	25	N. best.	25	10	10
Volumenänderung nach DIN 52451-1 (DIN EN ISO 10563); %	-9	N. best.	-6	N. best.	-6	N. best.	-1
100 % Modul nach DIN 53504, MPa	0,2	0,2	0,25	0,6	0,6	N. best.	N. best.
Gebrauchstemperatur nach DIN EN ISO 10563, °C	-40–90	-40–70	-40–75	-40–80	-40–80	-40–80	-40–90
Verarbeitungstemperatur, °C	5–40	5–40	5–40	5–40	5–40	5–35	10–35
Normerfüllung	DIN 18540-F	DIN 18540-F DIN 52452	DIN 52452				

Tab. 6.7 Zweikomponentige Polyurethandichtstoffe und -vergussmassen

Eigenschaft	2K-PU-A	2K-PU-B	PU-C	2K-PU-D
Rheologie	Selbstverlaufend	Sebstverlaufend	Selbstverlaufend	Standfest
Topfzeit, min	5–60	30	15	70–80
Durchhärtungszeit bei 23 °C/50 % r. LF., h	24–72	N. best.	24	24–36
Shore A Härte nach DIN 53505	10	40	40	30
Zugfestigkeit nach DIN 53504, MPa	0,9	N. best.	0,7	N. best.
Reißdehnung nach DIN 53504, %	~1000	>150	70–100	N. best.
Rückstellvermögen nach DIN EN ISO 7389, %	≥80	N. best.	N. best.	N. best.
Zulässige Gesamtverformung, %	N. best.	10	10	15
Volumenänderung nach DIN 52451-1, %	<5 %	N. best.	N. best.	N. best.
100 % Modul nach DIN EN ISO 8339, MPa	N. best.	N. best.	0,5	N. best.
Verarbeitungstemperatur, °C	N. best.	5–40	5–40	5–40
Temperaturbeständigkeit, °C	−40–80	N. best.	N. best.	N. best.
Treibstoffbeständigkeit	Gegeben	N. best.	N. best.	N. best.
Primer benötigt	Ja	Ja	Fallweise	Ja

Alterung über die Zeit nicht toleriert werden können, z. B. bei reinweißen Rezepteinstellungen.

Insbesondere bei der Aushärtung von Polyurethankleb-/Dichtstoffen wird gelegentlich ein Blasigwerden der Dichtstoffraupe bemerkt. Die Blasen im Inneren der Raupe entstehen durch das Zusammentreffen verschiedener Umstände: Der Kleb-/Dichtstoff hat eine schnell eingestellte Hautbildezeit und Durchhärtung, er wurde in dicker Schicht aufgebracht und bei feuchter und warmer Witterung ausgehärtet oder auf feuchten Untergrund aufgebracht. Ursache für die Blasenbildung ist das bei der Vernetzung eines jeden einkomponentigen Polyurethans entstehende gasförmige Kohlendioxid, das sich zunächst im Dichtstoff löst und dann beginnt, nach außen abzudiffundieren. Ist umständehalber die Bildung des Gases schneller als der Abtransport, bilden sich zunächst kleinste, danach immer größere Blasen, die dann manchmal als unerwünschte Hohlräume und Kanäle im Inneren einer Dichtstoffraupe enden. Von Seiten der Dichtstoffhersteller ist es zwar gelungen, die Tendenz zur Blasenbildung bei den meisten Dichtstoffen zu minimieren, doch in Sondersituationen wird sie noch immer gelegentlich auftreten. Zur Vermeidung kann der Verarbeiter möglicherweise versuchen, bei ungünstiger Witterung auf langsamer reagierende Produkte auszuweichen, die Toleranz in der Auftragsmenge bis zum unteren Limit auszunützen oder gegebenenfalls eine tiefe Fuge in zwei Arbeitsgängen auszuspritzen.

Das Haftungsspektrum von Polyurethandichtstoffen auf verschiedenen Untergründen ist vergleichsweise breit. Auf den meisten glatten Substraten wie Metallen, Holzwerkstoffen, Keramik, Fliesen bildet sich spontan eine gute Haftung aus. Die Haftung auf glatten Flächen kann durch Verwendung von nicht filmbildenden Primern oder sog. Aktivatoren, die nur äußerst dünn aufgetragen werden dürfen, in vielen Fällen noch weiter verbessert werden. Auf *alkalischen* oder *saugenden* Untergründen (Beton, Porenbeton, Mauerwerk, Ziegel, Sandstein etc.) muss mit filmbildenden Primern gearbeitet werden. Sie dienen einerseits dazu, die Tragfähigkeit des Untergrundes zu gewährleisten und sollen andererseits den direkten Zutritt alkalischer Substanzen, die insbesondere in jungem Beton vorhanden sind, zum Dichtstoff verhindern.

Polyurethandichtstoffe sind in gewissen Grenzen mechanisch abrasiv belastbar und widerstandsfähig gegen maschinelle Reinigung, wenn nicht zu harte Borsten verwendet werden. Dies resultiert aus der einzigartigen Kerbunempfindlichkeit der PU-Dichtstoffe, herrührend aus der Segmentstruktur der zugrunde liegenden Polymere. Sehr stark abhängig von der Formulierung ist die chemische Widerstandsfähigkeit. Im Allgemeinen kann man davon ausgehen, dass Polyurethandichtstoffe gegen Wasser, Salzwasser, leicht saure oder alkalische Flüssigkeiten und öffentliche Abwässer stabil sind. Sie sind kurzzeitig beständig gegen Treibstoffe, Mineralöle, Pflanzenöl oder tierische Fette. Keine Beständigkeit ist gegeben beim Kontakt mit starken anorganischen Säuren (Mineralsäuren), starken Basen, Alkoholen sowie den üblichen Lösemitteln. Die Beständigkeit gegen Reinigungsmittel, wie sie z. B. zur industriellen Bodenpflege verwendet werden, sollte sicherheitshalber verifiziert werden, dürfte aber in den meisten relevanten Fällen gegeben sein. Aus der Praxis sind jedoch Einzelfälle bekannt, bei denen sich ein normalerweise verträgliches saures Reinigungsmittel in Horizontalfugen durch Verdunstung des Wassers so konzentrierte, dass Schäden am PU-Dichtstoff hervorgerufen wurden. Bei höheren Temperaturen laufen die Zersetzungs- und Quellungsreaktionen entsprechend schneller ab. Wenn sich die Umgebungsbedingungen drastisch verändern, kann eine bisher als beständig angenommene Kombination von Dichtstoff und Medium nicht mehr zutreffend sein.

Wenn von vornherein bekannt ist, dass ein PU-Dichtstoff mit einem belastenden Medium beaufschlagt werden soll, ist es zweckmäßig, dies mit dem Hersteller des Dichtstoffs abzusprechen, damit, abhängig von der zu erwartenden Belastungsdauer, -temperatur und Art der Chemikalie der passende Dichtstoff ausgewählt werden kann. Spezielle Formulierungen weisen eine gute Chemikalienbeständigkeit auf.

6.2.3 Anwendungen

Die Dichtstoffe, elastischen Klebstoffe und Fugenvergussmassen auf Polyurethanbasis zählen neben den bereits beschriebenen Silikondichtstoffen und den weiter unten dargestellten Acrylatdispersionsdichtstoffen zu den unverzichtbaren Standards im Bauwesen.

Einige der äußerst zahlreichen Anwendungsmöglichkeiten einkomponentiger Polyurethandichtstoffe werden zur Erläuterung exemplarisch den als PU-A – PU-E bezeichneten Produkten aus Tab. 6.6 zugeordnet:

- PU-A: Bewegungs- und Anschlussfugen im Hochbau innen und außen, für Beton, Putz, Mauerwerk, Holz, Metall und Hart-PVC,
- PU-B: Dehn- und Anschlussfugen an Beton- und Porenbetonfertigteilen, Fassaden, Metallbaukonstruktionen, Terrassen, Balkonen, Flachdachbrüstungen, Türanschlüssen,
- PU-C: Schlagregendichte und dampfdiffusionsoffene Außenabdichtung von Fensteranschlüssen am Baukörper,
- PU-D: Schmale (Anschluss-)Fugen und elastische Verklebungen, auch bei dauernder Nässeeinwirkung wie in Wasserbehältern und -rinnen,
- PU-E : Boden und Anschlussfugen z. B. in Lagerhallen, Tiefgaragen, Fertigungshallen, Parkdecks, Eingangshallen, Treppenhäusern, Fugen in Beton und Estrich mit Belastung auch durch rollenden Verkehr, Fugen in Klär- und Abwasseranlagen aller Art, Auffangbecken, Bodenabflüssen, Fugen in Böden der Lebensmittelindustrie oder Molkereien,
- PU-F: Horizontalfugen, Anschlussfugen z. B. in Bürogebäuden, Einkaufszentren, Fabrikanlagen, begangenen Betonflächen,
- PU-G: Elastische Abdichtungen allgemein, Abdichtung von Metallen, Kunststoffen, Keramik, lackierten Bauteilen und 2K Beschichtungen, Holzwerkstoffen; elastische Verklebungen.

Auch bei der Abdichtung von Trinkwasserbehältern, Zisternen und Verteilern kann mit Polyurethanen gearbeitet werden, wenn diese eine KTW-Zulassung[5] besitzen. Neben den genannten Anwendungen resultiert die seit Jahrzehnten andauernde Weiterentwicklung der PU-Technologie in einer nicht immer leicht zu durchschauenden Fülle von Spezialprodukten, z. B. zur Verklebung von Fassadenelementen, Fugenbändern oder zur Abdichtung von chemisch belasteten Fugen.

Bei den zweikomponentigen Produkten herrschen im Bauwesen die selbstverlaufenden Typen vor. Die in Tab. 6.7 aufgeführten Dichtstoffe lassen sich beispielhaft den nachfolgenden Anwendungen zuordnen:

- 2K-PU-A: Bodenfugenabdichtung auf Flugplätzen; Produkt enthält Bitumen und ist resistent gegen Treibstoffe,
- 2K-PU-B: Bodenfugen allgemein; Produkt kann abgestreut werden,
- 2K-PU-C: Bodenfugen in Garagen, Fahrzeug- und Industriehallen und Lagerräumen; beständig gegen kurzzeitige Benetzung mit Ölen und Treibstoffen sowie gegen verdünnte Chemikalien,

---

[5] KTW: „Leitlinie zur hygienischen Beurteilung von organischen Materialien im Kontakt mit Trinkwasser".

- 2K-PU-D: Elastische Fugenabdichtung im Hoch- und Tiefbau, in Abwasserkanälen und Nutzwasserbehältern, Fugen in Industriehallen, Werkstätten, Parkhäusern, Fugen auf Balkonen und Terrassen; Produkt ist beständig gegenüber Ölen und Treibstoffen.

> Bei Verfugungen im Gewässerschutz, bei Tankstellen und im Trinkwasserbereich darf nur mit explizit für diese Anwendungen zugelassenen Dichtstoffen gearbeitet werden.

6.3 MS-Polymer Dichtstoffe

Im Jahre 1976 ließen sich japanische Forscher die Abfolge einiger chemischer Synthesereaktionen patentieren, die zu einem neuen luftfeuchtigkeitshärtenden Polymer führte. Es stellte sich heraus, dass dieses als MS-Polymer bezeichnete Material ganz besonders dazu geeignet war, weiche und elastische Dichtstoffe zu formulieren. MS bedeutet modifiziertes Silan; über im Präpolymer enthaltene reaktive Silanendgruppen entsteht bei Zutritt von Luftfeuchtigkeit ein weitmaschig verzweigtes, elastisches Netzwerk bzw. ein Dichtstoff, wenn in einer entsprechenden Formulierung noch Weichmacher, Füllstoffe, Additive und Katalysator zugegeben werden. All dies muss beim Hersteller des Dichtstoffs unter Feuchtigkeitsausschluss vonstattengehen: In dem Moment, wo ein solcher Dichtstoff ausgespritzt wird, beginnt mit der Hautbildung auch die Härtung. In Europa begannen ab 1985 einige Dichtstoffhersteller, sich ebenfalls mit dieser Technologie zu beschäftigen und brachten nachfolgend die ersten MS-Dichtstoffe auf den Markt. Der Siegeszug, den MS-Polymer-basierende Produkte für das Bauwesen in Japan in den vergangenen Jahrzehnten machten und diese mittlerweile zur größten Dichtstoffgruppe werden ließ, hat sich in Europa so nicht wiederholt. Dennoch haben sich die MS-Produkte in Europa schon längst einen festen Platz in den Produktsortimenten Dichtstoffe, elastische Klebstoffe und Beschichtungen erobert, was nicht zuletzt mit dem ausgewogenen Eigenschaftsprofil dieser Technologie zusammenhängt.

Dem Formulierer von Dichtstoffen steht eine breite Palette MS-Polymer Rohstoffen zur Verfügung; damit ist es möglich, vielen unterschiedlichen Anforderungen an die Kleb- und Dichtstoffe gerecht zu werden. Da die verschiedenen MS-Polymer Typen verhältnismäßig niederviskos sind, können die allermeisten Dichtstoffe ohne die Zuhilfenahme von Lösemitteln zur Verbesserung der Ausspritzbarkeit formuliert werden.

MS-Polymer selbst kann von seiner chemischen Struktur her als „Kombination" zweier an sich bekannter Technologien gesehen werden: Die Kettenenden tragen feuchtereaktive Alkoxysilylgruppen, ähnlich wie sie auch von den Alkoxysilikonen bekannt sind. Die Vernetzung erfolgt demnach vergleichbar zu den Alkoxysilikonen. Bei Zutritt von Luftfeuchtigkeit werden hier wie dort geringe Mengen an Alkohol abgespalten, bei MS-Produkten handelt es sich um Methanol. Das Innere jeder MS-Polymer-Kette kann man als aus der Polyurethanchemie „entliehen" betrachten: Es handelt sich um ein Polypropylenoxid-Rückgrat. Es verleiht den MS-Polymer-Produkten spezielle Eigenschaften, die weiter unten beschrieben werden und in Kombination mit dem Härtungsmechanismus zu einem vorteilhaften Gesamtleistungsniveau führen, das man mit anderen Präpolymeren so nicht erzielen kann. Durch die Kombination von Teilen der Silikonchemie mit Teilen der Polyurethanchemie konnte man ein hybrides Eigenschaftsprofil erhalten, das zwar die Vorteile der jeweiligen Chemie, nicht notwendigerweise manche Nachteile derselben in sich vereinigt.

6.3.1 Einteilung

Zweckmäßigerweise unterteilt man die im Markt befindlichen MS-Polymer-basierenden Produkte nach ihrer Funktion:

- Elastische Dichtstoffe,
- Elastische Klebstoffe,
- Elastische Beschichtungen.

Für Bauanwendungen sind zunächst die elastischen Dichtstoffe interessant, die Funktionen übernehmen, wie sie im Wesentlichen auch von bekannten Produkten auf anderer chemischer Basis erfüllt wurden. Ohne genau definierte Grenze bezüglich der mechanischen Eigenschaften (siehe hierzu auch Abb. 7.1) geht die Palette der MS-Dichtstoffe in elastische Klebstoffe über. Obwohl die Dichtstoffanwendungen für Industrie und Bau zusammengenommen sicherlich in der Mehrzahl sind, wachsen die Anwendungen für elastische MS-Klebstoffe. Dieser Trend wird voraussichtlich noch in dem Maße zunehmen, in dem neue Baumaterialien, auf Basis von Kunststoffen oder Kompositwerkstoffen, eingesetzt werden.

Ein weiteres Einteilungskriterium ist auch die Zahl der Komponenten:

- Einkomponentige Produkte,
- Zweikomponentige Produkte.

Weit über 90 % der bisher hergestellten und verkauften MS-Produkte, insbesondere derer, die in Bauanwendungen gehen, sind luftfeuchtigkeitshärtende Einkomponentensysteme. Für schnelle Reparaturanwendungen ergab sich in der Vergangenheit ein Bedarf für (nahezu) umgebungsunabhängig härtende Systeme. Hierzu kann man den 1K-Systemen eine Beschleunigerpaste, z. B. über einen Statikmischer mittels einer Doppelkartusche zumischen, um die Härtung zu beschleunigen. Hierdurch findet die Härtung nicht mehr von außen nach innen statt, sondern sie beginnt zeitgleich auch in der Tiefe des Produkts, wodurch sich eine schnellere Belastbarkeit desselben ergibt. Diese Anwendung bietet sich insbesondere für Aufgaben an, bei denen Kräfte übertragen werden müssen, d. h. für elastische Verklebungen.

6.3.2 Eigenschaften

Die Besonderheiten des MS-Polymers selbst und in Kombination mit den verschiedenen anderen Rezepturbestandteilen resultieren in einem Eigenschaftsbild (Tab. 6.8), das sich wie folgt zusammenfassen lässt:

- Primerlose Haftung auf vielen Substraten,
- Hohe UV-Stabilität,
- Überlackierbar mit Dispersionen und lösemittelhaltigen Lacken,
- Lösemittelfrei,
- Praktisch geruchlos während und nach der Aushärtung,
- Frei von Isocyanaten und Silikonen,
- Keine korrosiven Spaltprodukte,
- Hohe Tieftemperaturelastizität,
- Als ein- und zweikomponentige Systeme erhältlich.

Das mechanische Verhalten einiger bautypischer Dicht- und Klebstoffe ist in Tab. 6.9 vergleichend dargestellt.

Tab. 6.8 Allgemeine Eigenschaften von MS-Polymer Dichtstoffen

Stärken	Schwächen
Witterungsstabilität	Weiterreißfestigkeit
UV-Beständigkeit	Hitzebeständigkeit bei Dauertemperaturen über 90 °C
Sehr breites Haftungsspektrum	Wasseraufnahme
Geringer Schrumpf beim Aushärten (< 5 %)	Starke Quellung in manchen organischen Flüssigkeiten
Geruchsarmut beim Aushärten	Durchhärtung in tiefen Schichten langsam
Blasenfreie Aushärtung auch bei hoher Luftfeuchte	Unbeständig gegen Säuren
Elektrische Isolationswirkung	Bei älteren Formulierungen teilweise recht kurze Hautbildezeiten
Geringe Moduländerung ($\leq 25\,\%$ als f(T) zwischen −40 und +80 °C)	Abrasionsempfindlichkeit
Überlackierbarkeit mit lösemittelhaltigen Lacken	Schmutzaufnahme (bei sehr weichen Produkten)
Überlackierbarkeit mit Dispersionen	Kann Trocknungsverzögerungen bei Alkydharzlacken verursachen
Sehr hohe Flexibilität auch bei tiefen Temperaturen	Lange Restklebrigkeit bei weichen Produkten, Schmutzaufnahme möglich
Lange Lagerstabilität des ungehärteten Compounds	Geringe Beständigkeit gegenüber Reinigungsmitteln/Tensiden

Tab. 6.9 Mechanische Eigenschaften einiger typischer MS-Polymer-Dichtstoffe

Eigenschaft (bei 23 °C/50 % r. Lf.)	MS-A	MS-B	MS-C	MS-D	MS-E	MS-F	MS-G	MS-H
Rheologie	Standfest	Standfest	Standfest	Standfest	Standfest	Nivellierend	Standfest	Hochstandfest
Hautbildungszeit, min	20	25	150	30	30	10	10–15	15
Durchhärtungsgeschwindigkeit; mm/d bei 23 °C/50 % r. Lf.	2	2,5	2	3	1,5	3	3	3
Shore A Härte nach DIN 53505	24	25	25	40	20	34	60	64
Zugfestigkeit nach DIN 53504, MPa	0,9	1,4	N. best.	N. best.	0,7	0,9	3,2	3,6
Reißdehnung nach DIN 53504, %	400	500	N. best.	N. best.	300	130	300	220
100 % Modul nach DIN EN 28339	0,4	0,45	0,35	0,9	500	0,85	1,6	2,5
Rückstellvermögen nach DIN EN ISO 7398, %	N. best.	> 70	> 70	> 70	80	N. best.	N. best.	N. best.
Verarbeitungstemperatur, °C	5–40	5–40	5–40	5–40	5–40	5–40	5–40	5–40
Gebrauchstemperatur nach DIN EN ISO 10563, °C	-30–80	-40–100	-40–80	-40–80	-30–90	-50–100	-40–90	-40–90
Volumenänderung nach DIN 52451-1 (DIN EN ISO 10563), %	< 2	2	< 3	< 3	3	< 2	< 2	< 2
Max. Bewegungsaufnahme, %	25	25	25	15	25	N. best.	N. best.	N. best.

Tab. 6.10 Haftungsuntergründe für typische MS-Polymer-Dichtstoffe

Mineralische Untergründe	Metalle	Kunststoffe	Holz und Holzwerkstoffe	Lacke und Beschichtungen
Beton*	Stahl	PVC	Holz	Holzlasuren
Mauerwerk*	Edelstahl	Acrylglas***	Spanplatten	1K- und 2K-Lacke
Ziegel*	Kupfer	Polycarbonat***	Sperrholz	Dispersionen
Putz*	Messing	ABS		
Porenbeton*	Bronze			
Glas	Blei			
Emaille	Zink			
Porzellan	Aluminium			
Fliesen	Eloxiertes			
Keramik	Aluminium			
Naturstein**				
Zementgebund. Platten				

Anmerkungen:

* Bei porösen Substraten muss ein filmbildender Primer verwendet werden.
** Randzonenverschmutzung muss durch geeignete Produktwahl ausgeschlossen werden.
*** Gefahr der Spannungsrissbildung.

Die in vielen Fällen *primerlose Haftung* ist eine der herausragenden Eigenschaften dieser Produktklasse. Sie kann dadurch erzielt werden, dass man hier, im Gegensatz zu konventionellen Polyurethansystemen, Haftvermittlersubstanzen, die normalerweise als Primer separat aufgetragen werden müssen, in die Formulierung des Dichtstoffs direkt einbringen kann. Dies funktioniert im Falle des MS-Polymers, weil die Haftvermittler keine unerwünschten chemischen Nebenreaktionen mit dem Polymer oder weiteren Inhaltsstoffen eingehen. Man erhält somit einen „eingebauten Primer".

In Tab. 6.10 ist beispielgebend die Haftungsbreite von typischen MS-Produkten dargestellt. Wie immer ist bei einer generellen Darstellung zu beachten, dass Hart-PVC nicht gleich Hart-PVC ist (es gibt viele verschiedene Hersteller, die unterschiedliche Rezepturen mit verschiedenartigen Additiven benutzen), doch die generelle Zuordnung ist zutreffend. Aufgrund der Breite des Haftungsspektrums kann man also MS-Produkte sehr gut zum Verbinden/Abdichten der mannigfachen Substrate am Bau verwenden. Auf jungen Beton muss auch beim Abdichten mit MS-Produkten ein filmbildender Primer aufgebracht werden. Er dient weniger zur Haftungsvermittlung denn als Sperrschicht gegen die Alkalinität des Betons, welches auf längere Sicht das Polymer angreift.

Wie bei anderen Dichtstoffen auch, muss die abzudichtende Oberfläche hinreichend tragfähig und sauber sein. Die primerlose Haftung auf vielen Oberflächen bildet sich also nur zu intakten, sauberen Oberflächen aus. Hierbei wandern Teile der im Compound eingearbeiteten Haftvermittlermoleküle selbständig an das entsprechende Substrat und verankern sich dort idealerweise chemisch. Für sehr kritische Oberflächen muss eine Oberflächenvorbehandlung oder Primerung vorgenommen werden.

Keine Haftung zeigen die MS-Produkte auf PP, PE, PTFE oder POM, wenn diese Kunststoffe nicht vorbehandelt wurden.

Hohe *UV-Stabilität* bei Dichtstoffen, die im Außenbereich verwendet werden, ist ein Muss. MS-Polymere weisen keine vergilbungsanfälligen aromatischen Strukturen in ihrem Polymerrückgrat auf, sie bleiben daher auch bei längerer Belichtung weiß und sie zersetzen sich kaum. Die verstärkte Ausbildung von Rissen nach Alterung ist nicht bekannt. MS-Polymer-Dichtstoffe werden zudem noch durch den Zusatz von Alterungsschutzmitteln gegen die Einwirkung von UV-Strahlung, Ozon, nitrosen Gasen und Hitze stabilisiert.

Die *Überstreichbarkeit* sowohl mit Dispersionen als auch lösemittelhaltigen Lacken eines Dichtstoffs wird durch das Polymer bestimmt: Die Polyetherkette im Inneren des MS-Polymermoleküls ist hinreichend polar, um als guter Untergrund für eine Dispersionsfarbe zu dienen. Das Fehlen von Silikon-artigen Strukturen im ausgehärteten Dichtstoff erlaubt die Benetzung durch lösemittelhaltige Farben. Bei manchen Beschichtungen, wie sie im industriellen Fensterbau und auch bei der Renovierung verwendet werden, kann es allerdings bei ungeeigneten Kombinationen zu Trocknungsverzögerungen und Klebrigbleiben auf dem beschichteten Dichtstoff kommen. Wird ein MS-Dichtstoff mit einem normalen 1K- oder 2K-Lack überstrichen, ist es für die Ausbildung guter Haftung zwischen Lack und Dichtstoff entscheidend, wie lange der Dichtstoff bereits ausgehärtet wurde. Je frischer der Dichtstoff, desto besser ist die Lackhaftung. Ein mehrere Tage alter Dichtstoff kann also eine deutlich schwächere bis keine Haftung zum aufgebrachten Lack zeigen. Sehr gut feuchtigkeitssperrende Lacke verzögern allerdings die Durchhärtung eines darunter liegenden, relativ frischen MS-Dichtstoffs.

> **Praxis-Tipp** Beim Überstreichen von MS-Dichtstoffen mit lösemittelhaltigen Alkydlacken müssen gelegentlich Trocknungsverzögerungen in Kauf genommen werden. In seltenen Fällen bleibt der Alkydlack länger klebrig. Es werden daher Vorversuche empfohlen.

Die *Lösemittelfreiheit* der meisten marktgängigen MS-Dichtstoffe rührt von der niedrigen Grundviskosität der Ausgangspolymere her. Durch das Fehlen eines Lösemittels ergeben sich bei der Aushärtung keine Einzüge, der Volumenschrumpf der meisten MS-Polymer Dichtstoffe beträgt demzufolge auch < 3 %. Die Geruchlosigkeit bei und nach der Aushärtung beruht einerseits auf dem Fehlen eines organischen Lösemittels, andererseits sind das MS-Polymer und die sonstigen Additive einer Rezeptur ziemlich geruchsarm. Nicht zuletzt hieraus ergibt sich die recht breite Anwendbarkeit für Innen- und Außenanwendungen. Der Zusatz von Lösemitteln kann, sofern für Spezialaufgaben gewünscht, die Spritzbarkeit noch weiter verbessern.

Die *Freiheit von Isocyanaten und Silikonen* der MS-Dichtstoffe ist für sich genommen kein besonderes Qualitätskriterium, wie das breite Vorhandensein von Polyurethan- und

Silikondichtstoffen im Markt beweist. Allerdings sind Sonderanwendungen denkbar, in denen kundenseitig derartige Forderungen gestellt werden. Bei der Abdichtung bzw. elastischen Verklebung von feuchteren Substraten, z. B. Holz, führen auch Substratfeuchten von gut 10 % nicht zur Blasenbildung, wie es hingegen bei Polyurethanen bereits ab 5 % der Fall sein kann.

Die *Abwesenheit geruchsintensiver und korrosiver Abspaltprodukte*, wie sie bei Acetat- und Amin-härtenden Silikonen auftreten, macht MS-Produkte besonders geeignet zum Abdichten und Verkleben von Buntmetallen, ohne dass sich grüne Reaktionsprodukte in der Nähe des Dichtstoffs bilden.

Die hohe *Tieftemperaturelastizität* entsteht durch eine große Beweglichkeit der Polymerketten auch bei niedrigen Temperaturen. Dies ist bei MS-Polymer-haltigen Formulierungen gegeben. Damit kann diese Dichtstoffklasse auch beim Bau von Kühlhäusern verwendet werden.[6] Bei normalen Außenanwendungen dürfte ein Temperaturbereich bis −50 °C in unseren Breitengraden kaum jemals erreicht werden.

Alle luftfeuchtigkeitshärtenden MS-Produkte sind sowohl *ein-* als auch *zweikomponentig* formulierbar. Für zeitkritische Anwendungen, die wohl mehr im Bereich des elastischen Klebens liegen dürften, kann eine Beschleunigerpaste zudosiert werden. Dies geschieht zweckmäßigerweise über eine Doppelkartusche mit Statikmischeraufsatz. Im Markt sind Systeme mit einem Volumenmischungsverhältnis von 10:1 bis 1:1 vertreten.

Ergänzend sollen hier noch Dichtstoffe angesprochen werden, mit denen selbstreinigendes Glas in Fensterrahmen abgedichtet werden kann. Das Basispolymer ist hierbei zwar Silan härtend und hat gewisse Ähnlichkeiten mit dem MS-Polymer, entspricht diesem aber nur entfernt, da es ein acrylatbasierendes Polymerrückgrat aufweist. Das selbstreinigende Glas trägt an seiner Oberfläche eine katalytisch wirksame Schicht, die durch UV-Licht aktiviert wird. Organische Verschmutzungen werden im Zusammenspiel von Sonnenlicht, Wasser und der Beschichtung oxidiert und können so vom Regen leicht weggespült werden. Würde man nun klassische Dichtstoffe in Kombination mit dem selbstreinigenden Glas verwenden, erlitten sie ein ähnliches Schicksal und könnten dadurch keine dauerne Haftung aufbauen. Weiterhin stellte es sich heraus, dass die Standardsilikone für Glasabdichtung im Einbauzustand offensichtlich Substanzen absondern, die die Katalyseschicht des selbstreinigenden Glases unwirksam machen. Neue, von der MS-Technologie abgeleitete Spezialdichtstoffe zeigen diese Nachteile nicht.

6.3.3 Anwendungen

Die Anwendbarkeit der MS-Polymer-Dichtstoffe ergibt sich aus ihrer Elastizität, Witterungsbeständigkeit und nahezu universellen Haftung für viele Bereiche im Bauwesen.

---

[6] Wenn direkter oder indirekter Kontakt zu Lebensmitteln bestehen kann, sind zugelassene Sonderprodukte zu verwenden.

Nicht geeignet sind MS-Dichtstoffe allerdings für Kontakt mit Bitumen und für Unterwasseranwendungen.

Abdichtungen Hochbaufugen nach DIN 18540, Anschlussfugen aller Art, z. B. Abdichtung von Fensteranschlüssen, Türen, im Innenausbau, von chemisch unbelasteten Bodenfugen. Abdichtungen an Fassaden und beim Bau bzw. bei der Installation von Klima- und Lüftungsanlagen, Abdichtungen in Reinräumen, Abdichtung von Glasfugen nach DIN 18545 D und E.

Elastische Verklebungen Im Innenbereich beispielsweise Verklebung von Paneelen, Sandwichelementen, Türzargen, Treppen, Sockel- und anderen Leisten, Styropor, Spiegeln, Dekorationselementen. Im Außenbereich Verklebungen von Blechverwahrungen an Kaminen, Fenstersimsen, Traufblechanschlüssen an Flachdächern, Erkern und Balkonen, Rohr- und Antennendurchführungen. Weitere Anwendungen ergänzen das Spektrum, z. B. das Verkleben von Dampfsperrfolien, Unterspannbahnen, Dachsteinen. Insbesondere dort, wo Kunststoffe und Metalle mit ins Spiel kommen, zeigt sich die Breite der Anwendungsmöglichkeiten. Ein typisches Beispiel dafür ist der Fassadenbau. Neben den üblichen Abdichtarbeiten kann man mittels entsprechend eingestellter und zugelassener elastischer MS-Klebstoffe Fassadenplatten auf die Tragkonstruktion aus Metall kleben. Der permanente Zug durch die Schwerkraft wird zweckmäßigerweise durch mechanische Abstützungen aufgefangen, siehe hierzu auch Kap. 8.

Die in Tab. 6.9 aufgeführten Produkte lassen sich beispielhaft den folgenden Anwendungen zuordnen:

- MS-A: Bauteil- und Anschlussfugen, Fensteranschlussfugen, Klima- und Lüftungstechnik, Blechverarbeitung, weichelastische Verklebung von Sandwichelementen,
- MS-B: Anschlussfugen innen und außen, Fensteranschlussfugen im Außenbereich,
- MS-C: Anschluss- und Bewegungsfugen im Innen- und Außenbereich, Fenster-, Tür- und Dachanschlüsse, Holz- und Metallbau,
- MS-D: Anschluss- und Bewegungsfugen im Innen- und Außenbereich, Fenster-, Tür- und Dachanschlüsse, Holz- und Metallbau,
- „MS-E": Glasfugenabdichtung bei selbstreinigenden Gläsern Wetterversiegelung, Verklebung von PVC-Profilen auf selbstreinigendes Glas,
- MS-F: Vergussmasse für nicht chemikalienbelastete Horizontalfugen im Innenbereich,
- MS-G: Elastische Verklebungen aller Art,
- MS-H: Elastische Verklebungen aller Art.

6.4 PU-Hybriddichtstoffe

PU-Hybriddichtstoffe basieren auf silanisierten Polyurethanketten. Der Ausdruck „Hybrid" soll symbolisieren, dass es sich bei dieser Dichtstoffklasse um eine „Kombination" aus dem partiellen Eigenschaftsbild von Polyurethanen mit dem von Teilen der Silikonchemie handelt. Im Gegensatz zur weiter vorn beschriebenen MS-Polymer-Chemie ist hier der nominelle Beitrag der Polyurethanchemie deutlich höher, denn die einzelnen Präpolymermoleküle enthalten entweder Urethan- oder Harnstoffgruppen, die Charakteristika der PU-Chemie.

Die chemische Umsetzung von Polyurethanpräpolymeren mit Silanen ist ein seit langem bekanntes Prinzip, um die mögliche Problematik der Isocyanatgruppen in konventionellen PU-Dichtstoffen zu umgehen. Daneben ist eine weitere Motivation für den denkbaren Einsatz der Hybridtechnologie deren breites Haftspektrum. Bis vor kurzem jedoch existierte nur eine beschränkte Auswahl an Rohstoffen, um geeignete Präpolymere und daraus stabile Dichtstoffe herzustellen. Der alte Weg, aus kleinen Bausteinen die für Dichtstoff- und elastische Klebstoffanwendungen nötigen Präpolymere herzustellen, ergab in der Regel sehr hochviskose Produkte. Dies machte es erforderlich, Lösemittel in den Dichtstoff mit einzubringen, um seine Verarbeitbarkeit zu gewährleisten. Weiterhin hatten die bisherigen Präpolymere auch mit Lagerstabilitätsproblemen zu kämpfen. Neuerdings sind nun Rohstoffe großtechnisch zugänglich, mit deren Hilfe in einem Schritt ein silanisiertes Polyurethanpräpolymer aufgebaut werden kann, das als Ausgangsprodukt für Hybriddichtstoffe dienen kann. Dieser Durchbruch, der zu verschiedenen marktgängigen Produkten geführt hat, bereichert die Palette der verfügbaren Basistechnologien für Dichtstoffe und elastische Klebstoffe.

6.4.1 Einteilung

Die Einteilung nach dem zugrunde liegenden Herstellungsverfahren der PU-Hybriddichtstoffe,

- Umsetzung von isocyanat-terminierten Präpolymeren mit Aminosilanen,
- Umsetzung von Polyolen mit Isocyanatosilanen,
- Mehrstufige Syntheseverfahren,

zeigt die Entwicklungsrichtungen der Hersteller, ist aber für den Praktiker weniger wichtig. Die noch vergleichsweise geringe Zahl der Hybrid-Produkte lässt sich daher am besten – ähnlich wie die MS-Produkte – in Dichtstoffe, elastische Klebstoffe und Beschichtungsmassen einteilen.

6.4.2 Eigenschaften

Die allgemeinen Eigenschaften der Hybriddichtstoffe sind in Tab. 6.11 dargestellt. Einige marktgängige Produkte werden in Tab. 6.12 verglichen. Parallel zu den Hybriddichtstoffen wurden und werden wegen der guten Rückstellung und geringen Kriechneigung auch

Tab. 6.11 Allgemeine Eigenschaften von PU-Hybriddichtstoffen

Stärken	Schwächen
Vergleichsw. gute Witterungsstabilität	Weiterreißfestigkeit
Geringe Kriechneigung	Hitzebeständigkeit bei Dauertemperaturen über 90 °C
Breites Haftungsspektrum	UV-Stabilität – abhängig vom verwendeten Präpolymer
Geringer Schrumpf beim Aushärten (< 5 %)	Starke Quellung in manchen organischen Flüssigkeiten
Geruchlosigkeit	Durchhärtung in tiefen Schichten langsam
Elektrische Isolationswirkung	Teilweise zu kurze Hautbildezeiten
Überlackierbarkeit mit Dispersionen	Abrasionsempfindlichkeit
Überlackierbarkeit mit lösemittelhaltigen Lacken	Schmutzaufnahme (bei manchen weichen Produkten)
Blasenfreie Aushärtung	Unbeständig gegen Säuren
Gute Tieftemperaturflexibilität	Lagerstabilität des ungehärteten Compounds
	Geringe Beständigkeit gegenüber Reinigungsmitteln/ Tensiden

Produkte entwickelt, die Zugfestigkeiten ab 3 MPa aufweisen. Damit wird ein Eigenschaftsprofil definiert, das klar in Richtung elastisches Kleben zeigt. Das Haftungsspektrum der PU-Hybride umfasst die bautypischen Untergründe; auf saugenden oder alkalischen Substraten muss geprimert werden. Auch bei anderen kritischen Untergründen ist gelegentlich die Verwendung eines Primers nötig. Stark weichmacherhaltige Kunststoffe und Bitumenprodukte sind mit den PU-Hybriden nicht verträglich. Bei Natursteinen muss entweder ein filmbildender Primer verwendet werden oder im Einzelfall geprüft und sichergestellt werden, dass keine unerwünschten Wechselwirkungen auftreten.

6.4.3 Anwendungen

Neben der Abdichtung von Fugen im Hochbau nach DIN 18540, Anschlussfugen aller Art, z. B. an Fenstern, Türen, Balkonen, Holz- und Metallkonstruktionen und im Innenausbau werden diverse klebende Anwendungen beschrieben, die sich mit denen von MS-Polymer-Produkten weitgehend decken. Eine Spezialanwendung eines entsprechend formulierten Produkts ist die Randfugenverfüllung von Parkett. Hier kommt es darauf an, dass der Dichtstoff beim Abschleifen möglichst „kurz" reißt und keinen sog. Radiergummieffekt hervorruft, der zur Verklebung und Verschmutzung des Holzes führt. Als elastischer Klebstoff für Holzbodenbeläge sind PU-Hybride ebenfalls geeignet. Die Verklebung von Paneelen und Fensteranschlussfolien ist darüber hinaus auch möglich. Bei dieser, dynamisch in den Markt vordringenden Technologie ist abzusehen, dass insbesondere die Praktiker noch zahllose weitere Anwendungsmöglichkeiten „entdecken" werden, vermutlich viele davon auf dem Gebiet des elastischen Verklebens.

Tab. 6.12 Mechanische Eigenschaften einiger typischer PU-Hybriddichtstoffe

Eigenschaft (bei 23 °C/50 % r. Lf.)	HY-1	HY-2	HY-3	HY-4	HY-5	HY-6
Rheologie	Standfest	Standfest	Noch standfest	Hochstandf.	Standfest	Standfest
Hautbildungszeit, min	N. best.	20	15–20	40	25	25
Durchhärtungsgeschwindigkeit, mm/d bei 23 °C/50 % r. Lf.	2	3	4	3	3	3,5
Shore A Härte nach DIN 53505	20	30	35	50	64	25
Zugfestigkeit nach DIN 53504, MPa	N. best.	1	1	3	4,8	1,4
Reißdehnung nach DIN 53504, %	N. best.	> 200	200	> 300	220	400
100 % Modul DIN EN ISO 8339, MPa	0,5	0,5	N. best.	N. best.	2,4	0,6
Rückstellvermögen nach DIN EN ISO 7398, %	> 80	N. best.	N. best.	N. best.	100	N. best.
Gebrauchstemperatur nach DIN EN ISO 10563, °C	-40–70	-40–90	-40–90	-40–90	-40–90	-40–90
Volumenänderung nach DIN 52451-1 (DIN EN ISO 10563), %	N. best.	< 1	18	< 2	< 5	< 5
Max. Bewegungsaufnahme, %	25	10	N. best.	N. best.	N. best.	N. best.

▶ **Praxis-Tipp** Kurz vor dem Abdichten nochmals nachprüfen: Ist das Substrat noch so beschaffen wie es nach der Vorbereitung sein sollte? Oder hat sich Staub abgelagert oder ist es nach einem Platzregen durchfeuchtet? Dann nicht weiterarbeiten, ohne die Störung zu beseitigen!

6.5 Polysulfiddichtstoffe

Die historischen Daten, die sich auf das Bindemittel der Polysulfidkleb- und Dichtstoffe beziehen, reichen zurück bis in das Jahr 1840: Damals berichteten K. Löwig und S. Weidemann über die Darstellung einer neuen Stoffklasse, die Polysulfide. Man konnte jedoch mit den entdeckten stinkenden Massen wenig anfangen und so wurde die kommerzielle Nutzbarkeit dieser neuen Stoffe erst 80 Jahre später durch einen Amerikaner, J. C. Patrick, erkannt. Er erhielt für das kautschukähnliche Polymer ein Patent und nannte es „Thiokol". In den Vierzigerjahren des vergangenen Jahrhunderts verhalf dann die Darstellung flüssiger, chemisch härtbarer Alkylenpolysulfide dieser Technologie endgültig zum Durchbruch als Bindemittel von Kleb- und Dichtstoffen. Eine ihrer ersten Anwendungen war die Abdichtung von Treibstofftanks in Flugzeugen. Polysulfidbindemittel werden bevorzugt durch Oxydationsreaktionen miteinander vernetzt. In – allerdings geringem Maße – kann auch der Sauerstoff der Luft zu einer Nachhärtung beitragen. Polysulfiddichtstoffe waren die ersten großtechnisch hergestellten Dichtstoffprodukte in den 50er-Jahren des vergangenen Jahrhunderts und dominierten eine Zeitlang die Abdichtung in der Bauindustrie. Mittlerweile werden die Polysulfidpräpolymere vor allem für die industrielle Herstellung von Isolierglaseinheiten verwendet und nur mehr in geringerem Maße für Fugen im Hoch- und Tiefbau.

6.5.1 Einteilung

Grundsätzlich lassen sich flüssige Alkylenpolysulfide als *Ein-* oder *Zweikomponentenmassen* formulieren. Neben dem chemisch härtbaren Polysulfidpolymer selbst (oder einem Gemisch verschiedener Typen) sind die weiteren Bestandteile eines Polysulfiddichtstoffs Weichmacher, Füllstoffe, Reaktionsregler und Haftvermittler. Die Verwendung der Oxidationsreaktion zur Vernetzung der Alkylenpolysulfide ist heute Stand der Technik, obwohl sich die Polysulfide auch noch über andere Mechanismen vernetzen lassen.

Bei *Einkomponentendichtstoffen* werden die im Dichtstoff enthaltenen latenten Härter, früher meist Peroxide, heute Perborate, durch den Zutritt von Luftfeuchtigkeit aktiviert. In einem zweiten Schritt oxidieren dann die Härter die einzelnen Kettenenden der Polysulfidpräpolymere unter Bildung eines plastoelastischen Netzwerks.

Als Härter bei *Zweikomponentenmassen* werden aktivierte Mangandioxide (früher Bleidioxid) in angepasster Form verwendet. Die einzelnen Bestandteile der Compounds werden vom Dichtstoffhersteller je nach gewünschtem Einsatzzweck und dem daraus abgeleiteten Anforderungsprofil ausgewählt. Das Aushärteverhalten von Zweikomponentenmassen, deren Topfzeit und Härtungsgradient lassen sich fast beliebig durch die Verwendung von entsprechenden Reaktionsbeschleunigern oder -verzögerern in weiten Grenzen einstellen.

6.5.2 Eigenschaften

Bei den marktüblichen Ein- und Zweikomponentenmassen handelt es sich um standfeste Pasten oder um selbstnivellierende Vergussmassen. Die Einkomponentensysteme sind in allen baurelevanten Farben darstellbar und werden in Kartuschen oder Folienbeuteln geliefert. Sie weisen nach der Applikation eine vergleichsweise lange Hautbildungszeit auf, die für eine gute Glättbarkeit ideal ist. Das Verarbeitungsverhalten ist für Handapplikation entsprechend eingestellt. Nach erfolgter Hautbildung verläuft die Durchhärtung der 1K-Polysulfide nur mehr sehr langsam, im Verlaufe von Wochen, nicht Tagen. Dies ist die negative Auswirkung der hohen Wasserdampfdiffusionsdichte der frisch gebildeten Haut bzw. des ausgehärteten Polysulfidcompounds. Die vergleichsweise langsame Härtung ist ein Charakteristikum dieser Dichtstoffe und spielt für die Berührungsfestigkeit auch nach erfolgter Hautbildung eine wichtige Rolle. Arttypisch ist auch die gute Anstrichverträglichkeit der Polysulfiddichtstoffe. Sie zeigen zu den lasierten Holzuntergründen, wie sie z. B. im Fensterbau eingesetzt werden, gute Haftung und keine negativen chemischen Wechselwirkungen (s. Kap. 5). Nach erfolgter Hautbildung lassen sich die 1K-Dichtstoffe in der Regel auch problemlos überlackieren. Die allgemeinen Eigenschaften von Polysulfiddichtstoffen sind in Tab. 6.13 dargestellt.

Bei den Zweikomponentensystemen[7] gehört zu einer Basiskomponente eine meist unterschiedlich gefärbte Härterkomponente. So sieht man nach dem Mischen sofort, ob der Dichtstoff homogen ist oder nicht. Die Einzelkomponenten sind meist lösemittelfrei. Sowohl das Basismaterial noch die Härterkomponente sind unempfindlich gegenüber Luftfeuchte, was sich bei Herstellung, Lagerung und Transport vorteilhaft bemerkbar macht. Bei der Verarbeitung als Zweikomponentenmasse kann das Polysulfidsystem noch einen weiteren Vorteil gegenüber anderen chemisch härtenden Klebstoffsystemen ausspielen: Die relativ hohe Toleranz gegen Mischfehler. Dank des heterogenen oxidativen Härtungsmechanismus' führen selbst größere Abweichungen vom Sollwert (bis 15 %) des Mischungsverhältnisses nach Ablauf der Härtungsreaktion in den meisten Fällen noch zu gebrauchstüchtigen Festigkeitsniveaus.

Bei einer Unterdosierung des Härters verlängert sich nur die Aushärtezeit, bei einer Überdosierung verläuft die Härtung anfangs zwar schneller, doch die nominelle Endhärte

---

[7] In Deutschland wird das Harz (Polymerkomponente) mit Komponente A bezeichnet, der Härter mit Komponente B. In den USA ist es genau umgekehrt: Das Harz (base) ist Comp. B und der Härter (accelerator) ist Comp. A.

Tab. 6.13 Allgemeine Eigenschaften von Polysulfiddichtstoffen

Stärken	Schwächen
Breit einstellbare mechanische Eigenschaften, insbesondere bei Zweikomponentensystemen	Temperaturbeständigkeit (max. 70–80 °C)
Primerlose Haftung auf Glas	Druckverformungsrest, Kriechen unter Last
Treibstoffbeständigkeit, Chemikalienbeständigkeit, Abwasserbeständigkeit	Auf manchen Substraten sind Primer erforderlich
Gute Beständigkeit gegen Basen	Nicht beständig gegen Säuren
Überlackierbarkeit mit lösemittelhaltigen Lacken	Sehr langsame Durchhärtung bei Einkomponentensystemen
Geringe Edelgaspermeation	Wasseraufnahme
UV-Beständigkeit bei direkter Bestrahlung	Geruch im unausgehärteten Zustand
Relativ niedrige Feuchtepermeation	
Niedrige Moduln möglich, auch bei tiefen Temperaturen	
Lange Topfzeit und schnelle Aushärtung bei Zweikomponentensystemen möglich	
Bei Zweikomponentensystemen: Unempfindlichkeit gegenüber Fehldosierungen	
Recycelbar	
Verträglich mit Bitumen, Asphalt	

wird nicht mehr erreicht, da die überschüssige B-Komponente weichmachend auf das Endprodukt wirkt.

▶   **Praxis-Tipp** Bei 2K-Polysulfiddichtstoffen die getrennt gelieferten Komponenten möglichst genau dosieren und Verluste einer Komponente meiden. Überdosierung des Härters ist kritischer als Unterdosierung, da bei letzterer der Luftsauerstoff über längere Zeit die teilweise fehlende Vernetzung bewirkt.

Die spezifischen Besonderheiten der Polysulfiddichtstoffe beruhen auf der speziellen, gesättigten, Polymerstruktur mit hohem Schwefelanteil (ca. 37 %) und der Ethyl-formal-Bindung im Polymer. Daraus ergibt sich die nachstehende Kombination von Eigenschaften:

- sehr gute Chemikalienbeständigkeit (incl. Öle, Treibstoffe, Hydraulikflüssigkeit),
- hoher Wasserdampfdiffusionswiderstand,
- hoher Gasdiffusionswiderstand (z. B. gegen Argon),
- sehr gute Wetterbeständigkeit (incl. Ozon),
- sehr gute Tieftemperatur-Flexibilität,
- gute Beständigkeit gegenüber bakteriellem Angriff und Schimmelpilzen.

Tab. 6.14 Mechanische Eigenschaften einiger typischer Polysulfiddichtstoffe

Eigenschaft	2K-PS-A	2K-PS-B	2K-PS-C	1K-PS-D
Rheologie	Standfest	Nivellierend	Standfest	Standfest
Topf- bzw. Hautbildungszeit; min	60	120	60	60
Durchhärtungsgeschwindigkeit; Tage bei 2K bzw. mm/d bei 23 °C/50 % r. Lf. bei 1K	7d	1d	1d	1 mm/d
Shore A Härte nach DIN 53505	20	35	45	15
Zugfestigkeit nach DIN 53504, MPa	N. best.	N. best.	N. best.	1,0
Reißdehnung nach DIN 53504, %	500	N. best.	N. best.	N. best.
Rückstellvermögen nach DIN EN ISO 7389, %	N. best.	>80	N. best.	N. best.
Zulässige Gesamtverformung, %	25	25	20	25
Volumenänderung nach DIN 52451-1 (DIN EN ISO 10563), %	N. best.	N. best.	N. best.	1
100 % Modul nach DIN 53504, MPa	N. best.	N. best.	N. best.	0,3
Gebrauchstemperatur nach DIN EN ISO 10563, °C	−55–125	N. best.	−30–90	−30–80
Verarbeitungstemperatur, °C	5–35	5–40	5–40	5–40

In Tab. 6.14 sind einige typische mechanische Eigenschaften baurelevanter Polysulfiddichtstoffe und -vergussmassen aufgeführt.

> Herausragende Charakteristika der Polysulfiddichtstoffe sind ihre Treibstoff- und Öl-Beständigkeit sowie die niedrige Argonpermeation.

6.5.3 Anwendungen

Neben der Verwendung elastischer Polysulfidkleb-/Dichtstoffe bei der Isolierglasherstellung ist aufgrund der guten chemischen Beständigkeit der Polysulfide gegen sehr viele unterschiedliche Medien ist die *Abdichtung von Bodenfugen* in belasteten Bereichen mittlerweile eine Hauptanwendung geworden. Handelsübliche Produkte zeigen, hier exemplarisch dargestellt, im Test auf Chemikalienbeständigkeit nach einer Prüfdauer von 72 Stunden bei 23 °C die in Tab. 6.15 aufgeführten Medienbeständigkeiten. Nicht beständig sind die Polysulfiddichtstoffe gegen konzentrierte Säuren und Basen, viele Ketone, manche Chlorkohlenwasserstoffe und Alkohole. Inwieweit ein 72 h Test eine Dauerbelastung des Dichtstoffs durch ein Medium simulieren kann, insbesondere, wenn das Medium bei höheren Temperaturen auf den Dichtstoff einwirkt, muss im Einzelfall, ggf. nach Prü-

Tab. 6.15 Typische Medienbeständigkeiten (72 h, 23 °C) von Polysulfiddichtstoffen zur Abdichtung von Bodenfugen

Anorg. Säuren	Organische Säuren	Laugen	Kohlenwasserstoffe	Alkohole/ Ketone	Öle
Salzsäure 10 %	Ameisensäure 5 %	Ammoniakwasser 25 %	Benzin	Butanol	Bremsflüssigkeit
Salpetersäure 5 %	Essigsäure 10 %	Natronlauge 10 %	Kerosin	Glycol	Hydrauliköle
Schwefelsäure 25 %	Milchsäure 40 %	Kalklauge konz.	Petroleum	Glyzerin	Schmieröl
Phosphorsäure 25 %	Oxalsäure 10 %		Testbenzin	Isopropanol	Flugzeughydrauliköl
	Weinsäure 15 %		Diesel	Methanol	Terpentinöl
	Zitronensäure 20 %			Methylisobutylketon	

Anmerkung: In manchen Fällen treten Quellungen oder Verfärbungen auf, die die Funktionsfähigkeit des Dichtstoffs in der Fuge nicht beeinträchtigen

fung, entschieden werden. Die Beständigkeit des Dichtstoffs in der Fuge hängt auch von der Geometrie der Fuge und den Strömungsverhältnissen des einwirkenden Mediums ab.

Als eine Domäne der elastischen Polysulfid-Dichtstoffe erweist sich somit das Abdichten von Bodenfugen von Tankstellen, Autowaschstraßen, bei Autoverwertern und in Abwasser- oder Deponieanlagen. Bei der Abdichtung von Fugen in Flughäfen (Abstellplätze, Rollfeld und Start- und Landebahnen) nützt man die gute Beständigkeit spezieller Polysulfiddichtstoffe gegen Flugbenzin, Kerosin, Hydrauliköl oder Enteisungsmittel.

Bei allen Abdichtungen, die das Eindringen von schädlichen Substanzen in das Grundwasser verhindern sollen, werden höchste Anforderungen an Material und Ausführung gestellt. Das Deutsche Institut für Bautechnik prüft die einzelnen Dichtstoffe auf ihre Eignung und vergibt eine Zulassungsnummer.

Rezepturen mit relativ hohem Anteil an Polymer (in der Größenordnung von 40 %) widerstehen sowohl aerobem als auch anaerobem Angriff durch Bakterien. Es wird allenfalls eine begrenzte Schicht der Oberfläche angegriffen. Die Dichtstoffe werden nicht durch die Bakterien selbst, sondern durch ihre Stoffwechselprodukte belastet. Im Gegensatz zu der möglichen Vermutung, dass Bleidioxid-gehärtete Dichtstoffe aufgrund der Giftigkeit des Bleidioxids widerstandsfähiger gegen bakteriellen Abbau sind, stellen sich Mangandioxid-gehärtete Produkte als wesentlich dauerhafter heraus. Bleidioxid ist daher als Härter für Polysulfide wegen seiner Giftigkeit und schlechteren Beständigkeit unbedeutend geworden.

In den klassischen Hochbauanwendungen, z.B. nach DIN 18450, sind die 2K-Dichtstoffe auf Basis Polysulfid zum größten Teil durch die leichter zu verarbeitenden einkomponentigen, luftfeuchtehärtenden Polyurethansysteme abgelöst worden, obwohl

sich erstere über Jahrzehnte funktionell bewährt haben. Einkomponentige Polysulfiddichtstoffe, die die DIN 18545 E, Teil 2 erfüllen, werden noch zur Verglasung von Holz-
und Holz/Aluminium-Fenstern verwendet. Ebenfalls möglich ist die Abdichtung von
Anschlussfugen zwischen Fensterrahmen aus den genannten Werkstoffen und dem Baukörper.

▶   **Praxis-Tipp** Beim Anmischen der 2K-Dichtstoffe muss man durch langsame
    Drehzahlen und ausreichende Mischzeiten dafür sorgen, dass möglichst wenig
    Luft eingeschlossen wird und gleichzeitig eine vollständige Durchmischung
    erzielt wird.

6.6 Dispersionsdichtstoffe

Eine Dispersion ist ein Gemenge aus mindestens zwei Stoffen, die sich nicht oder kaum in-
einander lösen oder chemische Reaktionen miteinander eingehen. Bei den für Dichtstoffe
relevanten Dispersionen handelt es sich um (halb-)feste, winzige Kunststoffteilchen, die
in Wasser verteilt, d. h. dispergiert sind. Bei Gehalten der dispergierten Kunststoffpha-
se von über 60 % und entsprechender Größenverteilung der Kunststoffteilchen ergeben
sich dünnflüssige, lagerstabile Produkte, die sich nicht absetzen. Ein Dispersionsdichtstoff besteht aus der Dispersion selbst, oft auch Latex genannt, Füllstoffen, Weichmacher,
rheologischen Hilfsmitteln und ggf. weiteren Additiven.[8] Dispersionsdichtstoffe gibt es
bereits seit den 60er-Jahren.

Die Aushärtung der Dispersionsdichtstoffe geschieht durch Abgabe von Wasser
(Abb. 6.3), das je nach Formulierung 20 % des Dichtstoffs ausmachen kann. Beim Härten oder Trocknen nähern sich die einzelnen Latexteilchen durch den Wasserverlust und
„verschmelzen" schließlich zu einer nahezu homogenen Phase. Der Dichtstoff schrumpft
hierbei um ca. 25 % und ergibt in der Fuge leicht konkave Dichtstoffoberflächen. Dies
ist ein stark witterungsabhängiger Prozess, der u. a. von folgenden Parametern beeinflusst
wird:

- Lufttemperatur,
- Luftfeuchte,
- Wind,
- Fugengeometrie,
- Menge des Dichtstoffs.

Wegen des hohen Wassergehalts sind normale Acrylatdispersionsdichtstoffe frostemp-
findlich[9] und müssen deshalb bei mindestens 5 °C gelagert werden.

---

[8] Die gelegentlich beworbenen silanisierten Acrylatdichtstoffe enthalten zwar zusätzliche Silane
als Haftvermittler; ob sich diese allerdings eigenschaftsverbessernd auswirken, sollte im Einzelfall
überprüft werden.
[9] Spezielle frostbeständige Acrylate bleiben bis −20 °C lagerstabil.

Abb. 6.3 Trocknungsverlauf eines Acrylatdichtstoffs. (Mit frdl. Genehmigung BV Porenbeton e. V.)

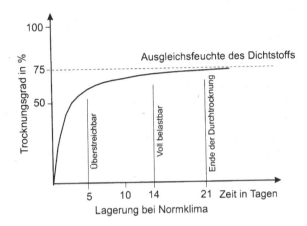

> **Praxis-Tipp** Einmal eingefrorene Standard-Acrylat-Dispersionsdichtstoffe sind nach dem Auftauen keinesfalls mehr zu verwenden. Der Binder ist irreversibel koaguliert. Eine normale Aushärtung, die zu reproduzierbaren Endeigenschaften führt, ist nicht mehr möglich.

6.6.1   Einteilung

Die in Bauanwendungen zum Einsatz kommenden Dispersionsdichtstoffe lassen sich in zwei Gruppen einteilen:

- Acrylatdispersionsdichtstoffe,
- Silikondispersionsdichtstoffe.

Die Verwendung der verhältnismäßig preisgünstigen Acrylatdispersionsdichtstoffe übersteigt die der Silikondispersionsdichtstoffe um ein Vielfaches. Daher beziehen sich die weiteren Ausführungen, wenn nicht anders angegeben, auf die Acrylatdispersionsdichtstoffe.

6.6.2   Eigenschaften

Die allgemeinen Eigenschaften der Acrylat- und Silikondispersionsdichtstoffe sind in Tab. 6.16 zusammengestellt. Acrylatdispersionsdichtstoffe sind plastoelastisch und weisen zulässige Gesamtverformungen von 10–25 % auf. Trotz der bei manchen Produkten zugesicherten ZGV von 25 % sollten sie nicht in Fugen verwendet werden, die sich häufig und stark bewegen, hier ergeben elastische Dichtstoffe die dauerhafteren Abdichtungen. Dagegen wirkt bei sich nur langsam erweiternden *Setzfugen* oder Rissen der plastische

Tab. 6.16 Allgemeine Eigenschaften von Dispersionsdichtstoffen

Stärken	Schwächen
Leichte Verarbeitbarkeit	Acrylatdichtstoffe sind nicht dauerhaft wasserfest
Einfache Reinigung der Geräte	Ggf. nicht früh(regen)beständig
Überstreichbarkeit/Anstrichverträglichkeit	Schrumpf beim Aushärten
Geruchsarmut	Starke Witterungsabhängigkeit beim Aushärten
Gute Haftung auf porösen/saugenden Untergründen	Acrylatdichtstoffe erweichen bei hohen Temperaturen (Tack)
Hohe Lagerstabilität	Frostempfindlichkeit im Gebinde und bei der Verarbeitung
UV-Beständigkeit	Nicht für Naturstein geeignet
Spannungsausgleichend durch Plastoelastizität bei vielen Acrylatdichtstoffen	Geringe Beständigkeit gegenüber Chemikalien, Reinigungsmitteln/Tensiden
Niedrige Kosten	

Anteil im Dichtstoff spannungsmindernd und verhindert adhäsives Versagen, wie es bei einem hochelastischen Dichtstoff der Fall sein könnte.

Acrylatdispersionsdichtstoffe haften auf vielen, auch feuchten oder saugenden Substraten, die allerdings keinen Wasserfilm an der Oberfläche aufweisen dürfen: Alle bautypischen mineralischen und holzhaltigen Werkstoffe, auch Metalle, wenn korrosionsgeschützt, sowie lackierte Oberflächen und PVC, stellen gute Untergründe dar. Bei höheren Dehnungsbeanspruchungen oder nach Herstellerangabe muss fallweise geprimert werden.

▶ **Praxis-Tipp** Trockene, jedoch sehr stark saugende Untergründe sollten vor dem Dichtstoffauftrag leicht vorgenässt, ggf. auch mit Haftgrund vorgestrichen werden.

Dauernde Wasserbelastung des ausgehärteten Dichtstoffs ist zu vermeiden, denn Wasser wirkt gewissermaßen als Weichmacher, wenn es bei dauerndem Kontakt in den Dichtstoff eindringt. Zudem besteht die Gefahr der Redispersion (Auftrennung des verfilmten Binders) und der Auslaugung von Dichtstoffbestandteilen. Daher sind Acrylatdispersionsdichtstoffe auch nicht für Bodenfugen oder den Nassbereich zu verwenden. Wenn der Dichtstoff gelegentlich nass wird, aber die Chance zur Abtrocknung hat, gelten die vorgenannten Einschränkungen nicht.

Acrylatdispersionsdichtstoffe sind prinzipiell überstreichbar mit Dispersionsfarben, die auf ersteren gut haften. Bei Verwendung der üblicherweise wenig elastischen Dispersionsfarben besteht die Gefahr der Rissbildung:

- Das Überstreichen von noch nicht vollständig ausgehärtetem Dichtstoff führt zu Rissen aufgrund des Volumenschwunds während der Trocknung (Abb. 6.4) des Dichtstoffs,
- Starke Fugenbewegungen führen auch bei ausgehärtetem Dichtstoff zu Rissen aufgrund der geringeren Dehnfähigkeit der Dispersionsbeschichtung.

Abb. 6.4 Risse in der Beschichtung treten auf, wenn ein Acrylatdispersionsdichtstoff zu früh überstrichen wird. (Foto: M. Pröbster)

Die Anstrichverträglichkeit mit vorhandenen Anstrichsystemen auf Holz ist in aller Regel gegeben.

6.6.3 Anwendungen

Acrylatdichtstoffe lassen sich sehr leicht aus der Kartusche bzw. dem Schlauchbeutel ausdrücken und in der Fuge abglätten. Glätthilfsmittel sind meist nicht nötig. Überschüssiger, noch nicht angetrockneter Dichtstoff kann leicht mit Wasser, auch von den Verarbeitungswerkzeugen, entfernt werden. Je tiefer die Umgebungstemperatur oder je höher die Luftfeuchte ist, desto länger dauern Hautbildezeit und Härtung des Dichtstoffs. Im Extremfall erfolgt keine Hautbildung mehr. Bei der Verarbeitung des Dichtstoffs in Außenfugen muss daneben noch ein weiterer, witterungsbedingter Einfluss beachtet werden: Regen. Nicht alle Acrylatdispersionsdichtstoffe sind frühregenbeständig (Bestimmung nach DIN 52461) und sind daher vor der Hautbildung empfindlich gegen Auswaschung. Neben der ausbleibenden Verfestigung des Dichtstoffs wird durch ausgewaschene Bestandteile die Umgebung der Fuge verschmutzt, ein Vorgang, der sich praktisch nicht rückgängig machen lässt. Daher ist bei unsicherer Witterung eine entsprechende Zeitplanung vorzusehen, was beispielsweise bedeuten kann, dass nur die witterungsabgewandten Seiten eines Gebäudes abgedichtet werden können und die kritischen zu einem späteren, wettersicheren Zeitpunkt, nachgearbeitet werden müssen. Detaillierte Informationen über einige kommerzielle Dispersionsdichtstoffe finden sich in Tab. 6.17. Die dort aufgeführten Produkte (Ac-1–Ac-4) finden in den untenstehend beschriebenen Anwendungen ihren Einsatz. Si-1 unterscheidet sich als Silikondispersionsdichtstoff ganz wesentlich von den genannten Acrylatdispersionsdichtstoffen und wird hauptsächlich für Sanitäranwendungen verwendet.

Tab. 6.17 Mechanische Eigenschaften einiger typischer Acrylat- und Silikondispersionsdichtstoffe

Eigenschaft	Ac-1	Ac-2	Ac-3	Ac-4*	Si-1***
Hautbildezeit bei 23 °C/50 % r. Lf., min.	10–20	15–30	20	10	10
Aushärtezeit, Tage	7	7	10	7	5
100 % Modul nach DIN 53504, MPa	0,2	0,3	0,2	0,2	0,4
Shore A Härte nach DIN 53505	N. best.	20–25	35	30	20
Verarbeitungstemperatur	5–40	5–40	5–40	5–40	5–30
Gebrauchstemperatur nach DIN EN ISO 10563, °C	−20–80	−20–80	−20–80	−40–80 (140**)	−50–150
Zulässige Gesamtverformung, %	25	10	10	25	25
Volumenänderung nach DIN 52451-1 (DIN EN ISO 10563), %	−24	−24	−25	−30–40**	−18
Fugenbreite, mm	5–30	Min. 5	Max. 30	20	20
Anstrichverträglichkeit nach DIN 52452, Teil 4	A1, A2	A1, A2	K. A.	K. A.	A1

Anmerkungen:
* Silikonisiertes Acryl
** Transparente Einstellung
*** Silikondispersion

▶ **Praxis-Tipp** Bei feuchter Witterung, d. h. hoher relativer Luftfeuchte, können sich Hautbildung und Durchtrocknung des Dichtstoffs drastisch verzögern. Dadurch bleibt auch die Dichtstoffoberfläche länger klebrig und kann Staub aus der Umgebung aufnehmen. Dieser lässt sich auch durch Abwischen kaum mehr entfernen.

Typische Anwendungen der Acrylatdispersionsdichtstoffe sind die Abdichtung von: Setzfugen, Rissen, Anschlüsse im Fertigteilbau, zwischen Porenbetonteilen,[10] bewehrten Wandbauteilen aus Porenbeton, in Fassaden, Fensteranschlüsse zu Beton, Ziegel, Mauerwerk oder Putz, Rollladenkästen, Fensterbänken, Fugen im Wärme-Dämm-Verbundsystem, Gipskarton, Leichtbauplatten, Holzverkleidungen, Treppen, Fachwerk.[11]

Neben den Bau- und Do-it-yourself Anwendungen kommen die Acrylatdispersionsdichtstoffe auch bei Klima- und Lüftungsanlagen zur Anwendung, z. B. bei Blechstößen

---

[10] Hier gelten beim Überlackieren des Dichtstoffs weniger strenge Anforderungen: Risse in der Beschichtung sind in gewissem Umfang akzeptabel.
[11] Bei nicht dimensionsstabilen Werkstoffen muss mit adhäsivem/kohäsivem Versagen des Dichtstoffs gerechnet werden.

und Blechkanälen und den anfallenden Mauerdurchbrüchen. Die Gebrauchstemperaturen liegen zwischen −20 und 80 °C.

▶ **Praxis-Tipp** Im frischen Zustand können Dispersionsdichstoffe von Glättwerkzeugen etc. leicht mit Wasser entfernt werden. Sind die Dispersionsdichstoffe erst einmal an- oder ausgehärtet, lassen sie sich nur mechanisch entfernen.

6.7 Plastische Butyldichstoffe

Die meisten im Markt befindlichen, als „Butylprodukte" bezeichneten Dichtstoffe und Bänder enthalten erstaunlicherweise keinen oder nur sehr wenig Butylkautschuk im strengen Sinn, obwohl er der Namensgeber dieser großen Produktgruppe ist. Butylkautschuk (IIR) ist ein vernetzbarer bzw. (teil-)vernetzter Rohstoff, der eigentlich aus der Gummiindustrie stammt und dort aufgrund seiner Undurchlässigkeit für Wasser und Luft zur Herstellung von witterungsbeständigen Dachfolien oder auch Schläuchen für Reifen verwendet wird. Er wurde bereits in den 20er- und 30er-Jahren des vergangenen Jahrhunderts entwickelt. In kleinen Mengen in Dichtstoffen, meist in Kombination mit Polybutenen (PB) und Polyisobuten (PIB) verwendet, lassen sich in Kombination mit Klebrigmacherharzen, Füllstoffen und anderen Additiven Compounds mit sehr unterschiedlichem Eigenschaftsprofil darstellen. Neben dem Butylkautschuk, der den plastischen Butyldichstoffen eine gewisse Wärmestandfestigkeit verleiht, obwohl die fertigen Formulierungen nicht gehärtet (vulkanisiert) werden, kann man auch andere Kautschuke, wie Styrolbutadien-Copolymere (SBR) und ähnliche verwenden. Allen diesen Kautschuken ist das Fehlen von Heteroatomen[12] in der Hauptkette des Polymers gemeinsam. Dies ist der Hauptgrund für die hohe Alterungs- und Witterungsstabilität der damit hergestellten Produkte.

Die Abstimmung zwischen den eher linear aufgebauten Rohstoffen (Polybuten, Polyisobuten), die als Öl bzw. klebrige Ballenware vorliegen und den eigentlichen (teil-) vernetzten Kautschukanteilen bestimmt das viskoelastische Verhalten der Butyldichstoffe, die durch Zusammenkneten der benötigten Rohstoffe hergestellt werden. Je mehr von den linearen Rohstoffen enthalten sind, umso besser lässt sich das Endprodukt zwar verarbeiten, aber umso höher ist auch der sog. „Kalte Fluss". Damit bezeichnet man das Kriechen, eine irreversible Verformung, des Dichtstoffs unter Last. Je höher die Last und die Temperatur, desto ausgeprägter ist das Kriechverhalten. Butyldichstoffe können daher auf Dauer keine nennenswerten statischen Lasten übertragen; auch bei dynamischer Beanspruchung sorgt der hohe plastische Anteil im Rezept für permanente Verformungen. Die durch den Butylkautschuk eingebrachten elastischen Anteile sorgen beim schnellen Auseinanderziehen eines Butylbandes zunächst für Widerstand, der auch als „Nerv" bezeichnet wird. Ein gewisser Nerv ist beim Abziehen eines Butylbandes von der Rolle vorteilhaft, denn dadurch wird die Längung desselben beim Abrollen gemildert. Je nach

---

[12] Atome, die nicht Kohlenstoffatome sind, z. B. Sauerstoff, Stickstoff, Schwefel etc.

elastischem Anteil in der Polymermischung kann man die Butyldichtstoffe als plastisch bzw. als elastoplastisch bezeichnen. Ihre Bewegungsaufnahme (zulässige Gesamtverformung) ist rezeptabhängig und beträgt 5–10 %. Damit werden geringe Fugenbewegungen schadlos überstanden.

> Plastische Butyldichtstoffe dürfen in der Einbausituation nicht dauernd unter Zug- oder Druckspannung stehen. Wechsellasten wirken ähnlich: Die Dichtstoffe verformen sich irreversibel und die Fuge kann undicht werden.

Plastische Butylprodukte sind chemisch nicht reaktiv und besitzen sofort nach der Applikation (lösemittelhaltige und Heißschmelzbutyle ausgenommen) ihre Endeigenschaften. Sie benötigen also keine Aushärtezeit oder eine Härterkomponente, damit sie funktionsfähig sind.

6.7.1 Einteilung

Das umfangreiche Sortiment der plastischen Butyldichtstoffe (Abb. 6.5) lässt sich folgendermaßen einteilen:

- Profile, Extrudate, Stränge, Fugenbänder mit und ohne Kaschierung bzw. Seele,
- Knetmassen,
- Spritzbare Dichtstoffe,
- Hotmeltbutyle.

Profile werden bei Temperaturen von 60–80 °C durch Extrusion im Herstellerwerk geformt, auf Trennpapier oder -Folie appliziert und aufgerollt. Profile gibt es als flache

Abb. 6.5 Beispiele für konfekt-ionierte Butyldicht-stoffe. (Foto: Henkel AG & Co. KGaA)

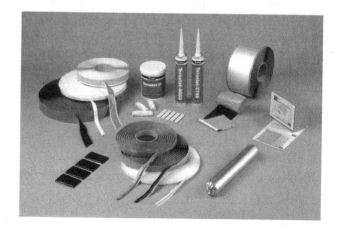

Abb. 6.6 Beispiele für handelsübliche, profilierte Dichtstoffe **a** Flachprofil, **b** Flachprofil mit Stabilisierungsfaden, **c** Folienkaschiertes Flachprofil, **d** Rundprofil, **e** Rundprofil mit Stabilisierungsfaden, **f** Rundprofil mit Schaumstoffkern

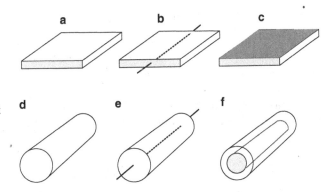

Bänder (mit Dicken von ca. 1–3 mm und Breiten bis 400 mm) oder als Rundschnüre mit Durchmessern bis ca. 10 mm. Neben der Rollenware sind auch bedarfsgerecht abgelängte Stücke und Streifen erhältlich. Flach- oder Rundprofile können zur Erhöhung der Formstabilität in Längsrichtung mit textilen Fäden oder Geweben versehen werden. Durch einseitige Kaschierung der Bänder mit Kunststoff- oder Aluverbundfolien werden zusätzlich Eigenschaften wie Wetterfestigkeit, Reißverhalten und die Optik gestaltet. Mit PVC kaschierte Bänder werden bei der Applikation um 5–10 % gedehnt, um z. B. Rohrverbindungen abzudichten. Durch die Rückstellungskraft des PVC schrumpfen die Bänder wieder etwas und legen sich so automatisch fest um die abzudichtende Verbindung. Da beim Verarbeiten der Bänder keine speziellen Geräte oder Schutzmaßnahmen benötigt werden, können die Profile schnell und sicher aufgeklebt werden, das Trennpapier sollte bei einseitig papierbelegten Bändern erst möglichst spät abgezogen werden, denn es erhöht die Dimensionsstabilität des Profils beim Aufbringen auf das Substrat. Nach manuellem Aufdrücken oder Anpressen mit einer Rolle ist die Applikation beendet. In Bauanwendungen kommen neben normalen Profilen insbesondere vlies- oder folienkaschierte Butylbänder zum Einsatz.

Einige handelsübliche Profile sind in Abb. 6.6 dargestellt.

▶ **Praxis-Tipp** Butyldichtstoffe in Profilform mit noch aufliegendem Trennpapier applizieren und auf das erste Substrat andrücken. Erst danach das Trennpapier abziehen und fügen. So vermeidet man Längung beim Verarbeiten. Verwendet man Produkte mit transluzenter Trennfolie, lässt sich das Profil besser positionieren. Auch aufgedruckte Führungslinien verbessern die Positioniergenauigkeit.

▶ **Praxis-Tipp** Beim Abrollen breiterer, kaschierter Butylbänder auf das Vorhandensein von Querrillen achten, die gelegentlich geometriebedingt beim Aufwickeln der Bänder im Herstellerbetrieb entstehen können. Wird das Band ohne Andruckrolle angepresst, können Kanäle verbleiben, durch die Wasser in die abgedichtete Fuge eindringen kann.

Knetmassen sind manuell leicht verformbare Produkte, die in Spalte, Fugen oder Öffnungen gedrückt werden. Sie passen sich dabei praktisch jeder Oberflächengeometrie an. Wegen ihrer leichten Verformbarkeit und guten Klebekraft bewirken sie eine ausgezeichnete Abdichtung gegen Wasser, Gase und Staub.

▶ **Praxis-Tipp** Gut vortemperierte Knetmassen lassen sich manuell deutlich ermüdungsfreier verarbeiten als kalte. Der Haftungsaufbau zum Substrat wird zudem verbessert.

Spritzbare Butyldichtstoffe sind Sonderprodukte und enthalten organische Lösemittel zur Absenkung der Verarbeitungsviskosität. Sie lassen sich bei Raumtemperatur vergleichsweise leicht mittels einfacher Kartuschenpistolen oder aus Schlauchbeuteln verarbeiten. Aufgrund ihrer niedrigen Viskosität eignen sie sich besonders für raue Oberflächen oder zur Erzielung sehr geringer Raupendurchmesser oder Auftragsmengen. Nach der Applikation entweicht das Lösemittel, meist Benzin, und die Produkte binden physikalisch zu einem plastischen, alterungsbeständigen Dichtstoff ab. Je nach Lösemittelgehalt können die Produkte bis 25 % schrumpfen. Aufgrund des enthaltenen Lösemittels kann auch auf nicht vollständig von öligen Verunreinigungen befreiten Untergründen noch gute Haftung erzielt werden, da der Dichtstoff begrenzte Mengen des kontaminierenden Öls aufnehmen kann. Trotz mancher technischer Vorteile der lösemittelhaltigen Butyldichtstoffe ist aus Umweltgründen ihre Verwendung in den letzten Jahren stetig zurückgegangen. Für einige Anwendungen, speziell im Metallbau, wird man jedoch auch in Zukunft nicht so leicht auf die spritzbaren Butyldichtstoffe verzichten können.

Hotmeltbutyle sollen der Vollständigkeit halber nicht unerwähnt bleiben, obwohl sie auf der Baustelle kaum angewandt werden dürften – in der Bauzulieferindustrie dagegen relativ häufig. Sie sind bei Raumtemperatur sehr hochviskose, mehr oder minder klebrige Dichtstoffe. Zur Verarbeitung werden sie auf Temperaturen von 80–120 °C erwärmt, wodurch die Viskosität deutlich abgesenkt wird. Nach der Abkühlung des Hotmeltbutyls erreicht die Masse wieder ihre Ausgangsviskosität und -festigkeit. Durch die starke Reduzierung der Viskosität beim Auftrag lassen sich extrem dünne Schichten (ca. 0,5 mm) auf fast beliebige Substrate auftragen. Dank der hohen Klebrigkeit können Profile, Folien oder Formteile selbstklebend ausgerüstet werden. Die damit hergestellten Produkte, z. B. Firstbänder für den Dachbereich, können sogar bei Temperaturen um 0 °C verarbeitet werden. In dieser Anwendung dient das Hotmeltbutyl als Montagehilfe bzw. Klebstoff, wenn der Dachdecker den First schließt. Hauptabnehmer für Hotmeltbutyle sind die Bauzulieferund Automobilindustrie.

6.7.2 Eigenschaften

Die Haupteigenschaften der sehr großen und vielfältigen Gruppe der plastischen Butyldichtstoffe lassen sich wie folgt charakterisieren:

- Anwendungsfertig,
- Hervorragende Haftung auf nahezu allen Untergründen,
- Endeigenschaften direkt nach dem Auftrag des Dichtstoffs,
- Selbstverschweißend,
- Sehr geringe Wasserdampf- und Gasdurchlässigkeit,
- Gute Alterungs-, Witterungs- und UV-Beständigkeit,
- Hohe Flexibilität auch bei tiefen Temperaturen,
- Einfache Wiederentfernbarkeit im Reparaturfall,
- Gute Verträglichkeit mit vielen bautypischen Untergründen, Kunststoffen und auch Bitumen (nicht mit Weich-PVC),
- Primer bei porösen Untergründen nötig,
- Sehr geringe Fogneigung[13] bei Spezialprodukten.

Die *Haftung* zu allen gängigen Metallen, Glas, Keramik, Mauerwerk, Beton, Kunststoffen wie ABS, EPDM, PVC baut sich ausschließlich über physikalische Kräfte auf. Auch die sogenannten „kritischen", oft schwer klebbaren Untergründe wie PE (Dampfsperrfolien), PP oder POM sind für ausgewählte Butyldichtstoffe kein Problem.

Bei Profilen und Knetmassen sind die *Endeigenschaften* vor, während und nach der Verarbeitung der Dichtstoffe identisch. Da diese Endeigenschaften direkt nach dem Einbringen der Butyle in die abzudichtenden Fugen und Nähte vorliegen, kann schnell weitergearbeitet werden. Viele Butylformulierungen sind zudem gut überlackierbar. Bei Heißbutylen werden die Endeigenschaften sofort nach dem Abkühlen erreicht.

Butyldichtstoffe zählen zu den organischen Werkstoffen, die die geringste *Wasserdampf-* und *Gasdurchlässigkeit* aufweisen (in Abb. 6.7 sind beispielhaft einige Werte aufgeführt). Diese Eigenschaft macht man sich z. B. bei der Fertigung von Isolierglasscheiben zunutze, bei denen der Scheibenzwischenraum wasserdampf- und damit beschlagfrei bleiben muss.

Das Fehlen ungesättigter oder aromatischer Anteile bewirkt bei vielen plastischen Butyldichtstoffen eine ausgezeichnete *Witterungs- und Alterungsstabilität* über viele Jahre. Bei kautschukhaltigen Mischungen, die einige ungesättigte Bindungen aufweisen, werden entweder Stabilisatoren oder Pigmente zugegeben, um zu einer entsprechenden Stabilität zu kommen.

In der Regel liegt der *Glaspunkt*, das ist die Temperatur, bei der ein Werkstoff versprödet, der Butyldichtstoffe weit unterhalb der üblichen Gebrauchstemperaturen. Dadurch sind Anwendungen bei −40 °C und tiefer problemlos möglich ohne dass der Dichtstoff seine Funktion verliert.

Dichtstoffe auf Butylbasis sind den chemisch reaktiven, wenn es um die *Wiederentfernbarkeit* aus einer Fuge geht, deutlich überlegen: Abdichtungen, die gelegentlich wieder gelöst werden müssen, wie z. B. Inspektionsöffnungen in der Klima- oder Lüftungstechnik,

---

[13] Fog (engl. Nebel) ist eine Ausgasung von flüssigen Bestandteilen eines Dichtstoffs bei höheren Temperaturen. Fog kann sich an kalten Gegenständen niederschlagen und ggf. störende Schichten bilden.

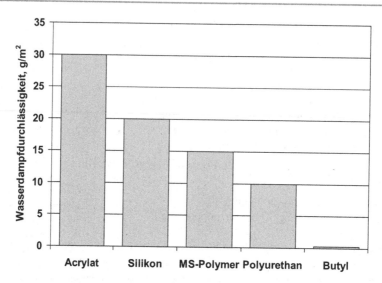

Abb. 6.7 Wasserdampfdurchlässigkeit verschiedener Dichtstoffe nach DIN 53122 im Laborversuch (rezeptabhängig)

lassen sich mit Butylprodukten hervorragend ausführen. Auch in Kabel- oder Rohrdurchführungen, bei denen vereinzelt neue Leitungen gezogen werden müssen, bewähren sich Butyldichtmassen.

Die gute *Verträglichkeit* mit bautypischen Substraten bedeutet die Abwesenheit negativer physikalisch-chemischer Wechselwirkungen, wenn Butyldichtstoff und Substrat in Kontakt kommen. Mit weichmacherhaltigen Kunststoffen wie Weich-PVC sind Butyldichtstoffe unverträglich, denn der im Kunststoff enthaltene Weichmacher wandert in den Dichtstoff und löst ihn an. Dies kann zu schmierigen Oberflächen oder auch zum Herausfließen des Dichtstoffs aus der Fuge führen. Im Zweifelsfall müssen vor der Abdichtarbeit Herstellerinformationen eingeholt werden oder Verträglichkeitsversuche, z. B. an einem Mockup[14], durchgeführt werden.

Die gute Haftung der Butyldichtstoffe auf verschiedenen bautypischen Untergründen ist im Wesentlichen von deren physikalischer Oberflächenstruktur und dem Anpressdruck des Dichtstoffs abhängig: Während auf den meisten glatten, auch unpolaren Substraten wie Metallen, Glas, Keramik, Hart-PVC, PP, PE spontan gute Haftung erzielt wird, ist bei rauen Untergründen wie Beton, Mauerwerk, Ziegel, Porenbeton ein vorgeschriebener Primer zu verwenden. Dieser egalisiert den Untergrund durch Einfließen in Poren und Unebenheiten, bindet kleinere Staubteilchen und ist nach Abflüftung ein idealer Haftgrund für den Butyldichtstoff. Butyldichtstoffe bauen auf zweierlei Art Haftung zum Untergrund auf:

---

[14] Mockup (engl.): Nicht voll funktionsfähiger Prototyp.

- Über die Soforthaftung (Tack) eines sehr klebrigen Dichtstoffs wird eine spontane Verbindung zum Untergrund erzielt. Eine Korrektur der Lage eines hochklebrigen Butylbandes, besonders bei warmer Witterung, ist schwer möglich.
- Haftungsaufbau über die Zeit. Auch wenig klebrige, „trocken" erscheinende Butylbänder bauen durch langsame, zeit- und temperaturabhängige Fließvorgänge unter leichtem Anpressdruck permanente Haftung auf. Wo keine Gefahr besteht, dass das Butylband verrutscht, sollten auch die weniger klebrigen Produkte in Betracht gezogen werden, weil die Lage beim Einbau einfach korrigiert werden kann.

6.7.3   Anwendungen

Die Anwendungen von Butyldichtstoffen sind so vielfältig wie die einzelnen im Markt befindlichen Produkte. Die nachfolgende Übersicht gibt einige Beispiele:

Abdichtungen im *Hochbau*: Fugenbänder für Fassaden, Lichtkuppeln, Dachverglasungen, Gewächshäuser, Wintergärten, Vorbauten, Anschlüsse von Garage zum Haus, Anschluss- und Überlappungsabdichtung im Dachbereich, Wandanschlüsse, Welldachabdichtung und -fixierung, Treppenstufenfixierung und -entdröhnung, Kühlhäuser, Verkleben von Wasserdampfsperrfolien, Innenabdichtung von Fensterelementen zum Baukörper, Fixieren von Dachbahnen, Abdichtungen bei Klima- und Lüftungsanlagen.

Abdichtungen im *Tiefbau*: Abwasserrohre aus Beton, Schachtringe, Revisionsschächte, Abwasserkanäle, Güllebecken, Klärbecken und Behälter. Die zu verwendenden Produkte benötigen entsprechende Zulassungen.

Abdichtungen in der *Bauzulieferindustrie*: Dachfirstbahnen, Kaminverwahrungen, Fensteranschlussfolien, Dachunterspannbahnen, Solaranlagen, Rohrflansche, Kantenschutz von Sandwichplatten, Selbstklebeausrüstungen, Küchen- und Sanitärinstallation.

▶   **Praxis-Tipp**   Für Abdichtungen bei Überkopfarbeiten ohne zusätzliche Befestigung sollten Butylbänder nicht verwendet werden.

Mit Vlies kaschierte Bänder sind spaltüberbrückend und können mit Dispersionsfarben überstrichen oder überputzt werden. Hiermit können zum Beispiel horizontale Trennfugen zwischen einer Garage und dem Wohnhaus abgedichtet werden. Aluminiumkaschierte Bänder verwendet man z. B. im Gewächshaus- und Glasbau (Abb. 6.8).

▶   **Praxis-Tipp**   Bei Vliesbandüberlappungen muss immer geprimert werden.

Abb. 6.8 Anwendung alumi-
niumkaschierter Butylbänder
im Gewächshausbau

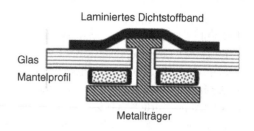

Laminiertes Dichtstoffband

Glas
Mantelprofil

Metallträger

6.8 Bitumenhaltige und sonstige Dichtstoffe

In diesem Kapitel wird eine Reihe von weiteren Dichtstoffprodukten beschrieben, die sich
aufgrund ihrer unterschiedlichen Basischemie nur schwer den vorgenannten Hauptgruppen zuordnen lassen.

6.8.1 Bitumen und Asphalt

Die Begriffe Bitumen und Asphalt werden im Zusammenhang mit Dichtstoffen und Vergussmassen meist synonym verwendet, obwohl Unterschiede zwischen Naturasphalt und
synthetischem Bitumen, das aus der Erdöldestillation stammt, bestehen. Wenn man von
unmodifiziertem Bitumen einmal absieht, dieses versprödet bei tiefen Temperaturen, sind
die folgenden Klassen zu nennen:

- Heißbitumenvergussmassen,
- Lösemittelhaltige Bitumendichtstoffe,
- Bitumenemulsionen,
- Bitumenmodifiziertes Polyurethan.

Die *Heißbitumenvergussmassen*, die im Tiefbau verwendet werden, um z. B. Fugen in
Betonfahrbahnen, Pflaster, an Schienen- oder Brückenanschlüssen, Verladerampen oder
Flugplätzen abzudichten, beanspruchen mengenmäßig den größten Anteil aller verwendeten Bitumenprodukte. Diese sehr preiswerten Produkte bestehen aus Bitumen, welches
mit thermoplastischen Kautschukpolymeren modifiziert wurde, um die Sprödigkeit bei
niederen Temperaturen zu vermindern. Sie werden bei 150–180 °C verarbeitet und müssen den entsprechenden Technischen Lieferbedingungen (TL Fug StB 01) entsprechen.
Fallweise müssen entsprechende Primer verwendet werden, die vorwiegend dazu dienen,
die Untergründe staubfrei und tragfähig zu machen. Die Heißbitumenmassen haben ein
sehr geringes Bewegungsaufnahmevermögen und werden daher nicht für die typischen
Bewegungsfugen im engeren Sinn verwendet. Da diese Massen jedoch einen ausgespro-
chenen thermoplastischen Charakter haben, erweichen sie im Sommer und können über
einen Selbstheilungsprozess gewisse erlittene Schäden kompensieren (Straßenbau). Bei

der Verarbeitung der Bitumenvergussmassen muss nach den Angaben der Hersteller vorgegangen werden; die wichtigsten Punkte sind im Praxistipp zusammengefasst.

▶   **Praxis-Tipp**

- Nur in Horizontalfugen verwenden, die weniger als 5° geneigt sind,
- Unterhalb einer Substrattemperatur von 5 °C darf nicht vergossen werden,
- Die Fugenflanken müssen staubfrei und trocken sein. Nach dem Schneiden der Fugen müssen diese ausgebürstet bzw. ausgeblasen werden,
- Der ggf. aufzubringende Voranstrich (Primer) muss vollständig abgetrocknet sein. Die Fugenflanken müssen vollflächig benetzt sein,
- Spezielle Kannen oder Lanzen zum Vergießen verwenden,
- Vorgeschriebene Vergusstemperaturen einhalten. Zu kalte Massen füllen die Fugen nicht vollständig aus und bilden Hohlräume,
- Breite Fugen wegen des Volumenschrumpfs beim Erkalten in zwei Durchgängen vergießen,
- Die Fugen nicht überfüllen.

Die Heißvergussmassen können nach dem Abkühlen sofort belastet werden. Sie sind gegenüber verdünnten wässerigen Säuren und Laugen gut beständig, kurzfristig auch gegen Lösemittel und Öle, die aber langfristig zur Quellung und Schädigung führen.

Lösemittelhaltige Bitumendichtstoffe sind ebenfalls kunststoffvergütet und werden hauptsächlich im Dachbereich verwendet. Sie enthalten Lösemittel zur Reduzierung der Verarbeitungsviskosität und schrumpfen daher beim Trocknen. Wegen ihrer Verträglichkeit zu Dachpappe und Bitumenschweißbahnen werden sie auch oft zum Verkleben dieser benützt. Anschlussfugen im Dachbereich zwischen Metall und Mauerwerk, Fallrohren und Dachbedeckung lassen sich hiermit gut füllen, sofern die schwarze Farbe nicht stört.[15] Aufgrund der Kunststoffvergütung ist eine ZGV von 10 % bei manchen Produkten erlaubt, sie können daher als elastoplastisch bezeichnet werden. Ein Kontakt mit Kunststoffen oder hellen Baustoffen führt in der Regel zu unerwünschten Verfärbungen des Substrats.

Bitumenemulsionen verwendet man hauptsächlich im Tiefbau („Kaltasphalt"), zum flächigen Abdichten von Mauerwerk gegen drückendes und nichtdrückendes Wasser und auch in standfester Form als Dicht- und Klebstoff. Sie bestehen aus feinst emulgiertem Bitumen, Additiven und Wasser und härten durch die Abgabe von Wasser durch Koagulation. Es gelten daher ähnliche Prinzipien wie bei den Acrylatdispersionsdichtstoffen.

Bitumenmodifizierte Polyurethane (Teer-PU) sind elastische 2K-Fugenvergussmassen, die dank der Reaktion des Isocyanathärters mit dem Polyol in der Basiskomponente aushärten. In ihr sind die Vorteile der Polyurethanchemie (Elastizität) mit denen des Bitu-

---

[15] Bei der bekannten *Bitumenkorrosion* dürften sicherlich die Auswaschungen aus Bitumenbahnen und -schindeln die evtl. auch durch Bitumendichtstoffe hervorgerufenen Effekte um ein Vielfaches übertreffen.

mens (Wasserfestigkeit, Haftung) verknüpft. Somit können mit diesen Produkten auch beanspruchte Fugen in Verkehrsbauten, Hallen, auf Flugplätzen und im Abwasserbereich abgedichtet werden. Da diese Produkte nicht mehr plastisch sind, können sie Bewegungen bis 25 % aufnehmen. Ihre Medienbeständigkeit genügt auch höheren Anforderungen, wie sie auf Flugplätzen herrschen, wo die Dichtstoffe mit Kerosin, Flugbenzin, Hydraulikflüssigkeiten und Enteisungsmittel in Kontakt kommen können. Bei der Verarbeitung ist sowohl die potentielle Gefährdung des Anwenders durch die Inhaltsstoffe des Bitumens als auch durch Isocyanate zu beachten; entsprechende Schutzausrüstung ist daher Pflicht. Durch den Gehalt an Bitumen lassen sich diese Produkte relativ preiswert fertigen.

6.8.2 Sonstige Dichtstoffe

Lösemittelhaltige Acrylate sind in Deutschland relativ wenig in Gebrauch. Sie verfestigen sich durch Abgabe eines Lösemittels, schrumpfen dadurch und eignen sich nur für Fugen, die sich kaum bewegen. Sie haben eine kurze Verarbeitungszeit und sind nicht leicht zu glätten.

Lösemittelhaltige Polycarbonsäure- oder Kautschukdichtstoffe haben den großen Vorteil, auch auf feuchten oder schlecht gereinigten Untergründen zu haften. Sie verfestigen sich durch Verdunstung von Estern unter Volumenschwund und entsprechender Geruchsentwicklung. Die enthaltenen, sehr haftfreudigen Polymere sind plastoelastisch; die Dichtstoffe können daher geringe Bewegungen aufnehmen. Die Polycarbonsäuredichtstoffe verwendet man für anspruchslose Abdichtungen von Anschlussfugen im Außenbereich, von Kunststoffen gegen Metall oder Mauerwerk, z. B. von Lichtkuppeln. – Kautschukdichtstoffe werden vorwiegend im Dachbereich eingesetzt, z. B. zur Randabdichtung von Schornsteinen, Dachfenstern und Metallprofilen sowie für Verklebungen von Zementwerkstoffen, Metallen und Kunststoffen. Ein weiteres Anwendungsfeld ist der Klimaanlagen- und Lüftungsbau. Je nach Geruchsintensität können manche Produkte nur im Abluftbereich Verwendung finden. Die Verträglichkeit der meisten dieser Produkte mit Bitumen ist gegeben, allerdings muss mit Verfärbungen gerechnet werden.

Weiterführende Literatur

Evans, R.M., Polyurethane Sealants, Technomic, Lancaster (1993)

Grimm, S., Pröbster, M., Polysulfidkleb- und Dichtstoffe: Problemlöser für schwierige Fälle, Adhäsion 10(2003)18

Khakimullin, Y. N., Minkin, V. S. et al., Polysulfide Oligomer Sealants: Synthesis, Properties and Applications, Apple Academic Press, Waretown (2015)

Koerner, G., Schulze, M., Weis, J. (Hrsg.), Silicone – Chemie und Technologie, Vulkan, Essen (1989)

Kohl, M., Pröbster, M., Moderne Butyldichtstoffe im Vergleich, Adhäsion 11(2002)19

Leitfaden zur Planung und Ausführung der Montage von Fenstern und Haustüren für Neubau und Renovierung, RAL Gütegemeinschaft Fenster und Haustüren e. V. (2014)

Lucke, H., Aliphatische Polysulfide, Hüthig & Wepf, Basel – Heidelberg – New York (1994)

Meier-Westhues, U., Polyurethanes: Coatings, Addhesives and Sealants, Vincentz Network, Hannover (2007)

Merkblatt Nr. 23, Technische Richtlinien für das Abdichten von Fugen im Hochbau und von Verglasungen, Bundesausschuss Farbe und Sachwertschutz e. V. (2005)

Merkblatt Nr. 25, Abdichtungen von Fugen und Anschlüssen in der Klempnertechnik, Industrieverband Dichtstoffe e. V. (2014)

MO-01/1, Baukörperanschluss von Fenstern, Teil 1 – Verfahren zur Ermittlung der Gebrauchstauglichkeit von Abdichtungssystemen, Institut für Fenstertechnik e. V. (2007)

Müller, B., Rath, W.; Formulierung von Kleb- und Dichtstoffen, Vincentz, Hannover (2010)

Pröbster, M., Dichtstoffe mit silanvernetzenden Polymeren; Trends und Perspektiven, Adhäsion 1–2 (2004)10

Scheim, U., Silikondichtmassen – Aktueller Stand und Entwicklungen, GDCh Monographie Bd. 35(2005)34

Technische Richtlinie des Glaserhandwerks Nr. 20: Leitfaden zur Planung und Ausführung der Montage von Fenstern und Haustüren für Neubau und Renovierung, Verlagsanstalt Handwerk (2014)

Fugenbänder 7

Unter dem Oberbegriff „Fugenbänder" werden hier vier Gruppen von vorgeformten Dichtungsmaterialien verstanden (Abb. 7.1):

- Geklebte *Elastomer-Fugenbänder*,
- Vorkomprimierte, imprägnierte *Schaumstoffdichtbänder*,
- *Plastische Fugenbänder* („Butyl"),
- *Fugenbänder*, die in der Betonage eingesetzt werden.[1]

Im Folgenden werden die beiden erstgenannten Bändertypen beschrieben. Die plastischen Fugenbänder und Profile wurden bereits in Abschn. 6.7 neben den anderen Butylprodukten erläutert.

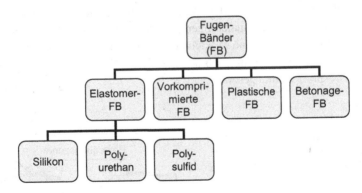

Abb. 7.1 Einteilung der Fugenbänder

---

[1] Fugenbänder nach DIN 7863 sowie DIN 7865, DIN 18541, DIN 18197 mit in der Mitte liegendem Dehnteil und zwei außen liegenden Dichtteilen sind, wie auch Klemmprofile oder Profilsysteme, nicht Gegenstand dieser Ausführungen.

© Springer Fachmedien Wiesbaden 2016
M. Pröbster, *Baudichtstoffe*, DOI 10.1007/978-3-658-09984-8_7

7.1 Geklebte Elastomer-Fugenbänder

Für geklebte Elastomer-Fugenbänder existiert derzeit keine Norm. Planer und Verleger sind daher auf eigene Erfahrungen, vorhandene Merkblätter und Firmenschriften angewiesen, wenn es um Auswahl, Dimensionierung und Anwendung von Elastomer-Fugenbändern geht.

7.1.1 Einteilung

Die Verwendung von geklebten Elastomer-Fugenbändern (Abb. 7.2) im Hochbau kann aus den folgenden Gründen wünschenswert oder erforderlich sein:

- Fugen, die nicht DIN 18540 entsprechen,
- Zu schmale Fugen (< 10 mm),
- Sehr breite Fugen (> 35 mm),
- Ungenügende Fugentiefe,
- Stark schwankende Fugenbreiten,
- Nicht parallele Fugenflanken,
- Großer Fugenversatz,
- Abgeplatzte Fugenränder,
- Verunreinigte Fugenflanken,
- Unzureichende Festigkeit (Tragfähigkeit) der Fugenflanken,
- Falsche, unbekannte oder problematische Dichtstoffe in der Fuge.

Sind die erwarteten oder gemessenen Fugenbewegungen sehr groß, kann das Fugenband schlaufenförmig (Abb. 7.3) verlegt werden, oder es kommen balgähnlich geformte Bänder zum Einsatz. Bei Fugensanierungen werden die Elastomer-Fugenbänder auch in der Fase einer Fuge verklebt. Eine Verklebung im Winkel (Anschlussfuge) ist ebenfalls möglich (Abb. 7.4). Allerdings hat sich aus praktischen Erwägungen heraus die flache Verlegung nach Abb. 7.2 durchgesetzt.

Abb. 7.2 Schematische Darstellung der Abdichtung mit flach verklebtem Elastomer-Fugenband

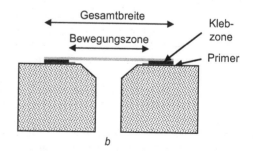

Abb. 7.3 Schematische Darstellung der Abdichtung mit
schlaufenförmig verklebtem
Elastomer-Fugenband zur Aufnahme größerer Bewegungen

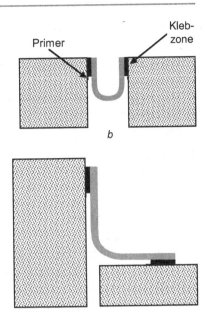

Abb. 7.4 Im 90°-Winkel verklebtes Fugenband

Elastomer-Fugenbänder sind in vielen verschiedenen Farben, Breiten (30 bis 200 mm) und mit unterschiedlichen Oberflächenstrukturen und Profilformen (flach, gewölbt, balgenförmig) als Meterware erhältlich.

> Geklebte Elastomer-Fugenbänder dürfen nicht überstrichen werden, außer das System Fugenband/Anstrich wurde nach DIN 52452-4/A3 freigegeben.

Einsatzgebiete: Neben Neubauten (selten, bei Gebäudetrennfugen, wenn kein Fugenprofil verwendet wird) liegt die Hauptverwendung in der Sanierung von defekten Fugen. Typische Fugen, bei denen Elastomer-Fugenbänder zum Einsatz kommen, sind:

- Dehnfugen im Hochbau,
- Anschlussfugen im Hochbau,
- Gebäudetrennfugen,
- Bodenfugen (auch WHG).[2]

---

[2] Hier werden Spezialbänder mit entsprechenden Klebstoffen verwendet, z. B. Hypalon/Epoxi oder Polysulfid/Polysulfid. – In manchen Fällen können auch relativ starre Fugenbänder vor Ort aus Spezialtextil und 2K Epoxidklebstoff hergestellt werden.

Auf folgenden Untergründen werden Elastomer-Fugenbänder eingesetzt:

- Beton- und Stahlbetonfertigteile,
- Ortbeton,
- Mauerwerk (verputzt und unverputzt),
- Waschbeton,
- Porenbeton,
- Metalle,
- Keramikwerkstoffe (z. B. Fliesen).

7.1.2   Eigenschaften

Die üblichen Elastomer-Fugenbänder bestehen aus Polyurethan-, Silikon- oder Polysulfidkautschuk, die mit ein- oder zweikomponentigen Klebstoffen auf der jeweiligen Rohstoffbasis verklebt werden. Die Anforderungen an Elastomer-Fugenbänder sind die folgenden:

- *Frühbeanspruchung*: Das Band darf sofort nach der Verklebung weder abrutschen (thixotroper Klebstoff!) noch durchhängen oder sich vom Untergrund ablösen (nicht normierter Test, bei dem ein frisch verklebtes Fugenband über Kopf gelagert wird: Sichtprüfung),
- *Weiterreißverhalten*: Der Weiterreißwiderstand muss $\geq 7\,\mathrm{N}$ betragen (ISO 34-1, Methode C),
- *Haft- und Dehnverhalten*: Bei einem Zugversuch müssen bestimmte Mindestwerte bei $23\,°\mathrm{C}$ und $-20\,°\mathrm{C}$ eingehalten werden. Eine Versprödung bei $-20\,°\mathrm{C}$ ist nicht zulässig (in Anlehnung an DIN EN ISO 8340),
- *UV-Beständigkeit*: Muss gegeben sein (DIN 53504).
- *Verfärbung angrenzender Baustoffe*: Keine wesentliche Farbänderung im Fugenband, am Klebstoff und am Baustoff erlaubt (DIN 52452-1),
- *Anstrichverträglichkeit/Überstreichbarkeit*: Elastomer-Fugenbänder dürfen nicht überstrichen werden, außer es wurde ein Test nach DIN 52452-4/A3 bestanden.
- *Rückstellvermögen*: $\geq 70\,\%$ nach ISO 7389,
- *Brandverhalten*: Mindestens normal entflammbar (B 2 nach DIN 4102).

7.1.3   Anwendungen

Beim Aufkleben soll die Klebstoffschichtdicke gleichmäßig ca. 1–2 mm betragen. Als Primer werden, je nach Untergrund, die vom Hersteller vorgeschriebenen Produkte (filmbildend für saugfähige bzw. nicht filmbildend für nicht saugende Untergründe) verwendet.

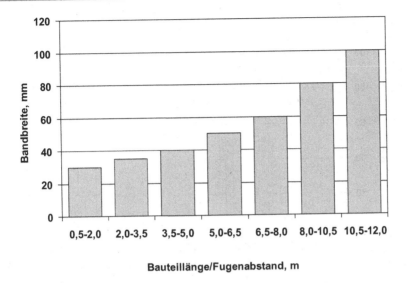

Abb. 7.5 Mindestbreite von Elastomer-Fugenbändern beim Abdichten von Betonbauteilen

Es muss immer das vom Hersteller vorgeschriebene *Gesamtsystem* aus Fugenband, Klebstoff und Primer eingesetzt werden. Bevor Elastomer-Fugenbänder verklebt werden, muss sich der der Anwender vergewissern, dass folgende Anforderungen erfüllt sind:

- Mindestfugenbreite von 5 mm (zur Vermeidung von thermisch bedingten Zwängungsspannungen der Bauteile)[3],
- Sanierte und für das Kleben vorbereitete Fugenränder (Klebflächen),
- Nachweis der Verträglichkeit des Klebstoffs bzw. Primers mit dem Untergrund,
- Sauberkeit der Klebzonen vor dem Primern.

Die nötigen Maße der aufzuklebenden Fugenbänder hängen einerseits von den Dimensionen der Fuge bzw. ihrer Bewegung ab, andererseits von der Elastizität des verwendeten Fugenbandes. In Abb. 7.5 sind die *Mindest*breiten für handelsübliche Fugenbänder für verschiedene Fugenbreiten zwischen Betonbauteilen angegeben. In der Praxis werden sicherheitshalber eher breitere Bänder als die Mindestkonfiguration verwendet. Bei Aluminiumfassaden müssen wegen des höheren thermischen Ausdehnungskoeffizienten von Aluminium deutlich breitere Fugen vorgesehen werden, was in entsprechend breiteren Fugenbändern resultiert (Abb. 7.6).

---

[3] Unter bewusster Inkaufnahme von möglichen Zwängungen können auch schmalere Fugen (bis 2 mm) mit Bändern abgedichtet werden.

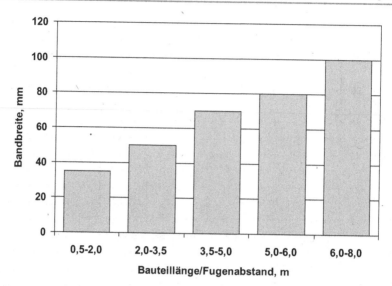

Abb. 7.6 Mindestbreite von Elastomer-Fugenbändern beim Abdichten von Aluminiumbauteilen

Praktische Hinweise zur Abdichtung von Fugen mit Elastomer-Fugenbändern:

- *Vorbereitung der Fugen*: Reinigung der Bauteile durch Abbürsten, Sandstrahlen, mit Trennschleifer, bis eine homogene, tragfähige Untergrundschicht zutage getreten ist. Glatte, nichtsaugende Bauteile entsprechend schonend, z. B. mit Lösemittel reinigen. Die so vorbereitete Klebzone zum Bauteil mit Abdeckbändern begrenzen. Den vorgeschriebenen Primer auftragen und unter Beachtung von Temperatur und Ablüftezeit ablüften lassen.

- *Aufbringen des Klebstoffs*: Gleichmäßig und blasenfrei in der vorgeschriebenen Schichtdicke, ohne dass Klebstoff in den Fugenzwischenraum kommt.

- *Verlegung des Fugenbandes*: Fugenband innerhalb der Hautbildezeit (1K Klebstoff) oder offenen Zeit (2K Klebstoff) in das Klebstoffbett drücken, sodass sich eine Klebstoffschichtdicke von 1–2 mm ergibt. Überschüssiger Klebstoff soll in Richtung Abdeckband (nicht in den Fugenzwischenraum!) verdrückt werden, das vor der Aushärtung des Klebstoffs abgezogen werden muss. Stoßstellen des Fugenbands und Fugenkreuzungen sind so zu verkleben, dass die Klebstellen dicht sind und dass keine Dreiflächenhaftung auftritt. Dies kann man vermeiden, indem unter diese Stellen vor dem Verkleben ein Stück Trennpapier oder PE-Folie gelegt wird. Längsfugen sollten möglichst durchgehend verlaufen. Wenn an Fugenkreuzungen nicht auf Stoß verklebt werden kann, ist eine überlappende Verklebung ebenfalls möglich; die Überlappung darf nur die Klebzone und keinesfalls die Bewegungszone umfassen.

- *Baustellenprotokoll*: Wie bei der Verfugung mit spritzbaren Dichtstoffen auch, muss ein Protokoll angefertigt werden, das alle wesentlichen Daten enthält: Bauvorhaben, verwendete Produkte mit Chargennummern, Materialverbrauch, Witterungsbedingungen, Materialtemperatur, Art der Arbeiten, Datum, beteiligte Personen.

7.2 Vorkomprimierte, imprägnierte Schaumstoffdichtbänder

7.2.1 Einteilung

Eine weitere Methode, Fugen im Hochbau abzudichten, kann mit imprägnierten, expandierenden Schaumstoffdichtbändern nach DIN 18542 realisiert werden (Abb. 7.7). Diese Bänder bestehen aus offenzelligen Polyurethanschaumprofilen, die im Herstellerwerk mit einer speziellen Acrylatdispersion getränkt und einseitig selbstklebend ausgerüstet werden. Die Imprägnierung sorgt für die verzögerte Expansion, wasserabweisende Wirkung und den UV- und Alterungsschutz des Trägermaterials; zudem beeinflusst sie das Brandverhalten. Am Ende des Herstellprozesses werden die Schaumprofile auf ca. 15–25 % ihrer Ursprungsdicke komprimiert und zu Rollen aufgewickelt. Nach Lösen der Rollenverklebung beginnt die Expansion des Schaumprofils. Zur Abdichtung von Fugen bringt man die komprimierten Bänder zügig in die Fuge ein und klebt sie an einer günstig erscheinenden (saubereren oder der besser erreichbaren) Fugenflanke fest. Sie expandieren dann im Laufe der Zeit und haften durch den aufgebauten Flankendruck ohne weiteres Zutun. Die Schnelligkeit der Schaumexpansion ist stark temperaturabhängig: Bei sehr hohen Arbeitstemperaturen ist die Expansion des Schaums in der Regel so schnell, dass nicht mehr vernünftig abgedichtet werden kann; evtl. hilft in diesen Fällen eine kühle Lagerung der noch aufgewickelten Bänder bei < 20 °C.

Die im Handel erhältlichen vorkomprimierten Schaumstoffdichtbänder werden in drei Beanspruchungsgruppen eingeteilt (Abb. 7.8).

Die Beanspruchungsgruppen geben Hinweise darauf, welchen Belastungen die Schaumstoffbänder standhalten und ob sie im Innen- oder Außenbereich eines Gebäudes eingesetzt werden können (Tab. 7.1). In der Regel werden für Außenanwendungen nur Produkte der BG 1 verwendet. Aus der Tabelle geht indirekt auch hervor, dass das Grundprinzip der Gebäudeabdichtung „Innen dichter als außen" befolgt wird, d. h. dass evtl. auftretende Feuchtigkeit aus dem Gebäude über die Fuge nach außen abwandern kann. Deswegen und wegen des Verlustes an Elastizität dürfen Schaumstoffbänder auch nicht deckend überstrichen werden; allenfalls ist ein farbangleichendes Betupfen möglich, das die Offenporigkeit des Schaums nicht beeinträchtigt.

Abb. 7.7 Fugenabdichtung mit Schaumstoffdichtband

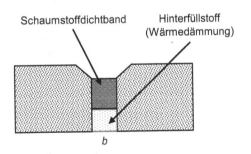

Schaumstoffdichtband   Hinterfüllstoff (Wärmedämmung)

b

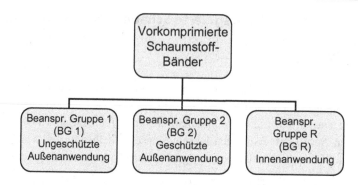

Abb. 7.8 Einteilung der vorkomprimierten Schaumstoffbänder nach DIN 18542

Tab. 7.1 Beanspruchung von vorkomprimierten Schaumstoffbändern in der Fuge

Beanspr. Gruppe	Fugenbewitterung	Schlagregen	Tauwasser	Luftdichtheit	Luftfeuchte
BG 1	Direkt	Direkt	Gering	Gering	Langzeitig
BG 2	Gering	Gering	Gering	Gering	Langzeitig
BG R	Entfällt	Entfällt	Hoch	Hoch	Langzeitig

Schaumstoffdichtbänder müssen nach DIN 18542 die nachstehenden Anforderungen erfüllen:

- Luftdichtheit/-durchlässigkeit,
- Schlagregendichtheit von Fugen und Fugenkreuzen,
- Temperaturwechselbeständigkeit,
- Beständigkeit gegen Licht- und Feuchteeinwirkung (Witterungsbeständigkeit),
- Verträglichkeit mit angrenzenden Baustoffen,
- Beständigkeit gegen Tauwasser,
- Wasserdampfdurchlässigkeit,
- Bewegungsaufnahmefähigkeit,
- Brandverhalten.

Zur Abdichtung von Fugen, die durch stehendes oder drückendes Wasser beaufschlagt werden, sind die beschriebenen Schaumstoffdichtbänder nicht geeignet, gleichgültig, ob es sich um vertikale oder insbesondere in horizontalen Flächen verlaufende Fugen handelt.[4]

---

[4] Mit Bitumen imprägnierte Spezialschaumstoffbänder werden im Straßen-, Brücken-, (Ab-)Wasser- und Tiefbau bei Fugenbreiten von 2–40 mm eingesetzt. Sie sind gegen gewisse Säuren und Laugen beständig und können in manchen Fällen als „wasserdicht" gelten.

7.2.2 Eigenschaften

Das Eigenschaftsprofil der Schaumstoffdichtbänder wird durch DIN 18542 vorgegeben und findet sich daher auch in den am Markt erhältlichen Produkten (Tab. 7.2).

Neben der Abdichtungsfunktion sorgen Schaumstoffdichtbänder auch für eine thermische und akustische Entkopplung zwischen zwei Bauteilen.

Ab wann ist eine mit einem Schaumstoffdichtband verschlossene Fuge dicht? Dies hängt stark von der Umgebungstemperatur ab: Im Sommer ist dies oft schon nach einigen Minuten der Fall, im Winter kann es in sehr ungünstigen Fällen eine Woche oder länger dauern, bis die Fuge dicht ist. Wird das in die Fuge eingebrachte Schaumstoffband behutsam mit einem Heißluftgerät erwärmt, findet eine schnelle Expansion statt, die zumindest das Band sicher in der Fuge festhält.

Die Fugendichtigkeit und das Erreichen der geforderten Werte nach DIN 18542 hängen vom Band selbst und vom Einbauzustand in der Fuge ab. Je komprimierter das Band in der Fuge verbaut ist, umso leichter erreicht man z. B. die geforderte Schlagregendichtig-

Tab. 7.2 Technische Daten typischer Schaumstoffdichtbänder

Eigenschaft	BG 1	BG 2	Multi-Funktion
Fugendurchlasskoeffizient α nach DIN 18542, $m^3/h \cdot m \cdot (daPa)^{2/3}$	$\leq 1{,}0$	$\leq 1{,}0$	≈ 0
Schlagregendichtheit nach DIN EN 1027, Pa	≥ 600	≥ 300	≥ 1000
Schlagregendichtheit von Fugenkreuzungen nach DIN EN 1027, Pa	≥ 600	n. b.	n. b.
Temperaturwechselbeständigkeit nach DIN 18542, °C	$-30{-}90$	$-30{-}90$	$-30{-}80$
Licht- und Witterungsbeständigkeit	Anforderung erfüllt	Anforderung erfüllt	N. b.
Verträglichkeit mit angrenzenden Baustoffen	Anforderung erfüllt	Anforderung erfüllt	Anforderung erfüllt
Maßtoleranz nach DIN 7715 T5 P3	Anforderung erfüllt	Anforderung erfüllt	N. b.
Baustoffklasse nach DIN 4102	B 1	B 1	B 2
Wärmeleitfähigkeit λ nach DIN EN 12667, W/m·K	0,052	n. b.	$\leq 0{,}46$
Wasserdampf-Diffusionswiderstandszahl μ nach DIN EN ISO 12572	≤ 100	≤ 100	n. b.
s_d-Wert nach DIN EN ISO 12572 (bei 50 mm Breite), m	$\leq 0{,}5$	$\leq 0{,}5$	≥ 25 innen $\leq 0{,}5$ außen

Tab. 7.3 Zusammenhang zwischen Komprimierungsgrad und Dichteigenschaften

Komprimierung auf, %	15–20	25	35	50	75	100
Eigenschaften	Lieferzustand auf Rolle	Anforderungen nach DIN 18542 erfüllt	Abdichtung gegen Regen, Schallschutz	Wasserabweisend, zugluft- und staubdicht	Keine sichere Dichtwirkung mehr	Band fällt aus der Fuge

keit von 600 Pa für die Beanspruchungsgruppe 1. Je nach Hersteller sind unterschiedliche Mindestkomprimierungsgrade erforderlich; das kann für ein bestimmtes Produkt folgendermaßen aussehen (Tab. 7.3).

Die Dimensionierung der zu verlegenden vorkomprimierten Schaumstoffbänder richtet sich nach den Herstellerangaben. Üblicherweise werden die Bänder so gekennzeichnet, dass die Tiefe des Bandes und die abdichtbare Fugenbreite klar ersichtlich sind: 15/5–12 bedeutet also ein 15 mm tiefes Band, das zur Abdichtung von Fugen zwischen 5 und 12 mm Breite geeignet ist. Die Tiefe des verwendeten Schaumstoffbands sollte um ca. 25 % größer sein als die Maximalbreite der Fuge, damit das Band nicht kippt oder sich aus der Fuge herausdreht. Fugen, bei denen dies nicht der Fall ist, müssen erweitert werden.

Praktische Hinweise zur Verlegung von vorkomprimierten Schaumstoffbändern (Abb. 7.9):

- *Vorbereitung*: Die Fugenflanken müssen weitgehend eben und möglichst parallel sein. Grobe Verschmutzungen (Mörtelreste) und übermäßiger Staubbelag sind zu entfernen. Bei ausgebrochenen Fugen ist vor dem Abdichten die Fuge zu sanieren, z. B. mit einem Glattstrich.
- Die *Verarbeitung* beginnt mit Öffnen der Rolle und Abziehen von ca. 20–30 cm Abdeckpapier. Das noch komprimierte Band ca. 2–4 mm rückversetzt in die Fuge einbringen und an eine Fugenflanke andrücken, z. B. mit Spachtel. Das Band nicht dehnen und mit leichter Stauchreserve von 2–3 % weiterverlegen; mit Übermaß ablängen. Bei wenig haftfreundlichem Fugenuntergrund (Nässe!) oder tiefen Außentemperaturen das Band solange temporär mit Keilen fixieren, bis es expandiert hat und von selbst hält.
- *Besonderheiten*: Bei Kreuz- oder T-Fugen zuerst das senkrechte Band möglichst durchgehend verlegen, horizontale Bänder dann von außen auf das senkrechte Band hin auf Stoß verlegen und Überlänge beim Abschneiden einplanen, sodass ein leichter Druck auf das senkrechte Band ausgeübt wird. Das Band nie um Ecken herumführen, sondern ähnlich wie bei Kreuzfugen verlegen. Bei stark wechselnden Fugenbreiten die jeweils passenden Bänder verwenden und die Bandenden stumpf stoßen. Bänder an Stoßstellen nicht schrägen oder überlappen: Nur stumpfe Stöße bleiben dicht.

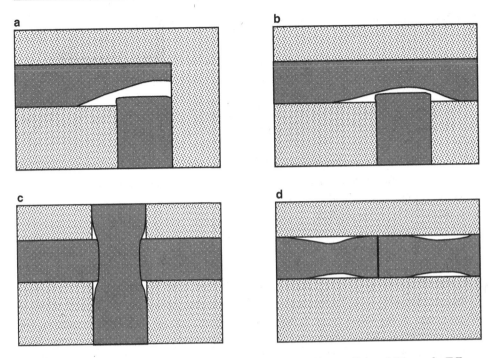

Abb. 7.9 Verlegung der vorkomprimierten Schaumstoffbänder; **a** Eckausbildung, **b** T-Fuge, **c** Kreuzfuge, **d** Stückeln des Bandes

Kompribänder immer mit Übermaß ablängen und keinesfalls dehnen! Senkrechte Fugen von unten nach oben bearbeiten.

Die Verklebung (Vorlaufband) der aufgewickelten Rollen erst unmittelbar vor Arbeitsbeginn lösen, damit das Band nicht außerhalb der Fuge expandiert. Die überkomprimierten Randstücke am Anfang und am Ende der Rolle abschneiden und nicht verwenden. Nur so viel Band abwickeln, wie sofort in die Fuge eingebracht werden kann. – Der sog. Teleskopiereffekt kann bei unkorrekt verpackten und gelagerten (Anbruch-)Rollen auftreten. Abhilfe: Einzelrollen beschweren und kühl lagern.

Abb. 7.10 Aufbau eines Multifunktionsbandes (expandiert)

Multifunktionsbänder dienen zur rationellen Drei-Ebenen-Abdichtung von Fenster- und Türanschlussfugen.[5] Ein Multifunktionsband vereint drei Funktionen in einem Produkt:

- Innenseite: luftdicht und dampfbremsend,
- Mitte: wärme- und schalldämmend,
- Außenseite: schlagregendicht.

Multifunktionsbänder bestehen aus (komprimierbarem) imprägnierten Schaumstoff, auf den stirnflächenseitig eine luftdichte Folie aufkaschiert ist, die für niedrige Konvektionswärmeverluste in der Fuge sorgt (Abb. 7.10). Sie werden möglichst kurz vor dem Einbau des Fenster- bzw. Türrahmens auf diesen aufgeklebt und expandieren dann nach der Montage in der Fuge. Je nach der Fensterbautiefe und der Fugenbreite müssen die jeweils passenden Dimensionen der Multifunktionsbänder gewählt werden. Es empfiehlt sich, die Bänder so zu dimensionieren, dass sie einige Millimeter weniger tief sind, als die Fensterbautiefe, z. B. bei einer Fensterbautiefe von 70 mm ein Band mit ca. 65 mm vorzusehen.[6] Bei zu großen Fensteröffnungen im Mauerwerk können Multifunktionsbänder nur sehr bedingt oder überhaupt nicht eingesetzt werden, da deren Expansionsfähigkeit begrenzt ist.

7.2.3 Anwendungen

Die *Anwendungen* für Schaumstoffdichtbänder in Dehn- und Anschlussfugen sind äußerst vielseitig: Fassadenbau, Hochbau zwischen Aluminiumprofilen und mineralischen Bauelementen, Einbau von Fenster- und Türrahmen in Mauerwerk, Fensterbleche, Fertigteile, Betonwände und andere Wandbaustoffe, Glasbau, Bodenfugen im Innenbereich ohne Wasserbelastung (z. B. zwischen Betondecken und Säulen), Bewegungsfugen im Flachdachbereich, Giebel, Holzbau, Fertigbau, Wellplatten. Insbesondere bei Fugen mit stark schwankender Fugenbreite führen vorkomprimierte Schaumstoffdichtbänder zu guten Resultaten; ggf. müssen unterschiedliche Bänder durch stumpfen Stoß gestückelt werden, um das für einen Fugenabschnitt jeweils optimale Band einzusetzen.

---

[5] Eine weitere Möglichkeit, Fenster- und Türenanschlussfugen abzudichten sind Fugendichtungsfolien.

[6] Im Gegensatz zu den normalen Schaumstoffbändern dürfen Multifunktionsbänder bei Bildung einer Schlaufe (= Übermaß) auch um Ecken herumgeführt werden.

Tab. 7.4 Vergleich einiger Eigenschaften von Dichtstoffen, Elastomer-Fugenbändern und Schaumstoffdichtbändern

	Dichtstoffe	Elastomer-Fugenbänder	Schaumstoff-dichtbänder
Verwendung	Neuverfugung (Sanierung)	Sanierung (Neuverfugung)	Neuverfugung (Sanierung)
Einbautemperatur, °C	5–40	5–40	> 5
Untergrund	Fest, trocken, staubfrei, sauber	Fest, trocken, staubfrei, sauber	Grob gereinigt
Bewegungsvermögen (ZGV), %	25	25*	30–50

* Wenn ohne Schlaufe verlegt; mit Schlaufe auch größere Bewegungsaufnahme möglich.

7.3 Systemvergleich Dichtstoffe – Elastomer-Fugenbänder – Schaumstoffdichtbänder

Die naheliegende Frage „Welches System ist nun das beste?" kann prinzipiell nicht beantwortet werden, sehr wohl aber die Frage nach dem „bestgeeigneten": Dies setzt eine eingehende Prüfung des Sachverhalts voraus und wird bei korrekter Evaluation zu einem Ergebnis führen, das der Aufgabenstellung angemessen ist. In Tab. 7.4 werden einige wichtige Eigenschaften von Dichtstoffen, Elastomer-Fugenbändern und Schaumstoffdichtbändern vergleichend aufgeführt. Ein gemeinsames Merkmal der Verwendung von Dichtstoffen und Elastomer-Fugenbändern ist die aufwändige Oberflächenvorbehandlung der Fuge; diese fällt bei den Schaumstoffdichtbändern wesentlich einfacher aus. Sich bei einer Systementscheidung nur auf einen Punkt zu stützen, dürfte sowohl technisch wie kaufmännisch ein sehr fragwürdiger Ansatz sein. Sowohl Neuverfugungen als auch Sanierungen müssen immer ganzheitlich gesehen werden, damit die Aufgabe zufriedenstellend gelöst wird. Neben der Auswahl des richtigen Systems (Dichtstoff oder Band) müssen auch die Produkte aufgabengerecht ausgewählt und fachmännisch eingebaut werden.

Weiterführende Literatur

DIN 18542, Abdichten von Außenwandfugen mit imprägnierten Fugendichtungsbändern aus Schaumkunststoff – Imprägnierte Fugendichtungsbänder – Anforderungen und Prüfung (2009)

Informationsblatt I 001, Abdichten der Fugen mit vorkomprimierten Dichtbändern, Zentralverband des Deutschen Baugewerbes e. V., (o. J.)

Leitfaden zur Planung und Ausführung der Montage von Fenstern und Haustüren für Neubau und Renovierung, RAL Gütegemeinschaft Fenster und Haustüren e. V. (2014)

Merkblatt Nr. 4, Abdichtung von Fugen im Hochbau mit aufzuklebenden Elastomer-Fugenbändern, Industrieverband Dichtstoffe e. V. (2014)

Merkblatt Nr. 23, Technische Richtlinien für das Abdichten von Fugen im Hochbau und von Verglasungen, Bundesausschuss Farbe und Sachwertschutz e. V. (2005)

Merkblatt Nr. 26, Abdichten von Fenster- und Fassadenfugen mit vorkomprimierten und imprägnierten Fugendichtbändern (Kompribänder), Industrieverband Dichtstoffe e. V. (2014)

MO-01/1, Baukörperanschluss von Fenstern, Teil 1 – Verfahren zur Ermittlung der Gebrauchstauglichkeit von Abdichtungssystemen, Institut für Fenstertechnik e. V. (2007)

Technische Richtlinie des Glaserhandwerks Nr. 20: Leitfaden zur Planung und Ausführung der Montage von Fenstern und Haustüren für Neubau und Renovierung, Verlagsanstalt Handwerk (2014)

Elastisch kleben im Bauwesen

Elastische Klebstoffe leiten sich von den elastischen Dichtstoffen ab. Man kann auch sagen, dass es sich um zu steifen Elastomeren aushärtende Dichtstoffe handelt, die auch gewisse Kräfte übertragen können. Bei einem hochelastischen Dichtstoff ist die Verteilung von eingebrachter Energie kein Problem: Vor einem eventuellen Bruch dehnt sich der Dichtstoff im zwei- bis dreistelligen Prozentbereich. Große Kräfte können allerdings dabei nicht übertragen werden, denn der Dichtstoff weicht diesen durch Dehnung aus. Ein Produkt, das eine gewisse Elastizität des Dichtstoffs mit einer zwar nicht rekordverdächtigen Festigkeit verbindet, ist die Lösung für viele Aufgaben, bei denen gewisse Kräfte von einem auf das andere Bauteil übertragen werden sollen. Diese Produkte, die *elastischen Klebstoffe*, vereinigen das Kleben und Dichten in einem Material.

8.1 Einteilung und Abgrenzung

Elastische Klebstoffe zeigen ein Eigenschaftsprofil, das zwischen den weichen Dichtstoffen und den klassischen Strukturklebstoffen liegt. Da es eine „offizielle" Definition nicht gibt, sei die folgende vorgeschlagen, die zumindest Größenordnung der abgedeckten Bereiche angibt:

- Strukturklebstoff: hohe Kraftübertragung (10–30 MPa); geringe (Reiß-)Dehnung (0–70 %),
- Elastischer Klebstoff: mittlere Kraftübertragung (1–10 MPa); mittlere Dehnung (70–300 %),
- Dichtstoff: niedrige Kraftübertragung (< 1 MPa); hohe Dehnung (300–700 %).

Ein elastischer Klebstoff verformt sich unter der Einwirkung einer äußeren Kraft wie eine recht stramme Feder. Bei Nachlassen der Kraft nimmt der Klebstoff wieder seine Ausgangslage ein. Damit eine gummiähnliche Verformung überhaupt stattfinden kann,

© Springer Fachmedien Wiesbaden 2016
M. Pröbster, *Baudichtstoffe*, DOI 10.1007/978-3-658-09984-8_8

muss die elastische Klebschicht eine Mindestdicke aufweisen, die von Fall zu Fall unterschiedlich sein kann. Während im Bereich des strukturellen Klebens die Schichtdicken in Zehntelmillimetern gemessen werden, hat man es beim elastischen Kleben mit der Größenordnung Millimeter zu tun. Typischerweise handelt es sich hier um Klebeschichtdicken von 1,5–10 mm. Man kommt also durchaus in Größenordnungen, die dem Anwender von Dichtstoffen nicht fremd sind! Liegt die Klebeschichtdicke merklich unter 1,5 mm, kann sich der erwünschte gummielastische Effekt kaum mehr ausbilden.

Ein *elastischer Klebstoff* wird als spritzbare Masse in eine Fuge eingebracht, verfestigt sich dort zu einer stoffschlüssigen Verbindung, und nimmt dynamische Kräfte oder thermisch bedingte Ausdehnungen auf.

8.2 Warum elastisch kleben?

Kleben und Dichten in einem

Weiter oben wurde bereits ausgeführt, dass die elastischen Klebstoffe ihre Wurzeln in der Dichtstofftechnologie haben. Dies bedeutet: Jeder elastische Klebstoff ist gleichzeitig ein Dichtstoff und erfüllt damit eine Doppelfunktion.

Ausgleich von Fügeteiltoleranzen

Überall, wo es um das Kleben von toleranzbehafteten Fügeteilen geht, können die Maßabweichungen durch den elastischen Klebstoff in gewissen Grenzen ausgeglichen werden. Die vorgefundenen Toleranzen bewegen sich meist im Millimeterbereich, können aber gelegentlich in der Größenordnung von 10 mm oder mehr liegen. Früher musste hier kompliziert gerichtet werden, um die Fügeteile aneinander anzupassen, bevor sie miteinander verbunden werden konnten. Eine ausreichend dimensionierte und geformte Klebstoffraupe zwischen den Fügeteilen wird sich den Unebenheiten bestens anpassen.

Ausgleich unterschiedlicher thermischer Ausdehnungskoeffizienten

Würde man zwei flächige Bauteile mit deutlich unterschiedlichem Wärmeausdehnungskoeffizienten mit schmalem Spalt aneinander kleben, hätte man bei einer Temperaturänderung ein dem bekannten Bimetalleffekt nicht unähnliches Verhalten. Die geklebten Bauteile sähen bei Temperaturbelastung aufgrund von Verzug zumindest optisch unschön aus, sofern die Klebung überhaupt die Spannung aushält und nicht reißt. Eine dicke, mehrere Millimeter starke elastische Klebschicht wirkt wie ein ausgleichender Gummipuffer und fängt die unterschiedlichen Bewegungen der Bauteile auf, ohne dass sie sich besonders stark verformen. Beispiel: Geklebter Wandspiegel.

Verbinden unterschiedlicher Materialien

Wo Werkstoffe mit unterschiedlichen Oberflächen mit anderen Materialien verbunden werden sollen, greift man gerne auf die Klebetechnik zurück. Je komplexer ein Bauteil ist, umso mehr Materialien mit unterschiedlichen thermischen Ausdehnungskoeffizienten sind zu fügen. Manche Leichtbaukonstruktion wäre ohne elastische Klebstoffe überhaupt nicht realisierbar.

Keine Verformung/Beschädigung der Fügeteile

Schweißen oder Punktschweißen, Nieten oder Durchsetzfügen, Schrauben oder Nageln verformen/beschädigen die zu verbindenden Bauteile. Elastisches Kleben vermeidet diese Nachteile.

Schwingungsdämpfende Wirkung

Elastische Klebstoffe dämpfen und absorbieren Schwingungen. Sie machen dadurch geklebte Blechkonstruktionen, Fußböden oder Fassadenelemente „leise". Körperschall wird damit von einem Bauteil zu einem anderen nur gedämpft übertragen, ein mehr als erfreulicher Zusatznutzen in unserer lauten Welt. Vibrationen oder die Geräusche von Regen an einer Fassade werden genauso gedämpft.

8.3 Elastisch kleben, aber richtig

Unabhängig davon, wo und was elastisch geklebt werden soll: Es sind einige Voraussetzungen zu beachten, damit sich ein dauerhafter Erfolg einstellt. Mindestens so gründlich wie bei der Anwendung von Dichtstoffen muss die Oberfläche der zu verbindenden Fügeteile für das Kleben vorbereitet werden. Durch Entstauben, Entzundern, Entrosten und, wo zutreffend, schließlich Entfetten müssen klebefreundliche Flächen geschaffen werden. Auf diese wird dann fallweise ein Primer oder Haftvermittler aufgetragen, abgelüftet und dann der Klebstoff in der nötigen Menge aufgebracht.

Beim elastischen Kleben unterscheidet man zwei Arten des Fügens:

- Beim *Trockenfügen* werden die zu verklebenden Bauteile zunächst justiert und fixiert. Dann wird in den vorbereiteten Klebespalt der Klebstoff ähnlich wie ein Dichtstoff in die Fuge eingedrückt.
- Beim *Nassfügen* wird der elastische Klebstoff einseitig auf ein Bauteil aufgetragen, dieses wird dann in geeigneter Weise mit dem anderen zusammengebracht, sodass sich die Klebstoffraupe verquetscht.

> ▶ **Praxis-Tipp** Beim flächigen elastischen Kleben die Kleberaupen parallel im Abstand von max. 10 cm auftragen, nicht als Schlangenlinie mit gefangenen Räumen. Im ersten Fall kann die zur Aushärtung nötige, feuchte Luft besser zirkulieren und damit härtet der Klebstoff schneller.

8.3.1 Besonderheiten der elastischen Klebung

Um erfolgreich elastisch kleben zu können, müssen, wie bei anderen Verbindungstechniken auch, einige Voraussetzungen erfüllt sein oder geschaffen werden:

- Nur Fläche klebt! Stumpfe Stöße eignen sich nicht. Klebungen, bei denen erhebliche Schäl- und Spaltkräfte auftreten, sollten überdacht und umkonstruiert werden.
- Die Oberflächen müssen klebgeeignet sein, d. h. wie bei den Dichtstoffen auch, frei von losen Schichten, Fett und Öl. Gegebenenfalls ist der vorgeschriebene Primer einzusetzen.
- Die Schichtdicken müssen tatsächlich im Millimeterbereich liegen. „Ausgehungerte" Klebfugen, die in der Schichtdicke gegen Null laufen, dürfen nicht vorkommen.
- Die Aushärtung des Klebstoffes muss ohne mechanische Spannungen verlaufen, d. h. es ist eine Fixierung der Fügeteile nötig, die mindestens bis zum Erreichen der Handfestigkeit beibehalten werden muss.
- Das Design der Fuge/des Klebespalts muss die endliche Durchhärtegeschwindigkeit eines Einkomponentenklebstoffs berücksichtigen: Klebstoff in zu tiefen Fugen (> 20 mm) härtet sehr lange nicht vollständig aus.

▶ **Praxis-Tipp** In der Regel muss die Klebschichtdicke mindestens so groß sein, wie die gesamte thermisch oder mechanisch verursachte Verformung der beiden verklebten Bauteile. Dadurch wird der Klebstoff an den Bauteilenden auf max. 50 % Scherung beansprucht.

8.3.2 Auslegung von elastischen Verklebungen

Die konstruktive Auslegung einer elastischen Verklebung wird bei Großanwendungen mit FEM[1] Programmen vorgenommen. Daneben existieren auch noch weitere manuelle rechnerische Auslegungsverfahren, die von der klassischen Ingenieurskunst zur Verfügung gestellt werden. Eine vereinfachte Methode, die zu einer für die Praxis brauchbaren Abschätzung der nötigen Dimensionen einer elastisch verklebten Fuge führt, ist in der Literatur ausführlich mit verschiedenen Beispielen beschrieben.[2] Ohne hier auf nähere Details eingehen zu können, soll der Kern dieser Methode kurz vorgestellt werden.

Die Auslegung einer elastischen Klebung wird entscheidend durch die folgenden Fragen bestimmt:

---

[1] FEM: Finite Elemente; Rechenmethode, bei der ein Bauteil rechnerisch in eine endliche Zahl kleiner Elemente unterteilt wird, diese berechnet werden und im Gesamtergebnis das Verhalten des Bauteils simulieren.
[2] Pröbster, M., Elastisch Kleben, Springer Vieweg, Wiesbaden (2013).

- Welche Kräfte müssen übertragen werden?
- Welche Relativbewegungen müssen aufgefangen werden?
- Welche Abminderungsfaktoren müssen berücksichtigt werden?
- Welche Sicherheitsfaktoren sind gefordert?

Die elastische Klebverbindung muss so ausgelegt sein, dass a) die geforderten *Kräfte* sicher und dauerhaft übertragen werden können und b) die Klebverbindung und auch die Gesamtkonstruktion durch die auftretenden *Bewegungen* zwischen den Fügeteilen nicht geschädigt werden. Dies führt zunächst zu einer *Spannungsbetrachtung,* aus der sich die Mindestklebfläche ergibt und danach zu einer *Verformungsbetrachtung* aus der sich die Mindestklebschichtdicke bzw. die Mindestfugenbreite ergibt. Die Eigenschaften von Kunststoffen (auch von elastischen Klebstoffen!) ändern sich im Temperaturband. Bei tiefen Temperaturen sinkt die Reißdehnung zugunsten einer höheren Kraftaufnahme, bei hohen Temperaturen können bei einer meist größeren Reißdehnung jedoch nur geringere Kräfte übertragen werden: Der elastische Klebstoff wird weicher, was bei der Auslegung zu berücksichtigen ist. Die in den Technischen Datenblättern der Hersteller angegebenen Werte beziehen sich in aller Regel auf Normalklima bei 23 °C und gelten also nicht für die Ecktemperaturen.

> Die Auslegung der Festigkeit (Belastbarkeit) einer elastischen Klebung muss unter Berücksichtigung der *oberen* Einsatztemperatur erfolgen, die der Verformung unter Berücksichtigung der *unteren* Einsatztemperatur.

Die bei Raumtemperatur anzusetzenden Festigkeitswerte müssen also abgemindert werden, um den elastischen Klebstoff an den Temperatureckwerten nicht zu überfordern. In diesem Fall sind die Abminderungsfaktoren (im Labor) ganz einfach zu bestimmen: Man misst die Zugscherfestigkeit ausgehend von der Raumtemperatur bis hin zur höchsten geplanten Einsatztemperatur. Das Verhältnis der beiden Werte gibt den Abminderungsfaktor, z. B. 0,5.[3] Mit diesem Wert ist die Zugscherfestigkeit (ZSF) aus dem Datenblatt zu multiplizieren, um auf die tatsächlich nutzbare ZSF zu kommen. Es existieren aber noch weitere Abminderungsfaktoren, die alle miteinander multipliziert werden müssen, um bei einer Festigkeitsbetrachtung einem Gesamtwert zu erhalten. Jeder Kunststoff „ermüdet" unter statischer Belastung, d. h. seine Festigkeit sinkt im Laufe der Zeit. Wird der elastische Klebstoff statisch belastet, was konstruktiv möglichst zu vermeiden ist, muss ein Abminderungsfaktor von ca. 0,03 bis 0,06 (!) zum Ansatz gebracht werden. Die dynamische Beanspruchung des elastischen Klebstoffs muss mit einem Abminderungsfaktor von ca. 0,1–0,3 berücksichtigt werden. Dies bedeutet mit anderen Worten, dass

---

[3] Alle hier angegebenen Faktoren stammen zwar aus der Praxis, sollen aber nur zur Orientierung dienen. Sie wurden mit elastischen PU- und MS-Klebstoffen ermittelt. Bei tatsächlichen Auslegungen müssen die Originalwerte der Hersteller verwendet werden.

eine Verklebung, die vielen Lastwechseln ausgesetzt war, nicht mehr ihre ursprüngliche Festigkeit aufweist. Eine eventuelle Medienbelastung (auch Wasser, wenn es einen Einfluss hat) sollte ebenfalls berücksichtigt werden, z. B. durch einen Faktor von 0,8. Auch geometrische Einflüsse („Mehrachsige Spannungszustände", d. h. wenn der elastische Klebstoff gleichzeitig in x-, y-, und z-Richtung belastet wird) wirken ebenfalls mindernd. Der Gesamtfaktor errechnet sich demnach wie folgt:

$$f_{gesamt} = f_{Temp} \cdot f_{stat.} \cdot f_{dyn.} \cdot f_{Medien} \cdot f_{Geom.} \cdot \ldots \qquad (8.1)$$

Als *Richtwert* kann man bei der Berechnung nur rund 3 % (!) der im Technischen Datenblatt angegebenen Festigkeit ansetzen. Das ist nach dem ersten Anschein nicht viel, doch dies kann durch die Dimensionierung der Klebefläche ausgeglichen werden.

▶ **Praxis-Tipp** Wo immer möglich, statische Lasten durch mechanische Halterungen abfangen.

Die Dicke der elastischen Klebschicht, deren Herleitung in der zitierten Literatur ausführlich beschrieben ist, muss so hoch sein, dass der Klebstoff durch die Bewegungen der Fügeteile nicht mehr als um 50 % der Reißdehnung beansprucht wird.

▶ **Praxis-Tipp** Als Faustregel kann man bei statischer Belastung einer elastischen Klebefuge 3 % der Nominalfestigkeit des elastischen Klebstoffs ansetzen, bei dynamischer Belastung 15 %.

8.3.3 Praxis des elastischen Klebens

Bevor nun elastisch geklebt wird, muss, wie beim Abdichten auch, die wichtige Oberflächenvorbereitung erfolgreich durchgeführt werden. Sie ist noch wichtiger als bei den Dichtstoffen, denn im Gegensatz zu den sehr weichen Dichtstoffen treten bei elastischen Kleben erhebliche Spannungen an den Klebeflächen auf. Daher werden die wichtigsten Schritte der Oberflächenvorbehandlung hier nochmals aufgeführt. Für stark verschmutzte Metalle gilt: Entfetten, schleifen, erneut entfetten, gegebenenfalls noch primern, dann kleben. Es gibt viele Substrate, die nicht geschliffen werden müssen, weil kein Rost, keine Farbreste oder sonstige nicht tragfähigen losen Schichten zu entfernen sind. Welches Lösemittel im Einzelfall einzusetzen ist, lässt sich nur schwer sagen. Nachdem die Superlöser wie Tri, Methylenchlorid oder Per schon lange verboten sind, empfiehlt es sich, mit Isopropanol, das recht universell reinigt, Reinigungsbenzin oder kommerziellen Mischreinigern zu entfetten. Die Fettlösekraft von handelsüblichem Brennspiritus wird meist nicht ausreichen.

In vielen Fällen braucht man noch einen *Aktivreiniger* oder einen Primer als chemischen Haftvermittler. Bei Gegenständen, die sehr (!) wenig verschmutzt sind, mag der einmalige Gebrauch eines Aktivreinigers schon genügen. Der Aktivreiniger hinterlässt eine hauchdünne, unsichtbare Schicht auf dem Substrat, die die Anbindung des elastischen Klebstoffs erleichtert.

In vielen normalen, nicht schichtbildenden *Primern* sind Silane als chemische Haftvermittler enthalten. Sie reagieren in einem ersten Schritt nach dem Auftragen im Rahmen des einzuhaltenden „Ablüftefensters" mit dem Untergrund. Eine weitere chemisch bindungsfreudige Stelle im einzelnen Haftvermittlermolekül reagiert dann „nach oben" mit dem frisch aufgetragenen Klebstoff. Für die Haftung und die Kosten ist es optimal, wenn der Primer so dünn wie möglich aufgetragen wird. Wird versehentlich zu viel eines Silanprimers verwendet, ergeben sich matte, schlimmstenfalls pulvrige Stellen, die eher die Haftung verhindern als sie vermitteln. Ist ein solches Missgeschick passiert, muss der weiße Anflug gründlich mit einem Lösemittel entfernt werden, genauso wie bei der Erstreinigung. Dann wird mit weniger Primer als vorher nachgearbeitet.

Saugende Untergründe, wie sie im Baubereich oft vorkommen können, bereitet man mit einem *filmbildenden Primer* auf das elastische Kleben vor. Ein solcher verhält sich ähnlich wie ein Lack und reagiert mit der Luftfeuchte zu einer stabilen Schicht. Letztere bildet eine optimale, weil genau angepasste und frische Verbindung zwischen Untergrund und Klebstoff. Bei alkalischen Untergründen schützt ein Primer den Klebstoff zudem noch vor einem chemischen Angriff des Alkalis.

Der Auftrag des elastischen Klebstoffs bei der meist angewandten Nassfügemethode soll möglichst als Dreiecksraupe erfolgen. Dies hat mehrere Vorteile:

- Gutes Anfließen der Raupe beim Auftragen auf den Untergrund durch den Spritzdruck bei Verwendung einer Dreiecksdüse,
- Je höher das spitze Dreieck der Raupe ist, desto größere Toleranzen können überbrückt werden, sofern die Standfestigkeit des verwendeten Klebstoffs ausreicht,
- Beim Fügen des zweiten Bauteils verpresst sich idealerweise die Raupe vom Dreieck zum Rechteck mit gut ausgeprägten seitlichen Enden,
- Durch das Zusammendrücken einer Dreiecksraupe ergibt sich ein ausreichender Fügedruck auch am zweiten Substrat.

▶   **Praxis-Tipp** Dreiecksraupen sind beim Nassfügen immer einfachen Rundraupen vorzuziehen, da erstere beim Fügen gleichmäßiger verpresst werden.

Die Durchhärtung einer elastisch verklebten Verbindung hängt, wie bei den Dichtstoffen auch, von der Temperatur und der zur Verfügung stehenden Luftfeuchte ab. Allerdings ist die Zutrittsfläche der Feuchtigkeit wesentlich kleiner als bei einer offenen Fuge. Bei der Verklebung von Metallen oder anderen feuchteundurchlässigen Materialien steht nur die Schmalseite einer Klebfuge für die Einwanderung der Wassermoleküle zur Verfügung. Die Dimensionen der Fuge wirken sich hier gravierend auf die Durchhärtegeschwindigkeit aus, daher sollte dem geometrischen Aufbau der Fuge auch unter diesem Aspekt Beachtung geschenkt werden. Fugentiefen von über 20 mm sind auf jeden Fall konstruktiv zu vermeiden, weil in den hintersten Tiefen des Klebstoffs nur so wenig Wasser ankommt, dass die Endfestigkeit sehr spät oder überhaupt nicht mehr erreicht werden kann.

8.3.4 Anwendungen

Wo wird heute bereits routinemäßig im Bauwesen elastisch geklebt? Beispiele sind: Treppenstufen, Konsolen, Leisten, Spiegel, Putzträgerplatten, Fassadenelemente und ganze Isolierglaseinheiten (structural glazing) an entsprechende Fassaden-Unterkonstruktionen und auch Fußböden (Parkett) – sehr zur Freude der Nutzer, die die Schalldämmwirkung einer solchen Konstruktion genießen können. In der verglasten Fassade dominieren die Silikone; bei den anderen Anwendungen werden hauptsächlich Polyurethane und Hybridklebstoffe verwendet.

▶ **Praxis-Tipp** MS-Produkte kann man auf PU meist problemlos verkleben; PU auf MS: Vorsicht, unsichere Haftung. Je älter der wieder zu verklebende elastische MS-Klebstoff ist, umso geringer ist die Wahrscheinlichkeit von haftungsmindernden chemischen Wechselwirkungen. MS auf MS bzw. PU auf PU ist meist problemlos möglich, aber es gibt Ausnahmen, bei denen keine Selbsthaftung gegeben ist. Der Anwender sollte sich die Wiederverklebbarkeit vom Hersteller bestätigen lassen.

Weiterführende Literatur

Fertig, T., Konstruieren mit elastischen Klebstoffen, Technischer Handel 88/12 (2001)

Heinzmann, R., Koch S., Thielemann, H.-C., Wolf, J., Elastisches Kleben im Bauwesen, mi-Verlag, Landsberg (2001)

Pröbster, M., Elastisch Kleben, Springer Vieweg, Wiesbaden (2013)

Stotten, T., Majolo, M., Montageklebstoffe in der Praxis, DRW Verlag, Leinfelden-Echterdingen (2010)

Dichtstoffe in der Praxis

9

In diesem Kapitel werden weitere praktische Hinweise und Informationen über Hilfsstoffe beim Verfugen mit pastösen Dichtstoffen gegeben und es wird das zentrale Thema „welcher Dichtstoff für welche Fuge" im Zusammenhang beleuchtet. Die Vorbereitung der Fuge und das Primern sind so wichtig, dass dies hier ausführlich abgehandelt wird. Das Reinigen des Untergrunds muss allen folgenden Arbeitsschritten vorausgehen, damit die Haftung optimiert wird.

▶ **Praxis-Tipp** Reinigen mit Lösemitteln

- Oberfläche entstauben, entsanden, entrosten,
- Lösemittel auf ein sauberes Tuch gießen, nicht das Tuch ins Lösemittel tauchen,
- Gründlich wischen, bis das Tuch sauber bleibt. Häufig frische Stellen des Tuchs verwenden,
- Mit zweitem Tuch trockenreiben,
- Im Winter vorzugsweise mit Isopropanol oder Methylethylketon reinigen, da diese wasserlöslich sind und ggf. Tauwasser aufnehmen können. Im Sommer kann auch Reinigungsbenzin oder Xylol verwendet werden.

Die Reinigung einer Fuge (z. B. mechanisch, durch ölfreie Druckluft und/oder mit Lösemittel), das Primern und der Dichtstoffauftrag müssen am selben Tag erfolgen. So vermeidet man eine Nachverschmutzung der Fuge bzw. Inaktivierung oder Einstauben des Primers vor dem Einbringen des Dichtstoffs.

9.1 Primer

Primer (Grundierungen, Haftvermittler) sind dünnflüssige Lösungen reaktiver oder nichtreaktiver Substanzen in Lösemitteln oder Wasser. Sie dienen dazu, z. B. sandende Unter-

© Springer Fachmedien Wiesbaden 2016
M. Pröbster, *Baudichtstoffe*, DOI 10.1007/978-3-658-09984-8_9

gründe zu verfestigen, um sie tragfähig zu machen oder zur Verbesserung der Haftung eines Dichtstoffs auf „problematischen" Untergründen wie manchen Kunststoffen oder auch Metallen. Im Wesentlichen existieren die folgenden Arten von Primern:

- Lösemittelhaltige chemisch reaktive Haftvermittler (filmbildende Produkte und Aktivatoren),
- Lösemittelhaltige nichtreaktive Haftvermittler,
- Haftvermittlerdispersionen (Tiefgrund).

Ein filmbildender Primer wirkt auf mehrere Arten:

- Chemische Veränderung der abzudichtenden Oberfläche als „Brückenschlag" zwischen Substrat und Dichtstoff,
- Mechanische Stabilisierung der Oberfläche durch Ausfüllen von Poren, Binden loser Teilchen und Verstärkung schwächerer Stellen („Verklebung"),
- Reduktion des Kapillardrucks von Wasser, das an die Oberfläche des Substrats dringen will.

▶ **Praxis-Tipp** Möglichst die Anwendung von zwei verschiedenen Primern in ein- und derselben Fuge vermeiden. Bei unterschiedlichen Substraten lieber einen primerlos haftenden Dichtstoff verwenden, auch wenn er teurer ist. Das vermeidet Konfusion und Kontamination.

Filmbildende Primer benötigt man für saugende Untergründe wie Sandstein, Beton, Mauerwerk, Holz (falls vorgeschrieben) und andere poröse Werkstoffe. Sie dürfen nicht in den Untergrund „wegschlagen", wo sie nicht mehr wirken können und müssen dem Dichtstoff eine möglichst homogene und hinreichend tragfähige Haftfläche bieten. Aufgrund der Alkalität von frischem Beton muss dieser immer vor dem Dichtstoffauftrag geprimert werden. Da bei den filmbildenden Primern, die eine gewisse Ähnlichkeit mit Lacken zeigen, die Verdunstung der Lösemittel nur langsam erfolgt und meistens eine chemische Reaktion abläuft, muss insbesondere darauf geachtet werden, den Dichtstoff nicht früher als die im technischen Datenblatt angegebene Mindestablüftezeit zu applizieren. Die Primer für reaktive Dichtstoffe enthalten organische Lösemittel. Somit ist bei deren Verwendung immer auf ausreichende Belüftung zu achten. In vollkommen unbelüfteten, kleinen Räumen dürfen sie nicht verwendet werden, um Explosionsgefahr bei Funkenbildung oder mit offenen Flammen zu vermeiden.

Reaktive Haftvermittler, die vorwiegend für nichtsaugende Untergründe, wie Metalle, Kunststoffe oder manche Lacke verwendet werden, enthalten meist luftfeuchtigkeitsreaktive, in einem organischen Lösemittel gelöste Substanzen. Sie zeigen nach dem Auftrag nur innerhalb eines „Aktivierungsfensters" ihre optimale Wirkung. Wird der Dichtstoff zu früh appliziert, ist die chemische Reaktion mit dem Untergrund noch nicht abgeschlossen oder das Lösemittel ist noch nicht verdunstet. Bei einem zu späten Auftrag kann es vorkommen, dass die Haftvermittlermoleküle bereits vollständig abreagiert sind und keine Aktivität in Richtung Dichtstoff mehr aufweisen. Neben der Ablüftezeit spielt auch die Ablüftetemperatur eine Rolle. Es gibt daher bei jedem chemisch reagierenden Primer ein „Ablüftefenster", innerhalb dessen der Dichtstoff auf den geprimerten Untergrund aufgetragen werden muss. Bei trockenem, kühlem Wetter kann und muss mit dem Dichtstoffauftrag länger gewartet werden als bei feuchtheißem Klima. Reaktive, dünnflüssige Haftvermittler verlieren an innerer Festigkeit, wenn sie zu dick aufgetragen werden.

Aktivatoren oder Waschprimer (auch Haftreiniger genannt) sind chemisch sehr einfach aufgebaute, nicht ganz „vollwertige" Primer. Mit einem damit getränkten Lappen kann man eine Oberfläche entfetten und gleichzeitig haftfreundlicher machen. Sie werden hauptsächlich im Metallbau verwendet.

Nichtreaktive Haftvermittler für Dichtstoffe auf Kautschukbasis enthalten meist gelöste Polymere und Harze. Sie dringen in die Poren und Unebenheiten des Substrats ein und wirken entweder durch ihre hohe Benetzungsfähigkeit oder durch leichtes Anquellen des Substrats, wenn es sich z. B. um einen Kunststoff handelt. Der Dichtstoff selbst darf erst nach vorschriftsmäßigem Ablüften des Primers aufgebracht werden.

▶ **Praxis-Tipp** Primern

- Reinigen wie vorstehend beschrieben,
- Hinterfüllmaterial in die Fuge einlegen,
- Den vorgeschriebenen Primer verwenden,
- Primer in kleines Arbeitsgefäß gießen, Primervorratsflasche wieder verschließen (!),
- Primer dünn (!) mit Tuch, Filzapplikator, Pinsel auftragen,
- Applikatoren nicht in die Originalflasche eintauchen,
- Keine zu primernden Stellen vergessen,
- Primer die vorgeschriebene Zeit trocknen/reagieren lassen,
- Überschüssigen Primer sofort entfernen,
- Ablüftefenster beachten,
- Dichtstoff auftragen.

Wasserbasierender Primer (Tiefgrund) oder mit Wasser verdünnter Dispersionsdichtstoff kann auf sandenden oder wenig tragfähigen Untergründen für verbesserte Haftung sorgen. Die Abtrocknung des Primers vor Auftrag des Dichtstoffs muss zumindest soweit abgeschlossen sein, dass kein offensichtlicher Feuchtigkeitsfilm mehr sichtbar ist. Bei senkrechten Fugen würde der darauf aufgetragene Dichtstoff möglicherweise abrutschen.

▶ **Praxis-Tipp** Ist einmal kein Tiefgrund vorhanden, um vor dem Auftrag eines Dispersionsdichtstoffs zu primern, kann auch der Dichtstoff selbst in Verdünnung mit Wasser (ein Teil Dichtstoff, ein bis zwei Teile Wasser) als Voranstrich verwendet werden.

Tab. 9.1 Die wichtigsten Untergründe im Bauwesen

Saugende Untergründe	Nichtsaugende Untergründe
Beton	Metalle
Porenbeton	Kunststoffe
Kalksandstein	Glas
Putz	Emaille
Keramik, offenporig	Keramik glasiert oder hochgebrannt
Holz roh oder offenporig lasiert	Klinker-Verblender

Manchmal geben Primer Anlass zu unerwünschten Verfärbungen in Fugennähe: Wenn beispielsweise ein filmbildender Primer im Überschuss oder sorglos aufgestrichen wurde, fallen primerbenetzte Stellen auf, die nicht durch Dichtstoff bedeckt sind. Neben der Optik sind keine negativen Wirkungen zu befürchten, solange der Primer, dort wo er mit Dichtstoff in Berührung kommt, nicht zu dick aufgetragen wurde.

▶   **Praxis-Tipp** Vor dem Auftrag eines Primers sicherstellen, dass keine Untergrundverfärbung durch den Primer auftritt.

▶   **Praxis-Tipp** Unbedingt darauf achten, dass Primer und Dichtstoff vom selben Hersteller stammen, die Gebinde unbeschädigt sind und sich die Produkte noch innerhalb der erlaubten Lagerzeit befinden. Niemals die Produkte verschiedener Hersteller mischen, wenn nicht sichergestellt ist, dass diese miteinander verträglich sind und ein funktionierendes System ergeben! Überlagerten Primer, oder solchen, der schon länger in einem angebrochenen Gebinde aufbewahrt wurde, nicht verwenden.

Man kann generell davon ausgehen, dass saugende Untergründe mit filmbildenden Primern vorbehandelt werden sollten, nicht saugende ggf. mit Aktivatoren oder nicht filmbildenden Primern, sofern nicht auf primerlos haftende Dichtstoffe zurückgegriffen werden kann. In Tab. 9.1 werden die wichtigsten Untergründe im Bauwesen nach ihren saugenden bzw. nichtsaugenden Eigenschaften unterteilt.

9.2   Hinterfüllstoffe und -profile

Vor dem Einbringen des Dichtstoffs wird ein Hinterfüllprofil (Hinterfüllschnur) in die Fuge eingebracht, die mehrere Aufgaben zu erfüllen hat:

• Begrenzung der Fuge in die Tiefe,
• Begrenzung der maximal einbringbaren Dichtstoffmenge,
• Formung des Dichtstoffs zu einem hantelförmigen Querschnitt an dessen unterer Seite,

Abb. 9.1 Hinterfüllprofile
aus geschlossen-zelligem PE-
Schaum. (Foto: M. Pröbster)

- Aufbau eines Gegendrucks beim Einspritzen des Dichtstoffs in die Fuge und beim Abglätten zur Erzielung ausreichender Benetzung der Fugenflanken,
- Verhinderung der Dreiflankenhaftung durch seine haftunfreundliche, glatte Oberfläche.

Nachdem der Dichtstoff ausgehärtet ist, hat das Hinterfüllprofil keine Bedeutung mehr für die Funktion der Fuge. Eventuell kann das Vorhandensein von Hinterfüllprofil beim Schadhaftwerden des Dichtstoffs größere Undichtigkeiten zumindest temporär verhindern.

Geschlossenzellige Hinterfüllprofile (Abb. 9.1) bestehen meist aus Polyethylenschaum, gelegentlich auch aus EPDM oder NBR. Sie sollen eine glatte, haftunfreundliche Oberfläche aufweisen, nicht ausgasen, chemisch verträglich mit Substrat und Dichtstoff sein und kein Wasser absorbieren. Sie werden meist mit rundem Querschnitt eingesetzt und sollten, damit sie gut in der Fuge positioniert und fixiert werden können, 15–30 % breiter als diese sein. Eine mechanische Verkrallung zwischen Dichtstoff und Hinterfüllprofil sollte vermieden werden, damit sich der ausgehärtete Dichtstoff bei Zug und Druck frei bewegen kann. Dies wird üblicherweise durch die glatte Oberfläche des Profils gewährleistet. In manchen Fällen können geschlossenzellige Hinterfüllprofile auch als temporärer Fugenverschluss dienen, wenn die Verfugungsarbeiten aus Witterungs- oder anderen Gründen unterbrochen werden müssen.

Offenzellige Hinterfüllprofile sollten 40–50 % breiter als die auszufüllende Fuge sein. Sie kommen mit rundem, oft aber auch mit rechteckigem Querschnitt in den Handel. Da der vergleichsweise weiche, offenzellige Schaum, meist Polyurethan, Wasser wie ein Docht aufsaugen kann, muss der Einsatz dieser Hinterfüllprofile wohldurchdacht sein und sollte nur dort er folgen, wo kein Wasser hinzutreten kann. Wasserdurchnässte Hinterfüllprofile können sowohl die Haftung des Dichtstoffs negativ beeinflussen als auch bei Frost weitergehende Schäden verursachen. Dadurch verbietet sich die Verwendung dieser Profile bei Horizontalfugen im Außenbereich. Der Vorteil der offenzelligen Hinterfüllprofile ist, den Feuchtezutritt zum Dichtstoff von zwei Seiten her zu ermöglichen, d. h. auch von der Rückseite der Fuge her.

In Sonderfällen werden auch andere Hinterfüllmaterialien verwendet: Bei horizontalen Bodenfugen, z. B. im Tankstellenbereich, wird der Fugenquerschnitt gelegentlich nach unten durch getrockneten Spezialsand (Körnung 0–2 mm) begrenzt. Bei der Abdichtung von Wasserbecken etc. kann der Dichtstoff dem Druck des anstehenden Wassers allein nicht standhalten. Hier verwendet man druckfeste Hinterfüllmaterialien, die den über den Dichtstoff weitergegebenen hydrostatischen Druck aufnehmen. Trennstreifen sind selbstklebende Bänder aus Polyethylen oder Fluorpolymer, die man in den Fugengrund mancher (breiter) Fugen einklebt, um eine Dreiflankenhaftung zu verhindern. Einfache Paketbänder oder Haushaltsfilme sind ungeeignet, sie könnten beispielsweise unverträglich mit dem Dichtstoff sein. Die Verwendung von PE-Folie als Hinterfüllstoff kann beispielsweise bei Platzmangel nötig werden (siehe hierzu auch Abb. 4.13).

> **Praxis-Tipp** Das Hinterfüllprofil nie mit spitzen Gegenständen beim Eindrücken in die Fuge verletzen. Noch in den Poren enthaltene Treibgase können in den frischen Dichtstoff eindringen und bei Erwärmung des frisch eingebrachten Dichtstoffs, z. B. durch Sonneneinstrahlung, über Pumpeffekte zu permanenten Aufwölbungen der Dichtstoffoberfläche führen.

Fugenfüllmaterial (Unterfüllstoffe, Fugenfüllplatten, Fugeneinlagen, Unterstopfung) dient gelegentlich dazu, den Raum einer Fuge, der nicht durch Dichtstoff und Hinterfüllprofil beansprucht wird, auszufüllen. Im Hochbau kann dadurch beispielsweise verhindert werden, dass Mörtelreste zwischen zwei Wände fallen, die durch eine Fuge getrennt sind. So können sich keine Schallbrücken ausbilden. Bei verkehrs- oder druckbelasteten Horizontalfugen kann das Fugenfüllmaterial den Dichtstoff und das Hinterfüllprofil mechanisch unterstützen und eine Voraussetzung für die Langlebigkeit der Fuge darstellen. Es kommen unterschiedliche, meist plattenförmige Produkte zum Einsatz.

9.3 Welcher Dichtstoff wofür?

Bei der dargestellten Fülle von Dichtstoffen und Anwendungen taucht sicherlich die Frage auf: „Welcher Dichtstoff wofür?" Die generellen *Anforderungen* an Dichtstoffe sind so vielfältig wie deren Einsatzgebiete in den unterschiedlichen Fugen. Die je nach geplanter Anwendung sehr unterschiedlichen Anforderungen an die abgedichtete Fuge bestimmen die Auswahl des Dichtstoffs. Die wichtigsten technischen Anforderungen an den ausgehärteten Dichtstoff sind in Abb. 9.2 wiedergegeben. Es gibt keinen Dichtstoff, der alle Ansprüche in gleichem Maße erfüllt, denn manche dieser sind entgegengesetzt, wie die Elastizität und Plastizität. Neben den genannten Anforderungen existieren fallweise noch verschiedene andere, wie z. B. Brandhemmung oder eine besondere Hitze- oder Chemikalienbeständigkeit etc. Auch die Wirtschaftlichkeit und die Verarbeitbarkeit des Dichtstoffs sind nicht zu unterschätzende Parameter, die bei der Auswahl zu berücksichtigen

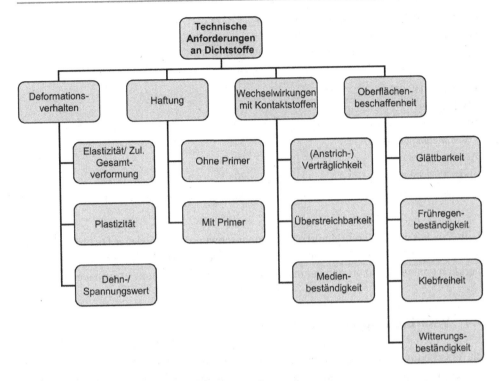

Abb. 9.2 Technische Anforderungen an Dichtstoffe

Tab. 9.2 Bewährte Kombinationen Substrat/Dichtstoff

	Beton	Poren-beton	Kunst-stoffe	Metalle	Holz	Glas	Keramik	Mischwerk-stoffe
Acrylat		+		+	+			
Silikon		+	+	+	+	++	++	
Polyurethan	+	+	+	+	+	+	+	+
MS-Polymer und PU-Hybride	+	+	++	+	+	+	+	++
Butyl			+	+	+	+		
Bitumen	+			+		+		

Legende: ++ ausgezeichnet geeignet; + gut geeignet;

sind. Obwohl in den vorangegangenen Kapiteln viele Beispiele für Dichtstoffanwendungen genannt wurden, sind in Tab. 9.2 zusammenfassend einige bewährte Kombinationen Substrat-Dichtstoff aufgezeigt. Sie können jedoch nur als erster Anhaltspunkt für beabsichtigte Materialpaarungen dienen.

Tab. 9.3 Typische Schwundraten bei Dichtstoffen

Dichtstoff	Volumenschwund, %
(Rein-)Silikon*	< 5
Polyurethan	3–10
Polysulfid (1 K, 2 K)	< 2
MS-Polymer	1–5
Hybrid	< 6
Lösemittelhaltiges Butyl	5–15
Acrylatdispersion	20–30
Silikondispersion	20

* Extendierte Silikone können im Extremfall einen Volumenschwund bis 55 % aufweisen.

In Tab. 9.3 ist der durchschnittliche Volumenschwund verschiedener Dichtstoffs angegeben. Aus ihm kann man abschätzen, ob sich die Oberflächengeometrie nach der Härtung merklich verändert und ob sich in einem Dichtstoff innere Spannungen aufbauen könnten.

9.4 Verarbeitung von Dichtstoffen

Die Verarbeitung von Dichtstoffen im Bauwesen ist und bleibt ein manueller Prozess, bei dem es neben der Fugenvorbereitung und der handwerklichen Geschicklichkeit auch auf geeignete Gerätschaften ankommt, die ein ermüdungsfreies Arbeiten auch über längere Zeit ermöglichen. In Abb. 9.3 sind einige gängige Modelle von Auftragspistolen abgebildet. Während sich eine offene Halbschalenpistole (Abb. 9.3a) nur für gelegentliche Abdichtarbeiten empfiehlt, kann mit einer mechanisch übersetzten, geschlossenen Pistole (Abb. 9.3b) auch länger ermüdungsfrei gearbeitet werden. Abbildung 9.3c zeigt eine druckluftbetätigte Auftragspistole für Kartuschen, und in Abb. 9.3d ist eine solche für Schlauchbeutel (Folienbeutel) dargestellt. Bei der Verwendung von Schlauchbeuteln fallen nur wenige zu entsorgende Abfälle an. Die Auswahl der Pistole richtet sich auch nach der abzudichtenden Fugenlänge. Je mehr abgedichtet werden soll, umso größer sollten die verwendeten Gebinde sein, um die Zahl der Wechsel zu minimieren.

Unabhängig von der Verarbeitung ist der Dichtstoffverbrauch eine wichtige Kenngröße bei Ausschreibungen was sowohl die Logistik als auch die Kosten anbelangt. Eine ungefähre Orientierung ermöglicht Tab. 9.4.

▶ **Praxis-Tipp** Zur Wiederverwendung angebrochener Kartuschen aller chemisch reaktiven Dichtstoffe kann man die Düsenspitzen feuchtigkeitsdicht für mehrere Wochen mit einem kleinen Stück Butyldichtstoff verschließen.

Abb. 9.3 Auftragspistolen

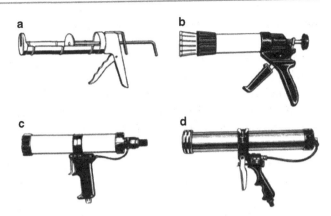

Tab. 9.4 Ungefährer Dichtstoffverbrauch bei ca. rechteckigem Dichtstoffquerschnitt

Fugenbreite, mm	Dichtstoffdicke (Tiefe), mm	Verbrauch pro lfd. m, ml	Reichweite einer 310 ml Kartusche, lfd. m
6	6	36	8,6
8	8	64	4,8
10	10	100	3,1
15	10	120	2,6
20	10	200	1,6
25	12	300	1,0
35	18	636	0,5

⟩ Bei Dreiecksfugen halbiert sich der Verbrauch

9.5 Auf Dauer hilft nur Qualität

Der Anwender kann erwarten, dass die Hersteller in ihren Laboratorien die Produkte aus jahrelanger Erfahrung heraus und nach dem aktuellen Stand der Technik entwickeln, abprüfen und nur Charge-für-Charge freigeprüfte Ware ausliefern. Der erste Blick des Anwenders muss daher neben der Prüfung, ob er überhaupt das vorgeschriebene Produkt in Händen hält, der Haltbarkeit des Produkts gelten. Auf jedem Gebinde, manchmal auch auf der Umverpackung, muss das Herstelldatum der entsprechenden Charge oder ein Verfallsdatum stehen. Oft ist das Erstere jedoch verschlüsselt, woraus der Anwender keinen sofortigen Nutzen ziehen kann, wenn er den Code nicht erkennt. Von der Verwendung eines solcherart kodierten Produkts ist abzuraten, solange die Verwendbarkeit durch Rückfrage vom Hersteller nicht bekannt gemacht wurde. Im Zweifelsfall muss der Hersteller aufgrund einer Chargennummer die Brauchbarkeit eines Produkts bestätigen. Überlagerte Produkte zu verwenden birgt immer ein hohes Risiko – auch wenn ein Produkt eine Woche nach dem Ablauf der aufgedruckten Mindesthaltbarkeit sicherlich noch nicht verdorben ist. Kommt es aber in Zusammenhang mit einem abgelaufenen Produkt zu einer Reklamation, so ist der Verwender, der dieses eingesetzt hat, juristisch deutlich im Nachteil. Auch kann ein Blick auf die Unversehrtheit der Verpackung oder des Gebindes nicht schaden; beschädigte Gebinde können, wenn sie beispielsweise löchrig sind, zur Aushärtung eines reaktiven Dichtstoffs oder zum Angelieren eines reaktiven Primers führen. Verdellte Metallkartuschen lassen sich nicht mehr vernünftig entleeren, weil der Kolben in seinem Lauf behindert wird. Dass der Anwender die einzusetzenden Dichtstoffe entsprechend der Vorschriften zu lagern hat, sollte eigentlich selbstverständlich sein, doch es wird immer wieder von koagulierten Dispersionsdichtstoffen berichtet, die im Winter zu kalt gelagert oder transportiert wurden.

Vor dem Beginn der Arbeiten, insbesondere bei größeren Projekten, können einige kurze Tests zumindest grobe Abweichungen vom Soll ausschließen:

- *Aussehen*: Die Farbe muss im Rahmen der erlaubten Toleranzen mit einer Referenz oder den bisher verarbeiteten Chargen übereinstimmen. Wurde der richtige Farbton geliefert?
- *Glätte*: Ein Aufstrich des Dichtstoffs auf eine Platte oder einen Karton und Verstreichen desselben mit einer glatten Spachtel darf keine Riefen, Körnchen, Hautfetzen oder Spuren von Luftblasen zutage treten lassen.
- *Glanz*: Glänzt der zu verwendende Dichtstoff wie üblich?
- *Ausspritzrate*: Lässt sich der Dichtstoff hinreichend schnell ausspritzen? Eine zu niedrige Ausspritzrate kann bei manchen Produkten ein Hinweis auf Überlagerung sein oder der Dichtstoff wurde zu kalt gelagert.
- *Standvermögen*: Beim Ausspritzen eines möglichst hohen Dichtstoffhäufchens auf Pappe erkennt der erfahrende Anwender, ob größere Abweichungen vom Gewohnten vorliegen.
- *Hautbildezeit*: Erfolgt die Hautbildung bei den gegebenen Witterungsbedingungen im üblichen und praktisch handhabbaren Bereich?
- *Durchhärtung*: Wie gut die Durchhärtung ist, kann man durch Aufschneiden einer Dichtstoffraupe nach 24 h grob abschätzen: Es sollte sich bei reaktiven Dichtstoffen eine Schicht im Millimeterbereich gebildet haben, Ausnahme 1K-Polysulfid und Acrylatdichtstoffe, die wesentlich langsamer härten.

Bevor größere Objekte versiegelt werden, sollten die durchführende Versiegelungsfirma bzw. die Anwender zumindest einfache *Raupenhaftungsversuche* durchführen, um wirklich sicherzugehen, dass die tatsächlich auf der Baustellen vorgefundenen Untergründe (und nicht nur die vorher getesteten Labormuster) und der Dichtstoff zusammenpassen. Am einfachsten trägt man einige Raupen auf ein Stück des Substrats auf, lässt sie durchhärten und versucht dann, die Raupen unter Zug mittels eines Kittmessers abzulösen. Dies ist umso mehr angeraten, wenn es sich nicht um bekannte, standardmäßig verwendete Untergründe handelt, sondern z. B. um ungewöhnlich eloxiertes oder beschichtetes Aluminium, fremdartige Gesteine oder unbekannte Exotenhölzer. Speziell der Oberflächenbehandlung von Aluminium muss vom Haftungsstandpunkt besondere Aufmerksamkeit gewidmet werden: (Farbig) eloxiertes Aluminium verhält sich anders als gebürstetes,

Oberflächenbeschichtungen auf Polyester-, Polyurethan- oder Fluorpolymerbasis stellen ganz unterschiedliche Anforderungen. Auch unterschiedliche Farbtöne mit ein und demselben Basisharz müssen sich nicht notwendigerweise immer identisch verhalten. Die TGIC-freien[1] Pulverlacke unterscheiden sich von den früher verwendeten deutlich in ihren Oberflächeneigenschaften bezüglich der Dichtstoffhaftung. Daher müssen immer Vorversuche durchgeführt werden. Der *Dichtstoffausrisstest* bei einer frisch versiegelten Fuge kann bei ausgehärtetem Dichtstoff folgendermaßen durchgeführt werden: Ein Dichtstoffstück von 10 cm Länge an 3 Seiten aus der Fuge schneiden, dann versuchen, ob sich mittels des entstandenen „Griffs" weiterer Dichtstoff aus der Fuge ausreißen lässt. Dies sollte nicht möglich sein.

▶ **Praxis-Tipp** Es wird empfohlen, auf der Baustelle vor Beginn der eigentlichen Abdichtarbeiten einen Haftungstest (Raupe auf Substrat) mit den tatsächlichen Baustoffen und der einzusetzenden Dichtstoffcharge zu machen um einigermaßen sicherzugehen, dass die ausgewählte Kombination auch geeignet ist.

Die *Qualifizierung der Anwender* ist neben der Produkt- und Planungsqualität mitentscheidend für die dauerhafte Funktion einer abgedichteten Fuge. Dichtstoffhersteller, Industrieverbände und andere bieten immer wieder Kurse an, in denen die richtige Handhabung von Dichtstoffen gelehrt wird.

Abb. 9.4 Faktoren, die die Qualität einer Fuge bestimmen

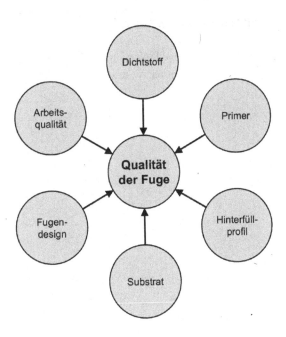

---

[1] TGIC: Triglycidylisocyanurat, wurde früher als Vernetzer in Einbrennlacken verwendet.

Zum Begriff der „Qualität" gehören auch, wie in DIN 18540 angegeben, Aufzeichnungen über den Verlauf der Abdichtarbeiten („Baustellenprotokoll"). Sie sollten folgende Angaben enthalten und sollten fortlaufend erstellt werden:

- Ausführende Firma und Name des Verfugers,
- Datum, Uhrzeit,
- Kurzbeschreibung des Objekts (Himmelsrichtung),
- Witterung (Temperatur, relative Luftfeuchte, Bewölkung, Niederschläge),
- Bezeichnung der durchgeführten Arbeiten, Maße der Fugen,
- Fugenvorbereitung,
- Verwendeter Primer und genaue Bezeichnung des verwendeten Dichtstoffs incl. Chargennummer,
- Sonstige verwendete Hilfsstoffe (Hinterfüllmaterial, Glättmittel),
- Eventuelle Besonderheiten.

Dass der Begriff „Qualität", der früher nur mit dem vereinbarten Zustand einer Ware oder Dienstleistung umschrieben wurde, heutzutage viel weiter gefasst werden kann und muss, zeigt sich am Beispiel einer abgedichteten Fuge. In Abb. 9.4 sind einige direkt nachvollziehbare Qualitätsfaktoren angegeben.

Weiterführende Literatur

Sealant Manual, United Professional, Seahurst (o. Jahresangabe)

Woolman, R., Hutchinson, A., Resealing of Buildings, Butterworth-Heinemann, Oxford (1994)

Fugenversagen – Fugensanierung

Nach dem 3. Bauschadensbericht der Bundesregierung von 1995 wiesen 43,9 % aller Gebäude der ehemaligen DDR Undichtigkeiten in den Bauelementfugen auf.[1] Man kann wahrscheinlich davon ausgehen, dass rechtzeitige Wartung und Instandsetzung dieser Fugen die nicht unerheblichen, teilweise substanzgefährdenden Bauschäden hätten verringern können. Doch auch heute werden bei Neubauten noch immer zu viele Fehler gemacht, wie der zweite Dekra-Bericht zu Baumängeln an Wohngebäuden nahelegt:[2] Bei dieser breit angelegten Untersuchung wurden Mängel bei Abdichtungsarbeiten (nach Standardleistungsbuch STLB 18) zu mehr als 4 % gefunden, bei Estrichen (STLB 25) ebenfalls > 4 % und bei Fenstern und Außentüren (STLB 26) sogar zu mehr als 8 %. Bei vielen dieser Beanstandungen sind auch Fugen betroffen, die vorzeitig schadhaft waren. In Tab. 10.1 ist eine gewichtete Reihe von Versagensbildern von Fugen und den entsprechenden Auswirkungen aufgeführt.

Unter Versagen wird hier das vorzeitige, außerplanmäßige Schadhaftwerden einer abgedichteten Fuge verstanden (Abb. 10.1). Dies bedeutet, dass die Fuge nicht mehr die ihr ursprünglich zugedachten Aufgaben und Anforderungen erfüllen kann. Vom Versagen abzugrenzen ist das normale, erwartbare Ende der Funktionsfähigkeit einer Fuge, das spätestens dann gekommen ist, wenn ein Gebäude abgerissen wird. In den allermeisten Fällen wird die Gebäudesubstanz länger bestehen als jede Fuge die dann vorher zu ersetzen ist.

Verständlicherweise nimmt das Thema des Fugenversagens in den Ausführungen der Dichtstoffhersteller keinen breiten Raum ein; verschiedene Institute beschäftigen sich jedoch damit, auch sie tun sich jedoch schwer, von Kurzzeittests auf die Langzeitbeständigkeit von Fugen zu schließen. Dies liegt nicht zuletzt daran, dass für die Tests kommerzielle Produkte eingesetzt werden, deren Zusammensetzung Außenstehenden nicht genau be-

---

[1] Bundesministerium für Raumordnung, Bauwesen und Städtebau: Dritter Bericht über Schäden an Gebäuden. Bonn – Bad Godesberg (1995).

[2] 2. Dekra-Bericht zu Baumängeln an Wohngebäuden, DEKRA Real Estate Expertise GmbH, Saarbrücken (2008).

© Springer Fachmedien Wiesbaden 2016

M. Pröbster, *Baudichtstoffe*, DOI 10.1007/978-3-658-09984-8_10

Tab. 10.1 Versagen von Dichtstoffen

Gewichtung	Versagensbild	Primäre Auswirkung	Sekundäre Auswirkung
1	Adhäsionsverlust zwischen Dichtstoff und Bauteil	Undichtigkeit der Fuge	Feuchtigkeitsschäden
2	Kohäsionsbruch im Dichtstoff	Undichtigkeit der Fuge	Feuchtigkeitsschäden
3	Kohäsives Versagen des Bauteils	Undichtigkeit der Fuge	Feuchtigkeitsschäden
4	Verschmutzung des Bauteils durch Weichmacherwanderung oder Auswaschungen aus dem Dichtstoff	Optische Beeinträchtigung	Verstrammung und ggf. Bruch des Dichtstoffs: s. o.
5	Klebrigwerden und Schmutzaufnahme des Dichtstoffs	Optische Beeinträchtigung	ggf. funktionelle Beeinträchtigung
6	Verfärbungen	Optische Beeinträchtigung	Keine

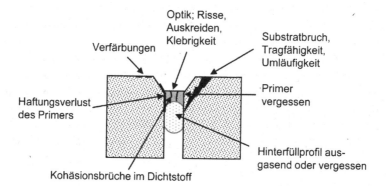

Abb. 10.1 Versagensmöglichkeiten bei einer Dehnfuge

kannt ist. Nach dem Ende der oft jahrelangen Tests hat möglicherweise ein Dichtstoff besonders gut abgeschnitten, aber er ist nicht mehr in der Originalzusammensetzung erhältlich.

Für die einmal notwendig werdende Sanierung von Fugen ist es unabdingbar, die Gründe für ein eventuelles Versagen zu verstehen.

10.1 „Normale" Belastungen des Dichtstoffs

Der Dichtstoff unterliegt in der Einbausituation unterschiedlichen, normalen Belastungen, hervorgerufen durch z. B.:

Dimensionsänderungen der abgedichteten Bauteile

- Thermische Längenänderungen: Zyklische Veränderung im Laufe des Tag/Nachtzyklus bzw. in der Abfolge von Sommer und Winter. Die größten Temperaturunterschiede stellt man im Frühjahr bzw. Herbst fest,
- Verzug: Abbau von Spannungen bei eingezwängten Bauteilen,
- Setzung: Irreversible einmalige Veränderungen von Bodenstrukturen,
- Schwindung: Verlust von Hydratationswärme und Feuchtigkeit in Beton,
- Quellung: Wasseraufnahme bei Ziegeln, Mauerwerk, Holz, manchen Kunststoffen, z. B. Polyamid,
- Vibration: Mechanische Beanspruchung bei oft geringer Amplitude mit unterschiedlichen Frequenzen.

Temperatur- und Strahlungsbelastung, im Wesentlichen hervorgerufen durch die Sonne

- UV- und sichtbares Licht,
- Wärme.

Medienbelastung

- Regen, Tau, Nebel, Kondensat,
- Drückendes oder nichtdrückendes Wasser,
- Chemikalien,
- Biologische Abbauprodukte.

Mechanische Belastung

- Abrieb,
- Verkehr,
- Vandalismus (Abb. 10.2).

Die zur Verfügung stehenden Dichtstoffe sind jeweils dafür ausgelegt, diesen Belastungen fallweise und für eine gewisse Zeit zu widerstehen. Keine Fuge ist für die Ewigkeit gebaut, sei es eine normale oder eine Wartungsfuge. Dies bedeutet, dass jede Fuge eine begrenzte Lebensdauer hat. Erst wenn die tatsächliche Lebens- bzw. Funktionsdauer einer Fuge mit der erwarteten in krassem Missverhältnis steht, spricht man vom Versagen dieser. Die Folgen des Versagens von Fugen in einem Gebäude können vielfältig sein: Höherer Energieverbrauch durch Fehlluft, Zutritt von Regen oder anstehendem Wasser. Dadurch kann das Mauerwerk geschädigt werden und eventuell Korrosion in der Betonarmierung verursacht werden. Organische Baustoffe können verrotten bzw. es kann sich Schimmel bilden. Indirekt wird dadurch auch die Luft- und Lebensqualität im Inneren eines Gebäudes negativ beeinflusst.

Abb. 10.2 Beispiel für Vandalismus. (Foto: M. Pröbster)

10.2   Produktmängel oder falsche Auswahl

In der subjektiven Wahrnehmung stehen als fehlerhaft empfundene Dichtstoffe an vorderster Front bei einem Fugenversagen. Es ist ja auch in den meisten Fällen der Dichtstoff oder seine unmittelbare Umgebung vom Schaden betroffen. Nach der persönlichen Erfahrung des Autors tragen jedoch von vornherein fehlerhafte Produkte nur zu einem sehr geringen Teil zu Schadensfällen bei. Einige der nicht ganz auszuschließenden Fehlermöglichkeiten bei Produkten sind:

- Fehler in der Formulierung,
- Abweichungen von der Sollrezeptur,
- Fehler im Produktionsprozess (z. B. falsche Dimensionierung von Dichtstoffprofilen),
- beschädigte Gebinde.

In der Prozesskette vom Hersteller zum Anwender zeitlich überlagerte Produkte können Eigenschaftsveränderungen erleiden wie:

- Viskositätsanstieg,
- Aushärtung im Gebinde,
- Zersetzung von Haftvermittlern und Katalysatoren bei reaktiven Dichtstoffen,
- Verformungen während der Lagerzeit oder des Transports.

Die nach einiger Zeit einsetzende Schimmelbildung auf Silikondichtstoffen in Sanitärbereichen wird gelegentlich auf einen Produktmangel zurückgeführt. Die beobachtete Schimmelbildung wird aber vielmehr durch eine allmähliche Auswaschung des im Dichtstoff enthaltenen Fungizids verursacht, siehe hierzu auch Abb. 3.4.

Lackierte Bauteile oder Kunststoffoberflächen stellen besondere Anforderungen an den Konstrukteur einer Fuge: Die in jedem Dichtstoff vorhandenen Weichmacher und möglicherweise anderen flüssigen Substanzen können in das Bauteil einwandern und dieses physikalisch, manchmal auch chemisch, verändern. Umgekehrt können beispielsweise Sikkative aus Oberflächenbeschichtungen in den Dichtstoff einwandern und die grenzflächennahe Härtung stören oder sich sogar an der Dichtstoffoberfläche als störender, klebriger Film manifestieren. Die Anstrichverträglichkeit mit lackierten Bauteilen bzw. die Migrationsneigung der Weichmacher in poröse Untergründe muss in der Konzeptphase bereits geprüft und ggf. durch Verwendung geeigneter Dichtstoffe (z. B. „Holzfenstersilikon" für bestimmte Anwendungen) ausgeschlossen werden.

Im modernen (Glas-)Fassadenbau kommen konstruktionsbedingt unterschiedliche Kleb- und Dichtstoffe miteinander in Kontakt. Um Spätschäden zu vermeiden, muss die Verträglichkeit *aller* in Kontakt kommenden Kleb-, Dicht- und Kunststoffe gegeben sein. Eine erste Austestung kann bereits durch einfache Kontaktversuche bei erhöhten Temperaturen vorgenommen werden. Bitumenhaltige Beschichtungen im Tiefbau sind mit verschiedenen Dichtstoffen ebenfalls unverträglich. Die Kontaktstellen können dadurch eventuell zu Leckagen führen.

Selten, aber nicht gänzlich auszuschließen, kommt es zur Anwendung falscher Produkte aufgrund von Verwechslungen des Dichtstoffs oder des Primers.

10.3 Falsches Fugendesign

Dass speziell Dehnfugen, insbesondere bei großen aneinander grenzenden Bauteilen, sorgfältig ausgelegt und berechnet werden müssen, um den zu verwendenden reaktiven elastisch aushärtenden Dichtstoff in seiner Dauerdehnfähigkeit nicht zu überlasten, wurde in Kap. 4 ausführlich dargelegt. Die bekannten weichen Dichtstoffe nach DIN 18540 auf Silikon-, Polyurethan-, Polysulfid- und MS-Polymer- bzw. Hybrid-Basis haben zulässige Gesamtverformungen bis 25 % der Fugenbreite. Die Fugen müssen demzufolge so breit gewählt werden, dass dieser Wert in keinem Betriebszustand überschritten wird. Die in manchen Datenblättern genannten Reißdehnungen von oft mehreren 100 % sind für die obenstehenden Überlegungen zur Dauerbeanspruchung ohne Belang. Bei Betonbauteilen ist zudem der über mehrere Monate andauernde Härtungsschwund zu beachten, der zu einer dauerhaften Vergrößerung der Fugenbreiten führt und einen ausgehärteten Dichtstoff bei sehr großen Bauteilen in einen permanenten Spannungszustand versetzen kann.

Die *Dehnfähigkeit* von elastischen Dichtstoffen nimmt im eingebauten Zustand mit der Zahl der Bewegungen der Fugenflanken ab. Daher und wegen der Häufigkeit der Bewegungen liegt die zulässige Gesamtverformung mit maximal 25 % deutlich unter der Reißdehnung mit oft mehreren 100 %.

Im Zweifelsfall sollte daher eine klassische Hochbaudehnfuge eher zu breit als zu schmal ausgelegt werden. In zu schmalen Fugen wird der Dichtstoff in der warmen Jahreszeit durch die thermische Ausdehnung der abgedichteten Bauteile stark komprimiert und gewalkt und verliert möglicherweise seine Dichtwirkung. Plastische Dichtstoffe sind für Dehnfugen gänzlich ungeeignet, sie werden durch Walkbewegungen rasch zerstört und brechen in aller Regel kohäsiv.

Einige typische Probleme im Zusammenhang mit dem Fugendesign:

- An Fugen und Dichtstoffe wird bei der Konstruktion eines Gebäudes manchmal erst sehr spät gedacht,
- Neben vorhandenen Richtlinien und Vorschriften spielt beim Fugendesign auch die Erfahrung des Planers eine große Rolle,
- Auch der beste Dichtstoff versagt, wenn er in einer unterdimensionierten Fuge über seine Leistungsgrenzen hinaus beansprucht wird.

10.4 Anwendungsfehler

Eine fehlende, unprofessionelle oder falsche *Fugenvorbereitung* ist in vielen Fällen ein Hauptgrund für vorzeitiges Undichtwerden einer Fuge. Der Aufbau der Adhäsion darf daher nicht durch *ab*häsive (haftvermindernde) Stoffe wie Öle oder Fette gestört werden. Die Entfettung mit Lösemitteln ist nach wie vor eine der gängigsten Methoden, um bei Metallen Walz- oder Ziehöle zu entfernen. Zu beachten ist, dass das Fett nicht nur verteilt, sondern wirklich entfernt wird. Beim Entstauben von Werkstücken mit Pressluft ist auf das Vorhandensein von Ölabscheidern zu achten. Gelegentliche Reste von Schalölen machen manchmal die Dichtstoffhaftung auf Beton schwierig. Im Zweifelsfall sollte, sofern sich die Öle nicht ausreichend gründlich entfernen lassen, die ölverschmutzte Schicht mechanisch abradiert werden. Filmbildende Primer verfestigen sandende und saugende Untergründe und sorgen so für die nötige Tragfähigkeit. Vergessener, überlagerter oder zu lange/kurz abgelüfteter Primer kann dagegen zum adhäsiven Versagen in der Fuge führen.

Substrate müssen tragfähig sein, um die – zwar geringen – Kräfte, die der Dichtstoff bei Dehnung auf die Fugenflanken überträgt, aufnehmen zu können. Eine gute Haftung auf tragfähigem Substrat, d. h. Bauteilen ohne oberflächlichen Staub, (Weiß-)Rost, Sand, Zementschleier, Farbreste oder andere losen (Verwitterungs-)Schichten ist zudem die Voraussetzung für die dauerhafte Dichtigkeit der Fuge. Lose Oberflächen wie mürbes Mauerwerk, stark poröses Holz, stark korrodiertes Eisen oder Stahl können an der Grenzfläche Dichtstoff zu Bauteil von Wasser unterwandert werden, bzw. korrodieren weiter und leisten einem adhäsivem Versagen der Fuge Vorschub.

Der *Dichtstoffauftrag* selbst muss mit hinreichendem Druck geschehen, damit der Dichtstoff das Substrat vollflächig und vollständig an den erforderlichen Stellen benetzen kann. Hochviskose Dicht- und elastische Klebstoffe können bei größeren Fugen diesbezüglich gelegentlich Probleme bereiten weil sie sich schwer aus der Kartusche aus- und an die Fugenflanken anpressen lassen. Bei der Anwendung elastischer Kleb/Dichtstoffe kann in Einzelfällen durch Nassfügen der entsprechende Anpressdruck erzeugt werden. Bei sehr breiten Dehnfugen muss man, um hinreichenden Gegendruck beim Applizieren zu erzeugen, erst die Fugenflanken abspritzen und sich sukzessive zur Fugenmitte vorarbeiten. Wird dies unterlassen, kann es zur teilweisen adhäsiven Ablösung im Dauerbetrieb der Fuge kommen.

10.5 Klima beim Verfugen

Die klimatischen Bedingungen beim Verfugen selbst haben auch einen gewissen Einfluss auf die Dauerhaftigkeit einer Fuge: Wird beispielsweise bei sehr heißen Umweltbedingungen verfugt, sind die abzudichtenden Bauteile aufgrund der thermischen Ausdehnung „größer" als normal, die Fuge ist also schmaler. Kühlt nach vollständiger Durchhärtung die verfugte Konstruktion auf Raumtemperatur oder tiefer ab, steht der elastische Dichtstoff unter Zugspannung. Dies kann sich in der Dauerhaftigkeit der Fuge negativ bemerkbar machen: Der Dichtstoff könnte sich vom Substrat ablösen oder kohäsiv reißen. Eine Verfugung bei „mittleren" Temperaturen ergibt also die dauerhafteste Abdichtung. Allerdings wird man in der Praxis auf diese Feinheiten meist kaum Rücksicht nehmen können.

Das runzelige Aussehen mancher breiter Fugen kann unter anderem daher rühren, dass sich die Fuge während des Aushärtevorgangs erheblich bewegt hat. Je höher der thermische Ausdehnungskoeffizient des Substrates ist und je größer die Temperaturdifferenz ist, die der frische, noch nicht vollständig ausgehärtete Dichtstoff und die Bauteile „erleiden" müssen, umso höher ist auch das Risiko einer vorzeitigen Dichtstoffschädigung. Wenn ein Dichtstoff z. B. zwischen Aluminiumpaneele, die noch im Schatten liegen, eingebracht wird, sind die Fugen relativ breit. Fällt später Sonnenstrahlung auf die Fassade, dehnen sich die Paneele aus, die Fuge schließt sich und verformt den aushärtenden Dichtstoff. Beim nachfolgenden Abkühlungszyklus öffnet sich die Fuge wieder und zieht den halb durchgehärteten Dichtstoff wieder auseinander. Dadurch entstehen Schwachstellen, die zu einer ungleichmäßigen Kräfteverteilung bei der nachfolgenden langjährigen Dehn/Stauch-Beanspruchung des Dichtstoffs führen. Er könnte kohäsiv an einer solchen Schwachstelle reißen. Wölbt sich ein im maximal gedehnten Zustand ausgehärteter Dichtstoff zur Fugenaußenseite hin auf, wenn sich die Fuge schließt, wird der Dichtstoff möglicherweise Wind, Wetter und Abrasion mehr ausgesetzt sein als ein normal geformter. Auch so könnte sich verfrühtes Versagen einstellen.

Wenn sich zudem die Haftung des Dichtstoffs zum Substrat langsamer aufbaut als die Durchhärtung voranschreitet, kann bei starken Fugenbewegungen bereits während des Aushärtens die Haftung Schaden erleiden.

Wie kann man diese Probleme lösen? Das „Timing" des Dichtstoffeintrags in die Fuge ist eine Abhilfemöglichkeit. Eventuell kann auch ein *offenporiges* Hinterfüllprofil, durch das Feuchtigkeit von der Rückseite her in den Dichtstoff gelangen kann, die Aushärtung so beschleunigen, dass die Fugenbewegung nicht mehr stört. Man könnte auch normal versiegeln, der Dichtstoff löst sich erwartungsgemäß adhäsiv vom Bauteil und dann wird eben „nachgebessert". Eine zweifelhafte Methode, deren Anwendung fallweise sicher gut überlegt sein will. Die Verwendung eines sehr niedermoduligen Dichtstoffs mit Applikation in minimal noch zulässiger Schichtstärke wäre ebenfalls eine Lösungsmöglichkeit für das Problem der Fugenbewegungen während der Aushärtung. Wichtig ist für den Anwender, sich vor Beginn der Arbeiten möglicher Probleme der Fugenbewegungen überhaupt bewusst zu werden. Ist dies der Fall, kann man, zumindest theoretisch, Abhilfestrategien planen, z. B. Versiegeln in der Nacht mit 2K-Systemen, Versiegeln je nach Sonnenstand, Erhöhen der Luftfeuchte durch Versprühen von Wasser. Die auszuwählende Strategie hängt auch stark von der Art der Bauteile (z. B. Fassade) ab, die abgedichtet werden sollen.

> Bei *dunklen* Bauteilen mit relativ *geringer* Wärmekapazität (Leichtbau, Vorhangfassaden aus Aluminium) sollten relativ rasch aushärtende Dichtstoffe verwendet werden, um Vernetzungsstörungen im Dichtstoff zu vermeiden, die durch die Fugenbewegungen während der Aushärtung verursacht werden. Schwere Bauteile mit hoher Wärmekapazität zeigen diese spezielle Problematik nicht.

Die Schäden, die durch starke Fugenbewegungen noch während der Aushärtung des Dichtstoffs verursacht werden, reichen von adhäsivem oder kohäsivem Versagen der Fuge nach kurzer Zeit über Verformungen oder Risse bis zu einer optisch nicht zu erkennenden verminderten Bewegungsaufnahme des ausgehärteten Dichtstoffs. Einige mögliche Ursachen für diese Effekte sind die Wechselbeziehungen von Tageszeit der Versiegelungsarbeit, Wärmekapazität und thermischem Ausdehnungskoeffizient der Bauteile, Häufigkeit und Amplitude der Dehn-/Stauchzyklen, Lage der Fugen im Gebäude, Himmelsrichtung und Fugenkonstruktion. Hautbildezeit und Durchhärtegeschwindigkeit werden von der Art des verwendeten Dichtstoffs bestimmt aber auch vom gerade herrschenden Wetter. Unerwartete Trockenheit oder Kälte kann durch eine zu lange dauernde Aushärtung Frühschädigungen hervorrufen. Nach amerikanischen Untersuchungen[3] besteht bereits ein erhebliches Risiko für die dauerhafte Funktionsfähigkeit einer Fuge, wenn während der Dichtstoffhärtung Fugenbewegungen von $\geq 35\,\%$ der zulässigen Gesamtverformung aufgetreten sind. Neben der Verwendung von rasch aushärtenden einkomponentigen Dicht-

---

[3] ASTM C 1193, Standard Guide for the Use of Joint Sealants (2013).

stoffen bieten sich zweikomponentige Produkte an, um die Durchhärtegeschwindigkeit zu erhöhen. Bei kritischen Außenanwendungen sollte am Abend abgedichtet werden. Während der nachfolgenden Nacht sind die (reversiblen) Fugenbewegungen am geringsten. Wenn die genannten Maßnahmen voraussichtlich trotzdem nicht ausreichend sind, und Abschattierungen nicht getätigt werden können, kann noch auf weniger extremes Wetter gesetzt werden oder es muss bereits in der Designphase mit breiteren Fugen gerechnet werden.

Wird ein Dichtstoff gezwungenermaßen während der kalten Jahreszeit appliziert, findet man weit geöffnete Fugen vor. Den Rest des Jahres steht der Dichtstoff unter Kompression. Dieser kann dadurch permanent verformt werden, wenn er gewisse plastische Anteile aufweist. Beim nächsten Winter kann der verkürzte Dichtstoff möglicherweise der Fugenöffnungsbewegung nicht folgen und kann adhäsiv versagen. Auch aus diesem Grund sollte die Fugenbreite nicht grenzwertig ausgelegt werden. Ein im Sommer applizierter Dichtstoff steht während der kalten Jahreszeit unter Zugspannung. Im Frühjahr bzw. Herbst installierte Fugen beanspruchen den Dichtstoff sowohl auf Zug als auch auf Kompression, was den besten Kompromiss darstellen dürfte – zumindest in der Theorie.

▶ **Praxis-Tipp** Bei senkrechten Fugen immer von oben nach unten arbeiten, um zu verhindern, dass bei unerwartetem Regen Wasser hinter die frisch eingebrachte Dichtstoffraupe dringt.

10.6 Überlastung im Betrieb

Auch im Rahmen der berechneten Grenzen können im Laufe von Jahren die Fugenbewegungen über mechanische Alterung des Dichtstoffs zu substanziellen Veränderungen führen. Mechanischer Stress kann Polymerketten umlagern, spalten und neu verknüpfen, was mit einer Modulerhöhung einhergehen kann. Durch Alterung versprödete Dichtstoffe weisen verminderte Dauerdehnfähigkeiten auf und üben größere Kräfte auf die Fugenflanken auf, als ungealterte, und die Wahrscheinlichkeit für adhäsives Fugenversagen oder auch Abplatzer des Bauteils wächst. Im Laufe der Jahre kann sich andererseits die Bindung zwischen Füllstoff und Dichtstoffmatrix lösen und zu einer Erniedrigung der Shore-A-Härte, Verringerung der mechanischen Belastbarkeit und zum Verlust von oberflächlich gebundenen Füllstoffen, d. h. zum Auskreiden, führen.

Wird ein gummielastischer Dichtstoff gedehnt oder gestaucht, bauen sich im Inneren Spannungen auf. Nimmt man die äußere Kraft gleich wieder weg, so kehrt der Dichtstoff mehr oder weniger schnell und vollständig in seine Ausgangslage zurück. Lässt man die äußere Kraft aber länger auf manche Dichtstoffe einwirken, erkennt man, dass sie nicht mehr die Startposition einnehmen. Sie haben nämlich während der Einwirkung der äußeren Kraft innere Spannungen abgebaut, d. h. relaxiert; durch Umlagerungen von Makromolekülen im Inneren des Dichtstoffs weichen diese dem äußeren Zwang aus und nehmen eine „bequemere" (energieärmere) Lage ein als zuvor. Dies geht mit einer dauernden Verformung einher. Diese nennt man Druck- bzw. Zugverformungsrest. Der Abbau von inneren Spannungen ist in manchen Fällen zwar erwünscht, bei Setzfugen beispielsweise, die sich nur einmal in eine Richtung bewegen, aber nicht in Dehnungsfugen. Ein Dichtstoff, der in einer in „enger" Stellung befindlichen Dehnfuge relaxiert und eine entsprechende ausgebauchte Form angenommen hat, wird beim Öffnen der Fuge gewaltsam auseinandergezogen und verformt. Dann relaxiert er in der „weiten" Fugenposition und will in dieser neuen Länge verharren. Beim erneuten Zusammengehen der Fugenflanken ist der relaxierte Dichtstoff diesmal zu lang und kann hervorstehende Schlaufen bilden – mit allen negativen Konsequenzen wie beschleunigte Alterung oder mechanische Abrasion.

Vibrationen können manche Fugen, die durch Reibung oder Zwängung in ihrer Bewegungsfreiheit gehemmt sind, schlagartig vom Zwang befreien und eine plötzliche Veränderung der Fugengeometrie nach sich ziehen. In manchen Fällen kann dies zum unerwarteten Versagen von Fugen führen, wenn sich die Nutzungsart eines Gebäudes ändert, z. B. durch Aufstellen von Maschinen.

Bei der Betrachtung des Fugenversagens wird oft der *Alterungsprozess des Substrats* übersehen. Mauerwerk kann aufgrund von Durchfeuchtung salzhaltig werden – keine gute Voraussetzung für die Dauerhaftigkeit der Dichtstoffhaftung. Wurde Mauerwerk fälschlicherweise mit einem Acetatsilikon abgedichtet, bildet sich frisch nach dem Aufbringen des Dichtstoffs Kohlendioxid und nachfolgend Calciumacetat – ebenfalls denkbar schlechte Voraussetzungen für eine dauerhafte Abdichtung. Holz „arbeitet" je nach Luftfeuchtigkeit, ungeschütztes Eisen und manche Stähle korrodieren und auch Glas verändert im Laufe von Jahren seine Oberflächenstruktur und seinen pH-Wert. So ist es möglich, dass nach jahrelanger Problemlosigkeit einer Fuge ein „Umschlagpunkt" erreicht wird und adhäsives Versagen an vielen Stellen einer Konstruktion nahezu gleichzeitig und überraschend auftritt. Die im Bauteil langfristig abgelaufenen Veränderungen sind oftmals nicht bzw. kaum erkennbar, da der Dichtstoff den Einblick in die vermeintlich intakte Fuge verwehrt.

Daneben sind *Abplatzer* in beanspruchten Bodenfugen häufig, insbesondere, wenn keine Fase vorhanden ist. Die Undichtigkeit entsteht also in diesem Versagensfalle im Bauteil. Vor allem bei Bodenfugen in betonierten Gehwegen, Fabrikböden, Auffahrtrampen, Waschanlagen kann man Substratbruch und nachfolgendes Versagen der Fuge beobachten.

Substratbruch kann viele Ursachen haben:

- Zu hohe Verkehrslasten,
- Schlechte Qualität des Bodenbelagsmaterials (magerer oder entmischter Beton),
- Dichtstofffestigkeit bei guter Haftung höher als Betonfestigkeit (z. B. nach Versprödung eines Dichtstoffs bei sehr niedrigen Temperaturen),
- Schadereignisse/Vandalismus.

10.7 Umwelteinflüsse und Alterung

Viele der Umweltfaktoren werden auch als Alterungsfaktoren bezeichnet – sie beeinflussen im Wesentlichen den Dichtstoff selbst. Das Sonnenspektrum enthält neben dem sichtbaren Licht (57 %) auch UV- (6 %) und Wärmeanteile (37 %). Damit wirken auf einen sonnenbestrahlten Dichtstoff immer mehrere Alterungsfaktoren gleichzeitig ein und können Alterungsvorgänge stärker beschleunigen als wenn diese Faktoren allein oder hintereinander einwirken würden.

Die *UV-Strahlung* ist der Hauptschadensfaktor des Sonnenlichts. Schäden durch die UV-Strahlung sind in nicht-transparenten Dichtstoffen meist auf die Oberfläche begrenzt. Sie machen sich durch Rissigwerden dieser, Auskreidung oder selten auch Klebrigwerden bemerkbar. Viele Dichtstoffe, die solche oberflächlichen Schäden aufweisen, sind zwar in ihrer Optik beeinträchtigt, können jedoch die Dichtfunktion noch gut wahrnehmen. Die Fortpflanzung von entstandenen Oberflächenrissen ins Innere des Dichtstoffs kann oftmals durch die Verwendung entsprechend optimierter Formulierungen minimiert werden. Wenn die beim Polymerabbau verbleibenden ungebundenen Füllstoffe und Pigmente auf der Oberfläche des geschädigten Dichtstoffs verbleiben, können diese die darunter liegenden, noch ungealterten Schichten eine gewisse Zeit schützen. Reinigungsvorgänge, die diese „Schutzschicht" regelmäßig, z. B. mechanisch, entfernen, beschleunigen damit den Abbau des Dichtstoffs. Bei bewitterten Dreiecksfugen, deren Dichtstoff bis auf nahezu Null in Richtung Substrat ausläuft, beobachtet man den Beginn der Verwitterung und nachfolgende Haftungsablösung zuerst an den dünnsten Stellen.

Hochwertige Silikone und Butyldichtstoffe werden durch UV-Strahlung nur wenig angegriffen, da deren Polymer-Hauptketten durch das energiereiche UV-Licht nicht zerstört wird. Auch Acrylate sind aus dem gleichen Grunde sehr UV-beständig. Dichtstoffe, deren Hauptpolymer kein reines Kohlenstoffgerüst ist, sondern auch Heteroatome enthält (z. B. PU, MS, Hybride, Polysulfid), werden üblicherweise durch UV blockierende Pigmente (Titandioxid, Ruß) oder Additive vor vorzeitigem Abbau geschützt. Verwendet man nun einen transparenten Dichtstoff in einer Fuge, bei der das UV-Licht, wenn auch abgeschwächt, bis an die Haftfläche gelangt, sieht es manchmal so aus: Auch eine geringe Schädigung der Grenzschicht zwischen Substrat und Dichtstoff reicht aus, um zu einem adhäsiven Versagen zu führen. Bei der Abdichtung von Glas hat man es mit einer ähnlichen Thematik zu tun: Hier kommt die schädliche UV-Strahlung oft von hinten durch das Glas hindurch an die Haftfläche und führt in manchen Fällen zum Versagen. Dabei spielt es auch keine Rolle, ob ein transparenter oder undurchsichtiger Dichtstoff verwendet wurde.

Große *Hitze* ist auch allein ein bedeutender Alterungsfaktor, denn durch Wärmezufuhr brechen chemische Bindungen. Dies kann entweder durch Weiterreaktion der meist entstehenden Molekülbruchstücke zu spröden 3D-Netzwerken führen oder bei Polyether-Polymeren auch zur Teilverflüssigung des Dichtstoffs. Durch Antioxidantien in der Formulierung versuchen die Hersteller zwar, den Mechanismus der thermischen Zersetzung zu unterbinden; die Dauertemperaturbeständigkeiten der meisten Nicht-Silikondichtstoffe liegen trotz der Additive aber nur in der Größenordnung von max. 90–120 °C; normale Silikondichtstoffe sind dagegen bis ca. 150 °C beständig, hitzestabilisierte sogar bis 250 °C Dauertemperatur oder darüber.

Feuchtigkeit, insbesondere in Kombination mit Wärme, kann in Dichtstoffe eindringen und sie zur Quellung bringen. Dies kann innere Spannungen auslösen, die zu Adhäsionsproblemen führen können bzw. den Dichtstoff erweichen, dass er leichter mechanischen Angriffen zum Opfer fallen kann. An der Grenzfläche zum Substrat kann bei feuchtwarmen Belastungen Hydrolyse mit totalem Haftungsverlust auftreten, wie dies z. B. im zeitraffenden Kataplasmatest[4] der Automobilindustrie simuliert wird. Je mehr Feuchte ein Dichtstoff aufnehmen kann, umso kritischer muss die Integrität der Haftfläche gesehen werden. Bei Dichtstoffen, die über Silanhaftvermittler die Haftung zum Substrat aufbauen, ist die potentielle Hydrolyse der Si-O-Substrat-Bindungen immer zu berücksichtigen. In begrenztem Rahmen ist eine Einflussnahme über eine möglichst hydrophobe Einstellung der Rezeptur durch entsprechende Füllstoffe oder Additive denkbar. Wasser kann zudem lösliche Bestandteile eines Dichtstoffs auswaschen, z. B. Weichmacher, Alterungsschutzmittel, Fungizide und so zu negativen Veränderungen im Gefüge und in der Funktion des Dichtstoffs führen. Die in manchen Fällen hiermit verbundene Schrumpfung erzeugt innere Spannungen und vermindert die Elastizität.

Manche *Chemikalien,* organische wie anorganische, schädigen Dichtstoffe. Sind es im Falle von vernetzten Dichtstoffen bei organischen Lösemitteln oft reversible, teilweise sehr starke Quellungen, so werden viele dauerplastische Dichtstoffe von den entsprechenden Solventien angelöst oder vollständig zerstört. Starke anorganische Säuren und Basen greifen viele Dichtstoffe ebenfalls irreversibel an: Säuren können nicht nur Polymerketten chemisch verändern, sondern sie lösen das oft als Füllstoff verwendete Calciumcarbonat auf. Interessanterweise können auch schwache organische Säuren wegen ihrer teilweisen Löslichkeit in der Polymermatrix nachhaltige Schäden in der Tiefe des Dichtstoffs verursachen. Basen können über Verseifungsreaktionen manche Polymere spalten und führen zu einer Erweichung des Dichtstoffs. Schwache organische Basen (Seife) zeigen manchmal ähnlich negative Tiefenwirkungen wie die schwachen organischen Säuren. Die Beständigkeit von Dichtstoffen gegenüber Medien wird gelegentlich in Form von Tabellen angegeben. Bei Benützung letzterer sollte beachtet werden, unter welchen Testkonditionen die Werte generiert wurden und ob sich diese auf die jeweilige Ist-Situation einer Dichtstoffanwendung übertragen lassen. Ob z. B. von einem Labortest eines Dichtstoffs, der in einem statischen Medium für 6 Wochen bei Raumtemperatur gelagert wird, auf eine jahrelange Beständigkeit in einer Bewegungsfuge geschlossen werden kann, muss zumindest kritisch hinterfragt werden. Wegen der hohen Gefahr der Missinterpretation wird hier auf die Wiedergabe allgemeiner Beständigkeitstabellen verzichtet.

Biologische Alterungsfaktoren durch Schadinsekten wie Termiten in tropischen Ländern oder bakterieller Abbau haben eine geringere allgemeine Bedeutung. In Klärbecken

---

[4] DIN EN ISO 9142; Anhang E2.

Abb. 10.3 Faktoren, die die Lebensdauer einer Fuge bestimmen

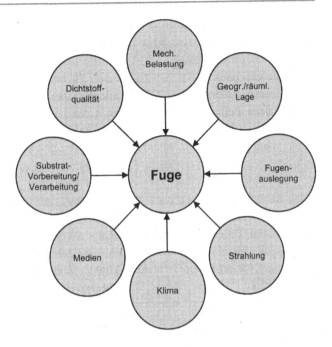

widerstehen beispielsweise nur Polysulfiddichtstoffe in Sondereinstellungen für längere Zeit dem Angriff der entsprechenden Bakterien.

Schlierenbildung bei Verglasungsdichtstoffen wird verursacht durch Abrieb von Dichtstoffbestandteilen beim Reinigen eines Fensters oder durch Auswaschungen von Inhaltsstoffen. Nur Produkte der Klassen m0 und m1 sind für Glasabdichtungen nach DIN 18545-2 zulässig. Die Art der Reinigung trägt ein Übriges zu diesem Problem bei, das im Wesentlichen nur aus dem privaten Umfeld berichtet wird, nicht aber von professionellen Fensterreinigungsfirmen oder deren Kunden. Bei Vergleichsstudien zeigte sich, dass bei der Fensterreinigung, die im privaten Bereich durchgeführt wird, mit wesentlich mehr Wasser als bei professioneller Reinigung gearbeitet wird. Dies ist offensichtlich die Ursache für die Verteilung von Silikonspuren auf dem Glas, die zur Schlierenbildung führt.

Wirken, meist als Kombination verschiedener Faktoren, die Alterungsprozesse über Jahre auf eine Fuge ein, ohne dass sie jemals kontrolliert oder gar repariert wurde, kann es zum als „plötzlich" wahrgenommenen Fugenversagen kommen. In Abb. 10.3 sind die wichtigsten Faktoren dargestellt, die die Lebensdauer einer Fuge bestimmen.

10.8   Wie lange wird die Fuge dicht bleiben?

Jeder Dichtstoffhersteller und -verarbeiter sieht sich von Zeit zu Zeit mit der Frage konfrontiert: „Wie lange hält die Fuge"? Die Antwort ist meist sehr schwierig, denn die Lebensdauer ist nicht nur vom Dichtstoff selbst, sondern auch von seiner Verarbeitung, der Fugendimensionierung, der Einbauqualität und späteren Belastung der Fuge abhängig. Auf die Belastungen, insbesondere ungeplante, haben Dichtstoffhersteller und -verarbeiter später keinen Einfluss mehr.

Die durchschnittliche Lebensdauer einer Dichtstoffklasse anzugeben, wird in der Literatur immer wieder versucht, doch alle Angaben beziehen sich auf bestimmte, meist kommerzielle Formulierungen, aus denen dann allgemeine Schlüsse gezogen werden. Die Vielfalt der Hersteller und Formulierungen ist enorm. Hersteller wie Formulierungen kommen und gehen, sodass man ziemlich sicher sein kann, dass eine vor 20 Jahren angelegte und sich als stabil erwiesene Rezeptur heutzutage nicht mehr unverändert im Markt ist. Trotz dieser generellen Schwierigkeiten kann man grobe Anhaltspunkte festlegen, wobei häufige Ausnahmen nach oben und unten anzutreffen sein dürften. Bei Polysulfiden wird von einer Lebensdauer von bis zu dreißig Jahren ausgegangen, genauso wie bei Silikonen. Polyisobutylendichtstoffe und Acrylate beinhalten sehr stabile Polymere, die ebenfalls für eine Lebensdauer von mehreren Jahrzehnten gut sein sollten. Polyurethane und MS-Polymer-Dichtstoffe können deutlich über 20 Jahre bestehen. Werden minderwertige Produkte eingesetzt, kann sich die zu erwartende Lebensdauer dagegen drastisch verkürzen. Es gilt allerdings für alle der vorstehenden Angaben: Für jede einzelne Anwendung sind Umweltfaktoren und Belastung unterschiedlich und damit auch die Lebensdauer.

10.9   Fehlererkennung und -vermeidung in der Praxis

Um letztlich zukünftige Fehler zu vermeiden, muss man sie überhaupt einmal als solche erkennen, wenn sie bereits aufgetreten sind. Hierzu muss man als erstes die Schadbilder einer defekten Fuge richtig einordnen können. Dann ist es zweckmäßig, den gesamten (schadhaften) Fugenbereich zu unterteilen in:

- Veränderungen am Dichtstoff,
- Veränderungen an den Bauteilen,
- Fehler in der Haftungsebene.

Veränderungen am frischen Dichtstoff

Wenn man sofort nach dem Ausspritzen und Glätten des frischen Dichtstoffs *Schlieren* beobachtet, kann dies mehrere Ursachen haben: Es wurde ein ungeeignetes Glättmittel verwendet (Kleisterbrühe etc.) oder die Fugenflanken wurden nicht genügend gereinigt und sie „färben ab". Bei zweikomponentigen Dichtstoffen kann es sein, dass nicht genügend gemischt wurde. Zur Abhilfe sollte entweder kein oder ein auf den entsprechenden Dichtstoff abgestimmtes Glättmittel verwendet werden. Bei den, allerdings seltener gewordenen, 2K-Dichtstoffen muss mit der vorgeschriebenen Drehzahl und genügend lange gemischt werden.

▶   **Praxis-Tipp** Beim manuellen Anmischen eines Zweikomponentendichtstoffs sind die vorgeschriebenen Mischzeiten und Drehzahlen unbedingt einzuhalten. Bei Verkürzung der Mischzeiten wird keine ausreichende Homogenität des Endprodukts erreicht. Bei zu hohen Drehzahlen wird Luft eingerührt, die zur Schwächung des Dichtstoffs und vorzeitigem Versagen führen kann.

Blasen im Dichtstoff werden manchmal durch die Hinterfüllschnur verursacht, wenn sie beim Einbringen in die Fuge verletzt wurde. Gelegentlich werden auch Luftblasen aus der Kartusche, insbesondere bei 2K-Systemen in den Dichtstoff eingetragen, obwohl die meisten beim Ausspritzen platzen. Feuchte Substrate, die sich bei Sonneneinstrahlung erwärmen, geben Wasser als Dampfblasen ab. Dieses Problem kann insbesondere bei Mauerwerk, das hydrophobiert wurde, auftreten. Kohlendioxidblasen können sich bei zu rasch härtenden elastischen Polyurethankleb(dicht)stoffen bilden.

Veränderungen am gehärteten Dichtstoff
Beobachtet man eine *klebrige Oberfläche* des ausgehärteten Dichtstoffs, wird dieser sehr schnell durch Schmutzaufnahme unansehnlich, bzw. verschmiert sich bei Reinigungsvorgängen, z. B. am Fenster. Das Klebrigbleiben kann viele Ursachen haben wie: überlagerter Dichtstoff, dessen Vernetzersystem nicht mehr funktioniert, Erweichung des Dichtstoffs durch falsche Reinigungsmittel oder Chemikalien, gegen die er nicht beständig ist. Auch können Wechselwirkungen zwischen Dichtstoff und Bauteil (Migration) oder gar chemische Reaktionen zur Dauerklebrigkeit führen. Es ist also wichtig zu wissen, ob die Klebrigkeit von Anfang an herrschte oder erst im Laufe der Zeit auftrat. Bei 2K-Dichtstoffen kann eine grobe Unterdosierung des Härters zur Untervernetzung und damit zur Klebrigkeit führen.

Verfärbungen des Dichtstoffs können wiederum von Weichmacherwanderung herrühren, von chemischen Reaktionen mit dem Bauteil, wie es gelegentlich bei weißen Dichtstoffen zu beobachten ist, die sich in Kontakt mit manchen Kunststoffen (speziell Polyestern) oder Bitumen gelb verfärben können. Auch Alkydharzfarben können zu Verfärbungen des Dichtstoffs führen. Vermeiden kann man die Wechselwirkungen ab besten durch Verwendung verträglicher Produkte oder von Sperrschichten. Wenn man Alkydharzanstriche vollständig ausreagieren (trocknen) lässt, bevor abgedichtet wird, und darauf achtet, dass die Anstrichverträglichkeit gegeben ist, lassen sich unerwünschte Wechselwirkungen minimieren.

Die Bildung von *Schimmelpilzen* wird zunächst auch als Verfärbung wahrgenommen. Wie diesem Problem zu begegnen ist, wird an anderer Stelle beschrieben.

Risse im ausgehärteten Dichtstoff selbst (kohäsives Versagen) resultieren meist aus:

- Versprödung des Dichtstoffs (z. B. durch Weichmacherauswanderung, Alterung),
- Überbeanspruchung durch zu schmale Fugen oder Dreiflankenhaftung,
- Walken des Dichtstoffs durch exzessive Fugenbewegungen,
- Falschem Mischungsverhältnis eines 2K-Materials,

Abb. 10.4 Kohäsives Versagen durch eine zu geringe Dichtstoffdicke. (Foto: M. Pröbster)

- Schwachstellen durch Luftblasen, Einschnitte, Löcher oder zu geringen Dichtstoffauftrag (Abb. 10.4).

Wird irrtümlich ein plastischer Dichtstoff anstelle eines elastischen in einer Bewegungsfuge verwendet, wird er zumindest Längsfurchen bekommen oder ebenfalls kohäsiv versagen, da er durch die Fugenbewegungen mechanisch überbeansprucht wird. Die gebildeten Längsfalten und Verdrückungen (siehe auch Abb. 2.5) können sich zu Rissen erweitern.

Veränderungen am Substrat

Wenn Bestandteile des Dichtstoffs, meist Weichmacher, gelegentlich auch Reaktivstoffe, in das Substrat einwandern, kann es zu *Verfärbungen* oder auch chemischen Reaktionen wie Salzbildung kommen. Wird Acetatsilikon ohne Primer auf Beton oder Mörtel appliziert, kann sich Calciumacetat auf dem Substrat bilden, das als weißlicher Belag sichtbar wird.

Wasser kann in Dichtstoffe eindringen, sie quellen, unterwandern und in Kombination mit Luft metallische Werkstoffe korrodieren, sodass sie ihre Tragfähigkeit verlieren. Über Hydrolysevorgänge, die gelegentlich reversibel sind, können chemische Bindungen gelöst werden. Grenzschichtnahes Wasser kann aufgrund seiner hohen Polarität in Konkurrenz zu den Polymermolekülen treten und diese von der Oberfläche verdrängen. Im Wasser gelöste Stoffe wie Chloride, Sulfate oder Säuren bzw. Basen können an der Grenzfläche das Substrat angreifen und dieses zersetzen. Fast immer wird dadurch die Haftung des Dichtstoffs geschwächt. Gesteine wie Sandstein können durch Verwitterung ihre Tragfähigkeit verlieren.

Adhäsives Versagen – Fehler in der Haftungsebene

Solche Fehler eindeutig zuzuordnen, ist schwierig. Zu viele, auch zahlreiche der oben genannten Gründe können diese (mit-)verursachen. Auch wird der „klassische" Fehler, mangelnde Oberflächenvorbereitung oder -tragfähigkeit, immer wieder eine Rolle spielen. Neben der falschen Auswahl von Produkten für ein bestimmtes Substrat kann auch ein zu lange oder zu kurz abgelüfteter Primer der Grund für Haftungsversagen sein. Raureif oder Tau können bei entsprechender Witterung ebenfalls zur Minderhaftung führen. Der am meisten verbreitete Versagensfall eines Dichtstoffs ist adhäsiv. Bei hochmoduligen Dichtstoffen werden größere Kräfte in das Bauteil eingeleitet als bei niedermoduligen. Bauteile deren Haftzugfestigkeit von vornherein relativ gering ist, neigen in Kombination mit hochmoduligen Dichtstoffen daher eher zum Versagen als in Kombination mit niedermoduligen Produkten. Beton ist zwar äußerst druckfest, kann jedoch bei Zugbelastung durch einen zu hochmoduligen (festen) oder steif gewordenen Dichtstoff durchaus in der Nähe der Grenzlinie kohäsiv versagen.

Extrudierte Aluminiumprofile können die unterschiedlichsten, haftunfreundlichen Ziehhilfsmittel auf der Oberfläche aufweisen: Öle, Wachs aber auch Graphit. Scheinbar saubere Oberflächen müssen nicht unbedingt gut für das Abdichten und Verkleben geeignet sein.

In den Tab. 10.2 und 10.3 ist aus der Sicht des Praktikers zusammengefasst, welche Mängel an frischen bzw. an ausgehärteten Dichtstoffen auftreten können. Hat man erst einmal die Ursachen zugeordnet, kann man versuchen, die angegebenen Abhilfemaßnahmen anzuwenden.

10.10 Herausforderung Fugensanierung

Die Sanierung bzw. Instandsetzung von Fugen (Abb. 10.5) erfolgt entweder im Turnus einer planmäßigen Wartung, bei der die Notwendigkeit der Sanierung erkannt wurde, auch wenn die Fuge noch nicht undicht geworden ist, wenn beschädigte Fugen entdeckt wurden oder (spätestens), wenn bereits die Folgen undichter Fugen am oder im Bauwerk zu spüren sind. In der Regel bedarf eine Fugensanierung einer speziellen fachmännischen Bestandsaufnahme und eines entsprechenden Sanierungsplans.[5]

---

[5] Standardleistungsbuch für das Bauwesen, Leistungsbereich 504, Fugeninstandsetzung (1998).

Tab. 10.2 Mängel an frischen Dichtstoffen

Mangel	Erkennung des Mangels	Mögliche Ursachen	Mögliche Abhilfemaßnahmen
Verarbeitbarkeit			
Zu dünn	Dichtstoff (DS) kommt zu schnell aus Düsenkartusche (DK)/Beutel	DS zu warm; Produktfehler; Druckluft zu stark	Temperaturempfehlung beachten; Produkt austauschen; Druck senken
DS rutscht ab	Ausbeulungen in senkrechten Fugen; DS läuft aus senkrechter Fuge	DS oder Bauteil zu warm; Produktfehler; Fuge zu breit	Temperaturempfehlung beachten; Produkt austauschen
DS läuft nach	DS tritt nach Loslassen des Abzugs aus Düsenspitze aus	Luft im Produkt; Fehler in der Pistole	Produkt austauschen; Pistole reparieren/austauschen
DS zieht Fäden	Fadenbildung beim Abheben der Düsenspitze vom DS	Produktfehler; Düsenspitze ungeschickt geführt	Produkt austauschen; Düsenspitze anders führen
DS zähflüssig	DS tritt zu langsam aus der Düsenspitze aus	DS zu zäh („angesprungen"); DS zu kalt	Produkt austauschen; Gebinde wärmer lagern
Kartuschen/Beutel platzen	Verschmutzung der Pistole, kein ordnungsgemäßer Produktaustrag	Verarbeitungsdruck zu hoch; Beutelnaht fehlerhaft; Produkttemperatur zu gering	Druck senken; Produkt austauschen; Gebinde temperieren
Aussehen			
Blasen im DS	Knallen bei der Druckluftverarbeitung; Schlieren von aufgeplatzten Blasen	Luft im Produkt; Kolbenkipper bei Druckluftverarbeitung; Unverträglichkeit zum Substrat; Frostschaden bei Dispersionen	Produkt austauschen; Verträglichkeit prüfen; Dispersionsdichtstoffe nicht unter 5 °C lagern
Hautfetzen oder Stippen im DS	Schlierenbildung beim Ausspritzen oder Glätten	Produktfehler; Anhärtungen nach Arbeitspause	Produkt austauschen; nach Arbeitspausen 10 cm Dichtstoffstrang verwerfen
Schlechte Glättbarkeit	Schlieren und Furchen	Hautbildung des DS zu schnell; zu spät geglättet; ungeeignetes Glättmittel	Produktwechsel; Glätten vor der Hautbildung; nur vorgeschriebenes oder kein Glättmittel verwenden
Risse	Risse im noch nicht vollständig durchgeh. DS	Starke Fugenbewegungen während des Aushärtens; geringe Frührissbeständigkeit des DS	Andere Tageszeit zum Verfugen wählen; Produktwechsel

Tab. 10.2 *Fortsetzung*

Mangel	Erkennung des Mangels	Mögliche Ursachen	Mögliche Abhilfemaßnahmen
Hautbildung			
Keine oder zu langsame Hautbildung	DS bleibt lange klebrig	Überlagertes Produkt; zu tiefe Verarbeitungstemperatur; zu geringe Luftfeuchte (bei Dispersionen zu hohe)	Produktaustausch; längere Zeit einplanen bzw. bei höherer Temperatur verfugen; bei feuchterem (Dispersionen: trockenerem) Wetter verfugen
Hautbildung zu schnell	Schwierigkeiten beim Glätten	Hohe Temperatur oder Luftfeuchte	Schneller arbeiten; zu glättende Abschnitte verkleinern
Durchhärtung			
Keine	DS bleibt weich, nimmt keine Bewegungen auf	Nichtreaktiver DS verwendet; Produktfehler; Härterkomponente bei 2K vergessen	Reaktiven DS verwenden; Produktwechsel; Härter zudosieren bei 2K
Zu langsam	DS bleibt lange weich, nimmt keine Bewegungen auf	Überlagerter DS; zu tiefe Temperatur und/oder zu geringe Feuchtigkeit	Auf Mindesthaltbarkeit achten; Temp./Feuchte erhöhen

Abb. 10.5 Prinzipielle Optionen bei der Sanierung schadhaft gewordener Fugen

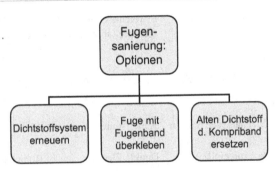

- Zunächst müssen die *Gründe für das Versagen* der Fugen zweifelsfrei ermittelt werden. Ohne die richtige Diagnose werden die Abhilfemaßnahmen allenfalls kurzzeitig zum gewünschten Ergebnis führen. Der Typ der zu sanierenden Fuge bestimmt (wie bei der Neuinstallation auch) die Art des zu verwendenden Dichtstoffs bzw. Fugenbands.
- Danach erfolgt in einem zweiten Schritt die *Vorbereitung der Fuge* auf das Verfugen. Dies bedeutet, dass versucht wird, so gut es geht, denjenigen Ausgangszustand wiederherzustellen, wie er auch bei einer Neuverfugung vorliegt. D. h. die die Fugenflanken bzw. die Fugenränder müssen parallel, tragfähig und haftungsfreundlich gestaltet werden Je gründlicher hier vorgegangen wird, desto höher sind die Aussichten auf eine langanhaltende Dichtheit der wiederverschlossenen Fuge.
- Die *Fugenversiegelung*, durchgeführt nach dem Stand der jeweiligen Technologie, resultiert schließlich in einem erfolgreichen Sanierungsprojekt.

Tab. 10.3 Mängel an ausgehärteten Dichtstoffen

Mangel	Erkennung des Mangels	Mögliche Ursachen	Mögliche Maßnahmen zur Vermeidung
Dichtstoffoberfläche			
Klebrigkeit	Fingerprobe; Schmutzablagerung; Reinigungsprobleme	Produktmangel; überlagertes Produkt; Angriff durch Glättmittel; aggressive Reinigungsmittel; Unverträglichkeit	Verwendung geprüfter DS; Lagerzeit beachten; vorgeschriebenes Glättmittel und milde Reinigungsmittel verwenden; Verträglichkeitstest durchführen
Blasen, Inhomogenitäten, Schlieren	Aufwölbungen des Dichtstoffs	Unverträglichkeit; perforiertes Hinterfüllprofil; Verdampfen von Lösemittel; feuchte Bauteile	Auf Wechselwirkungen achten; Hinterfüllprofil nicht beschädigen oder komprimieren während der Vernetzung; lösemittelhaltige Produkte genügend ablüften lassen
Verfärbung	Farbänderungen	Einwandern von Flüssigkeiten; Alterung	Angrenzende Baustoffe müssen verträglich sein; geeignete DS auswählen
Zersetzung	Erweichte oder versprödete Oberfläche	UV-Strahlung; Hitze; aggressive Reinigungsmittel; Säuren; Laugen; Lösemittel	Je nach den zu erwartenden Anforderungen ausreichend beständige DS auswählen
Keine Überstreichbarkeit	Anstrich blättert ab oder verfärbt sich	Ungeeigneter Dichtstoff	Überstreichen von elast. DS möglichst vermeiden
Mechanische Spuren	Schleifspuren, Kratzer	Abrasion; Vandalismus	Fuge nicht bündig ausführen
Schimmelpilz	Dunkle Flecken	Hohe Luftfeuchte; stehendes Wasser	Lüftungsverhalten ändern; Konstruktion verbessern
Dichtstoffinneres			
Risse	Risse im DS, in die Tiefe gehend	Falsche Fugenauslegung; Dreiflankenhaftung; Fugenbewegung bei nicht ausgehärtetem DS	Fugen breiter auslegen (berechnen); nichthaftende Hinterfüllstoffe verwenden; Zeitpunkt der Verfugung optimieren
Löcher	Löcher	Vandalismus	Keine – Schäden möglichst schnell ausbessern

Tab. 10.3 *Fortsetzung*

Mangel	Erkennung des Mangels	Mögliche Ursachen	Mögliche Maßnahmen zur Vermeidung
Haftflächen			
Ablösung	Spalt zwischen DS und Bauteil	Bauteil nicht tragfähig; Bauteil verschmutzt; Primer vergessen oder falsch; falscher DS; Tau oder Reif auf Bauteil	Bauteil vorbereiten und reinigen; vorschriftsmäßigen Primer verwenden; geeigneten DS wählen; Witterung beachten
Keine Anstrichverträglichkeit	DS löst sich von der Beschichtung bzw. bleibt/wird klebrig	Falsche Kombination DS/Beschichtung gewählt	Herstellervorschriften beachten bzw. Bestätigung einholen
Bauteil			
Fettränder	Dunkle Streifen in porösem Bauteil	Kein natursteinverträglicher DS verwendet	Nur freigegebene DS verwenden
Ausblühungen	Weiße Ablagerungen nahe am DS	Essigsilikon auf kalkhaltigen Baustoffen	Nur kompatible Produkte anwenden
Aufweichung	Klebrigwerden von Kunststoffbauteilen	Weichmacher- oder Lösemittelwanderung	Verträglichkeiten beachten
Korrosion	Verfärbung von Metallen	Chemische Reaktion von Silikon-Abspaltprodukten	Verträglichkeiten beachten
Schlieren auf silikonversiegeltem Glas	Beeinträchtigung der Optik	Ungeeignete Reinigung	Wasserarm reinigen

Schadstoffhaltige Fugen, die mit PCB (oder Asbest) belastet sind (s. auch Kap. 12) sind mit besonderer Vorsicht gemäß den gültigen Vorschriften (PCB-Richtlinie, BGR 128, TRGS 519, behördliche Meldung der Baustelle) durch eine „Anerkannte Firma" zu sanieren. Vor dem Abdichten müssen die Fugenflanken mit einer PCB-Sperrschicht versiegelt werden.

10.10.1 Dichtstoffsystem erneuern

Nach dem die Entscheidung gefallen ist, bestimmte Fugen durch Erneuerung des Dichtstoffsystems zu sanieren, wird in der Regel folgendermaßen vorgegangen:

- Alten Dichtstoff mit elektrischem Schwingmesser oder manuell herausschneiden,
- Hinterfüllprofil entfernen,
- Fallweise zu schmale Fugen erweitern (Fugenfräse),

- Fugenflanken[6] aufrauen (Fräse, Schruppscheibe), um Dichtstoff- und Primerreste vollständig zu entfernen,
- Ausgebrochene Fugenkanten aufmörteln,
- Fugen entstauben, absaugen,
- Ggf. Abklebeband anbringen,
- Hinterfüllprofil einbringen,
- Primern,
- Versiegeln,
- Dichtstoffoberfläche glätten,
- Abklebeband entfernen.

Wo dies alles nicht möglich ist, wird die Fuge im Hochbau mit einem Fugenband mit ausreichender Dehnfähigkeit überklebt, wie im Folgekapitel ausgeführt wird.

Die Fugen an einer modernen Glasfassade machen schätzungsweise weniger als 3 % der Gesamtkosten aus; bei unsachgerechter Ausführung ergeben sich jedoch oft Sanierungskosten, die den Wert des eingesetzten Dichtstoffs um ein Vielhundertfaches übersteigen können.

Dass die Materialkosten bei einer Sanierung nicht an erster Stelle stehen, erkennt man an der folgenden, allerdings schon älteren Kostenaufteilung:[7]

- Zugangskosten (Gerüst, Hebebühne, Arbeitskörbe) mit 5–20 %,
- Materialkosten (Dichtstoff, Primer, Hinterfüllprofile) mit 20–40 %,
- Arbeitskosten mit 40–75 %.

▶ **Praxis-Tipp** Vor einer Fugensanierung immer erst ermitteln, ob die nach der Sanierung zur Verfügung stehende Fugenbreite den vorgesehenen Dichtstoff nicht überfordert. Bei zu schmalen Fugen sollte mit einem Elastomer-Fugenband oder Kompriband saniert werden.

Wenn bei einer Sanierung bekannt ist, mit welchem Dichtstoff die Fuge ursprünglich verfugt worden war, und nachgewiesen werden konnte, dass der Sanierungsdichtstoff auf dem ursprünglichen gut haftet, kann das vollständige Entfernen des ersteren ggf. unterbleiben. Vorsicht ist allerdings geboten, wenn der ursprüngliche Dichtstoff versprödet ist und so nicht mehr die gesamte Fugenbreite für die elastische Bewegung zur Verfügung steht. Wie man eine Fuge *nicht* sanieren soll, ist in Abb. 10.6 dargestellt.

---

[6] Bei nichtmineralischen Bauteilen ist die Oberflächenvorbehandlung dem jeweiligen Werkstoff anzupassen.

[7] Woolman, R., Hutchinson, A., Resealing of Buildings, Butterworth-Heinemann, Oxford (1994).

Abb. 10.6 Missglückter Sanierungsversuch einer Anschlussfuge im Fensterbereich. (Foto: M. Pröbster)

▶ **Praxis-Tipp** Bei der Sanierung einer realen Fuge sind die vorgefundenen, manchmal nicht unerheblichen, Toleranzen mit zu berücksichtigen: Zur Entscheidung, ob die Fuge überhaupt mit einem spritzbaren Dichtstoff saniert werden kann, ist bei der Berechnung der Fugenbewegungen von der schmalsten Stelle zwischen den beiden Fugenflanken auszugehen.

Die Sanierung von Fugen, bei denen *Weichmachermigration* in die Bauteile (meist Naturstein) zu den unschönen dunklen „Fetträndern" geführt hat, muss zunächst das gesamte alte Dichtstoffsystem rückstandsfrei entfernt werden, um die Quelle der Migration auszuschalten. Im Handel sind spezielle Pasten erhältlich, die auf die befallenen Stellen aufgetragen werden und den im Stein befindlichen Weichmacher aufnehmen. Diese lösemittelhaltigen Produkte werden – gegebenenfalls mehrfach – dick auf die entsprechenden Stellen aufgebracht und nach dem Verdunsten des Lösemittels abgekehrt. Durch diese Prozedur wird der im Stein aufgesaugte Weichmacher mobilisiert und er kann in die Paste wandern, wo er an die absorbierenden Füllstoffe „andockt".

Keinen Silikonentferner bei der Sanierung verwenden, wenn nicht absolut sichergestellt werden kann, dass er vollständig von den Fugenflanken entfernt werden kann, bevor geprimert oder abgedichtet wird.

Bei der Sanierung von Schwimmbadfugen ist speziell darauf zu achten, dass eine unter der Fuge liegende Abdichtebene (gemäß DIN 18195) beim Herauskratzen des alten Dichtstoffs und Hinterfüllprofils nicht beschädigt wird.

Abb. 10.7 Sanierung einer
gefasten Fuge mit Elastomer-
Fugenband

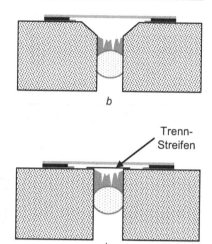

Abb. 10.8 Sanierung einer
oberflächenbündigen Fuge mit
Elastomer-Fugenband

Trenn-
Streifen

10.10.2 Sanierung mit aufgeklebten Elastomer-Fugenbändern

Es gibt zahlreiche Fälle von zu sanierenden Hochbaudehnfugen, bei denen das alte
Dichtstoffsystem nicht ersetzt oder entfernt werden muss, wenn mit geklebten Elastomer-
Fugenbändern saniert wird (Abb. 10.7). Wenn aus ästhetischen Gründen nichts gegen die
Verwendung von Fugenbändern spricht und der verbleibende Restdichtstoff die Bauteil-
bewegungen nicht einschränkt, lassen sich mit Elastomer-Fugenbändern in Tafel- und
Plattenbauweise errichtete Gebäude sinnvoll sanieren. Die Fugenvorbereitung umfasst
hier allerdings nicht die Fugenflanken, sondern die Fugenränder. Sind diese, z. B. durch
Nachmörteln ausgebrochener Stellen, Abschleifen und Entstauben in einen klebfähigen
Zustand gebracht, kann das Elastomer-Fugenband nach Vorschrift verlegt werden (s.
Kap. 7).

Bei oberflächenbündigen Dichtstofffugen (Abb. 10.8) wird eine Trennlage (z. B. PE-
Folie oder Silikonpapier) unterhalb der Bewegungszone des Fugenbandes angebracht, um
einen direkten Kontakt (Verträglichkeit und/oder mögliche Verklebung) zwischen Fugenband und altem Dichtstoff zu verhindern. So bleibt die freie Beweglichkeit des darüber
liegenden Fugenbandes gewährleistet.

Auch wenn die Sanierung mittels Elastomer-Fugenbändern das Entfernen des alten
Dichtstoffsystems in den meisten Fällen überflüssig macht, müssen pro Laufmeter Fuge 10–20 min. Zeitbedarf für ein Team aus zwei Verfugern veranschlagt werden. Der
Klebstoff- und Primerbedarf orientiert sich an der Rauigkeit der Untergründe, an der
individuellen Arbeitsweise der Verfuger und an der Zahl der Stoßstellen bzw. Fugenkreuzungen.

10.10.3 Sanierung mit Schaumstoff-Fugenbändern

Sofern technisch möglich und zulässig, ist eine Fugensanierung mit Schaumstoff-Fugenbändern eine relativ unaufwändige Möglichkeit, alte Fugen wieder abzudichten. Nach dem Entfernen des alten Dichtstoffsystems ist darauf zu achten, dass die Fuge tief genug ist, um die Dimension des geplanten Schaumstoffbandes vollständig aufnehmen zu können. Es genügt eine grobe Reinigung der Fugenflanken; Mörtelreste, spitze Einsprünge müssen jedoch entfernt werden. Ausgebrochene Fugenkanten sind auszubessern.

Weiterführende Literatur

Anon., Block- und Plattenbau. Fugeninstandsetzung. Weissentwurf. Bauen im Bestand: Leistungsbereich 504. Stand: Dezember 1993, Beuth, Berlin (1993)

BGR 128, Kontaminierte Bereiche, Fachausschuss „Tiefbau" der BGZ (2006)

DIN 18349 VOB Vergabe- und Vertragsordnung für Bauleistungen – Teil C: Allgemeine Technische Vertragsbedingungen für Bauleistungen (ATV) – Betonerhaltungsarbeiten

Fraunhofer-Informationszentrum Raum und Bau IRB (Hrsg.), Außenwandfugen im Beton- und Mauerwerksbau – Schäden, Schadensvermeidung und -sanierung (Literaturdokumentation), Fraunhofer IRB Verlag, Stuttgart (2008)

Frössel, F., Lehrbuch der Schimmelpilzsanierung, Expert, Renningen (2010)

Grüning, R., Schuster, F.O., ZTV Beton-StB 01, Ausgabe 2001, Kommentar unter Berücksichtigung der neuen Normen, Kirschbaum, Bonn (2002)

Hillmeier, B., Westphal-Kay, B., Festigkeits- und Verformungsverhalten von Fugendichtstoffen (FDS) in Kreuz- und T-Stößen zur Entwicklung eines Prüfverfahrens, in: Bauforschung, Bd. T 3125, Fraunhofer IRB, Stuttgart (2007)

Ihlenfeldt, J., Hinweise zum Standardleistungsbuch für das Bauwesen, Bauen im Bestand (BiB), Block- und Plattenbau, Leistungsbereich 504. Fugeninstandsetzung, Beuth, Berlin (1994)

Leitfaden zur Ursachensuche und Sanierung bei Schimmelpilzwachstum in Innenräumen, Umweltbundesamt, Dessau (2013)

Leuenberger, C., Gerber A., deBoer, P., Oggier, P., Die sachgemäße Entfernung und Entsorgung PCB-haltiger Fugendichtungsmassen und Anstriche, Amt für Umweltschutz und Energie, Liesthal (2004)

Leydolf, B., Ausbau von asbesthaltigen Fugendichtstoffen im Rahmen von Gebäuderückbau und Sanierung [Diss.], Weimar (2007)

Merkblatt Nr. 4, Abdichten von Fugen im Hochbau mit aufzuklebenden Elastomer-Fugenbändern, Industrieverband Dichtstoffe e. V. (2014)

Merkblatt Nr. 14, Dichtstoffe und Schimmelpilzbefall, Industrieverband Dichtstoffe e. V. (2014)

Merkblatt Nr. 15, Die Wartung von hochbelasteten bewegungsausgleichenden Dichtstoffen und aufgeklebten elastischen Fugenbändern, Industrieverband Dichtstoffe e. V. (2014)

Merkblatt Nr. 28, Sanierung von defekten Fugenabdichtungen an der Fassade, Industrieverband Dichtstoffe e. V. (2014)

Merkblatt Nr. 31, Sanierung von Fugenabdichtungen im Hochbau, Industrieverband Dichtstoffe e. V. (2014)

Parise, C. J. (Hrsg.), Building Seals, Sealants, Glazing and Waterproofing, ASTM, West Conshohocken (1992)

Pröbster, M., Warum versagen Fugen?, Adhäsion 12(2005)12

Richtlinie für die Bewertung und Sanierung PCB-belasteter Baustoffe und Bauteile in Gebäuden (PCB-Richtlinie) – Fassung September 1994

Schimmel im Haus, Ursachen, Wirkungen, Abhilfe, Umweltbundesamt, Berlin (2012)

Stahr, M. (Hrsg.), Bausanierung, 4. Aufl., Vieweg+Teubner Verlag, Wiesbaden (2011)

TRGS 519, Asbest – Abbruch-, Sanierungs oder Instandhaltungsarbeiten (2014)

Westphal-Kay, B., Festigkeits- und Verformungsverhalten von Fugendichtstoffen im Kreuzfugenbereich [Diss.], Berlin (2006)

Wolf, A.T. (Hrsg.), Durability of Building Sealants, RILEM publication 21, Cachan Cedex (1999)

Wolf, A.T. (Hrsg.), Durability of Building and Construction Sealants, RILEM publication 10, Cachan Cedex (1999)

Woolman, R., Hutchinson, A., Resealing of Buildings, Butterworth-Heinemann, Oxford (1994)

Normen, Verordnungen, Merkblätter und Kennzeichnungen

11

Normen werden manchmal als einengend empfunden und doch bieten sie allgemein anerkannte Richtlinien und legen Standards fest, die sich besonders bei Produktvergleichen und in Ausschreibungen bewährt haben.

11.1 Normen helfen im Hintergrund

Eine Norm ist definitionsgemäß eine „freiwillige, sachbezogene und öffentlich zugängliche Vereinbarung", die u. a. das Ziel hat, über Vereinheitlichung und Rationalisierung von Waren und Dienstleistungen die Wirtschaft zu fördern. Die Normen selbst lassen sich nach DIN 820 einteilen in:

- Verständigungsnormen: Begriffe, Bezeichnungen, Benennungen, Symbole, Formelzeichen,
- Sortierungsnormen: Beurteilungsgrundsätze, Handelsklassen,
- Typennormen: Art, Form, Größe,
- Planungsnormen: Entwurfsgrundsätze, Berechnung und Ausführung,
- Konstruktionsnormen: Konstruktive Vorschriften für die Gestaltung,
- Abmessungsnormen: Abmessungen für Bauelemente, Profile; Maßtoleranzen,
- Stoff- und Materialnormen: Stoffe, Materialien, Einteilung, Eigenschaften und Richtlinien für die Verwendung,
- Gütenormen: Anforderungen an die Qualität,
- Verfahrensnormen: Arbeitsverfahren für Herstellung und Behandlung,
- Prüfnormen: Untersuchungs- und Messverfahren,
- Liefer- und Dienstleistungsnormen: Technische Grundsätze für Vereinbarungen in Lieferbedingungen,
- Sicherheitsnormen: Normen, die Leben, Gesundheit und Sachwerte schützen.

© Springer Fachmedien Wiesbaden 2016
M. Pröbster, *Baudichtstoffe*, DOI 10.1007/978-3-658-09984-8_11

11.1.1 DIN-, EN- und ISO Normen aus dem Umfeld der Baudichtstoffe

Auch im Dichtstoffumfeld existiert eine beträchtliche Zahl von Normen. Für den Dichtstoffanwender relevant sind beispielsweise die *Verständigungsnormen* (Tab. 11.1), damit eine einheitliche Sprachregelung möglich ist und *Planungs- und Konstruktionsnormen* aus dem Bauwesen (Tab. 11.2). Die in Europa für Dichtstoffe gültigen *Prüfnormen* und -vorschriften sind insbesondere für die Dichtstoffhersteller relevant und werden hier der Vollständigkeit halber angegeben (Tab. 11.3, 11.4, 11.5 und 11.6). Normen und Vorschriften, die z. B. vom Deutschen Institut für Bautechnik herausgegeben werden, und Hinweise zum Stand der Technik und andere Regelwerke von Industrieverbänden oder Instituten, erleichtern es dem Anwender, für eine gegebene Aufgabe das richtige Produkt zu finden und dieses regelkonform anzuwenden. Vergleicht man normierte Produkte untereinander, kann man von der Erfüllung bestimmter Standards ausgehen und so die Produkte unterschiedlicher Hersteller leichter gegenüberstellen. Die Erfüllung einer Norm besagt jedoch noch nicht, dass ein Produkt im Einzelfall für die ihm zugewiesene Aufgabe auch geeignet ist. Wenn man, wo anwendbar, die Normen jedoch als Mindeststandards ansieht und sich der anerkannten Regeln der Technik bedient, sind Normen ein gut geeignetes Hilfsmittel, um zu funktionierenden Lösungen zu gelangen.

Normen sind zwar nicht schnelllebig, ihre Erstellung zieht sich meist über Jahre hin, aber sie ändern sich im Laufe der Zeit durch Berücksichtigung neuer technologischer Erkenntnisse. Im Zweifelsfall ist daher auch bei den in diesem Buch genannten und aktualisierten Normen zu prüfen, ob nicht bereits neuere Ausgaben erschienen sind, die damit die vorhergehenden Versionen ungültig machen. Es ist möglich, dass neben den sich immer mehr durchsetzenden internationalen Normen (ISO, EN) auch einige nationale DIN-Normen weiter existieren, insbesondere dann, wenn sie Tatsachen beschreiben, die durch die internationale Normung (noch) nicht erfasst sind.

Tab. 11.1 Dichtstoffrelevante Verständigungsnormen

Norm	Ausgabe	Titel
DIN EN 52460	2000-02	Fugen- und Glasabdichtungen – Begriffe
DIN 4102-1	1998-05	Brandverhalten von Baustoffen und Bauteilen – Teil 1: Baustoffe; Begriffe, Anforderungen und Prüfungen
DIN EN 13501-1	2010-01	Klassifizierung von Bauprodukten und Bauarten zu ihrem Brandverhalten – Teil 1: Klassifizierung mit den Ergebnissen aus den Prüfungen zum Brandverhalten von Bauprodukten
DIN EN 26927	(1991-05)	Hochbau; Fugendichtstoffe; Begriffe. **Dokument zurückgezogen**, ersetzt durch DIN EN ISO 6927
DIN EN ISO 6927	2012-10	Bauwesen – Dichtstoffe – Begriffe
DIN EN ISO 11600	2011-11	Hochbau – Fugendichtstoffe – Einteilung und Anforderungen von Dichtungsmassen

Tab. 11.2 Wichtige dichtstoffrelevante Normen aus dem Bauwesen

Norm	Ausgabe	Titel
DIN 18195-1	2011-12	Bauwerksabdichtungen – Teil 1: Grundsätze, Definitionen, Zuordnung der Abdichtungsarten
DIN 18195-2	2009-04	Bauwerksabdichtungen – Teil 2: Stoffe
DIN 18195-8	2011-12	Bauwerksabdichtungen – Teil 8: Abdichtungen über Bewegungsfugen
DIN 18540	2014-09	Abdichten von Außenwandfugen im Hochbau mit Fugendichtstoffen
DIN 18545*	2014-09	Abdichten von Verglasungen mit Dichtstoffen – Anforderungen an Glasfalze und Verglasungssysteme
DIN 18545-1	1992-02	Abdichten von Verglasungen mit Dichtstoffen; Anforderungen an Glasfalze
DIN 18545-2	2008-12	Abdichten von Verglasungen mit Dichtstoffen – Teil 2: Dichtstoffe, Bezeichnung, Anforderungen, Prüfung
DIN 18545-3	1992-02	Abdichten von Verglasungen mit Dichtstoffen; Verglasungssysteme
DIN EN 1279-1	2004-08	Glas im Bauwesen – Mehrscheiben-Isolierglas – Teil 1: Allgemeines, Maßtoleranzen und Vorschriften für die Systembeschreibung
DIN EN 1279-2 (berichtigt)	2003-06 (2004-04)	Glas im Bauwesen – Mehrscheiben-Isolierglas – Teil 2: Langzeitprüfverfahren und Anforderungen bezüglich Feuchtigkeitsaufnahme
DIN EN 1279-3	2003-05	Glas im Bauwesen – Mehrscheiben-Isolierglas – Teil 3: Langzeitprüfverfahren und Anforderungen bezüglich Gasverlustrate und Grenzabweichungen für die Gaskonzentration
DIN EN 1279-4	2002-10	Glas im Bauwesen – Mehrscheiben-Isolierglas – Teil 4: Verfahren zur Prüfung der physikalischen Eigenschaften des Randverbundes
DIN EN 1279-5	2010-11	Glas im Bauwesen – Mehrscheiben-Isolierglas – Teil 5: Konformitätsbewertung
DIN EN 1279-6	2002-10	Glas im Bauwesen – Mehrscheiben-Isolierglas – Teil 6: Werkseigene Produktionskontrolle und Auditprüfungen
DIN EN 13022-2	2014-08	Glas im Bauwesen – Geklebte Verglasungen – Teil 2: Verglasungsvorschriften für Structural-Sealant-Glazing (SSG-) Glaskonstruktionen
DIN EN 15434	2010-07	Glas im Bauwesen – Produktnorm für lastübertragende und/oder UV-beständige Dichtstoffe (für geklebte Verglasungen und/oder Isolierverglasungen mit exponierten Dichtungen)
DIN EN 15651-1	2012-12	Fugendichtstoffe für nicht tragende Anwendungen in Gebäuden und Fußgängerwegen – Teil 1: Fugendichtstoffe für Fassadenelemente
DIN EN 15651-2	2012-12	Fugendichtstoffe für nicht tragende Anwendungen in Gebäuden und Fußgängerwegen – Teil 2: Fugendichtstoffe für Verglasungen
DIN EN 15651-3	2012-12	Fugendichtstoffe für nicht tragende Anwendungen in Gebäuden und Fußgängerwegen – Teil 3: Dichtstoffe für Fugen im Sanitärbereich

Tab. 11.2 *Fortsetzung*

Norm	Ausgabe	Titel
DIN EN 15651-4	2012-12	Fugendichtstoffe für nicht tragende Anwendungen in Gebäuden und Fußgängerwegen – Teil 4: Fugendichtstoffe für Fußgängerwege
DIN EN 15651-5	2012-12	Fugendichtstoffe für nicht tragende Anwendungen in Gebäuden und Fußgängerwegen – Teil 5: Konformitätsbewertung und Kennzeichnung
ETAG 002-1	2013-01	Structural Sealant Glazing Systems Part 1: Supported and Unsupported Systems
ETAG 002-2	2002-01	Structural Sealant Glazing Systems Part 2 : Coated Aluminium Systems
ETAG 002-3	2003-05	Structural Sealant Glazing Systems Part 3 : Systems incorporating profiles with thermal barrier
RAL-GZ 711	2013-07	Fugendichtungs-Komponenten und -Systeme – Gütesicherung

* Norm-Entwurf

Tab. 11.3 Prüfnormen und -vorschriften für Dichtstoffe: DIN

Norm	Ausgabe	Titel
DIN 52452-1	(1989-10)	Prüfung von Dichtstoffen für das Bauwesen; Verträglichkeit der Dichtstoffe; Verträglichkeit mit anderen Baustoffen. **Dokument zurückgezogen**, ersetzt durch: DIN ISO 16938-2
DIN 52452-2*	2014-09	Prüfung von Dichtstoffen für das Bauwesen; Verträglichkeit der Dichtstoffe – Teil 2: Änderung des Haft- und Dehnverhaltens nach Lagerung in flüssigen Chemikalien
DIN 52452-3	(1978-09)	Prüfung von Materialien für Fugen- und Glasabdichtungen im Hochbau; Verträglichkeit der Dichtstoffe, Verträglichkeit von ausreagierten mit frischen Dichtstoffen. **Dokument zurückgezogen**
DIN 52452-4	2008-11	Prüfung von Dichtstoffen für das Bauwesen – Verträglichkeit der Dichtstoffe – Teil 4: Verträglichkeit mit Beschichtungssystemen
DIN 52455-1	2003-05	Prüfung von Dichtstoffen für das Bauwesen – Haft- und Dehnversuch – Teil 1: Beanspruchung durch Normalklima, Wasser oder höhere Temperaturen
DIN 52455-2	(1987-07)	Prüfung von Dichtstoffen für das Bauwesen; Haft- und Dehnversuch; Beanspruchung durch Wechsellagerung. **Dokument zurückgezogen**, ersetzt durch: DIN EN ISO 8340
DIN 52455-3	(1998-08)	Prüfung von Dichtstoffen für das Bauwesen – Haft- und Dehnversuch – Teil 3: Einwirkung von Licht durch Glas. **Dokument zurückgezogen**

Tab. 11.3 *Fortsetzung*

Norm	Ausgabe	Titel
DIN 52459	213-08	Prüfung von Dichtstoffen für das Bauwesen; Bestimmung der Wasseraufnahme von Hinterfüllmaterial; Rückhaltevermögen
DIN 13880-1	2003-11	Heiß verarbeitbare Fugenmassen – Teil 1: Prüfverfahren zur Bestimmung der Dichte bei 25 °C
DIN 13880-2	2003-11	Heiß verarbeitbare Fugenmassen – Teil 2: Prüfverfahren zur Bestimmung der Konus-Penetration bei 25 °C
DIN 13880-3	2003-09	Heiß verarbeitbare Fugenmassen – Teil 3: Prüfverfahren zur Bestimmung der Kugel-Penetration und des elastischen Rückstellvermögens
DIN 13880-4	2003-09	Heiß verarbeitbare Fugenmassen – Teil 4: Prüfverfahren zur Bestimmung der Wärmebeständigkeit; Änderung der Konus-Penetration
DIN 13880-5	2004-10	Heiß verarbeitbare Fugenmassen – Teil 5: Prüfverfahren zur Bestimmung der Fließlänge
DIN 13880-6	2004-04	Heiß verarbeitbare Fugenmassen – Teil 6: Prüfverfahren zur Vorbereitung von Proben für die Prüfung
DIN 13880-7	2003-11	Heiß verarbeitbare Fugenmassen – Teil 7: Funktionsprüfung von Fugenmassen
DIN 13880-8	2003-11	Heiß verarbeitbare Fugenmassen – Teil 8: Prüfverfahren zur Bestimmung der Gewichtsänderung nach Treibstofflagerung
DIN 13880-9	2003-09	Heiß verarbeitbare Fugenmassen – Teil 9: Prüfverfahren zur Bestimmung der Verträglichkeit mit Asphalten
DIN 13880-10	2003-11	Heiß verarbeitbare Fugenmassen – Teil 10: Prüfverfahren zur Bestimmung des Dehn- und Haftvermögens bei kontinuierlicher Dehnung und Stauchung

* Norm-Entwurf

Als Beispiel für die laufenden Veränderungen im Normenwesen sei die DIN 4102 (Brandverhalten von Baustoffen und Bauteilen) genannt. Sie wird durch die DIN EN 13501 ersetzt. Es erfolgt eine andere Betrachtungsweise von Bauelement und Dichtstoff als bisher; möglicherweise müssen daher viele Dichtstoffe neu geprüft werden. Derzeit (Januar 2015) gelten aber beide Normen gleichzeitig! Da die beiden Normenwerke aber nicht deckungsgleich sind, dürften viele Unklarheiten herrschen, was die Dichtstoffe bezüglich ihrer Zulassung betrifft. Es ist sicher nicht falsch, sich für zukünftige Zulassungsprüfungen an der neuen Norm zu orientieren.

Im weiteren Umfeld der Dichtstoff- und Fugenthematik sind Normen angesiedelt wie z. B. DIN 4108, Wärmeschutz und Energieeinsparung in Gebäuden, oder DIN EN 12002 Mörtel und Klebstoffe für Fliesen und Platten – Bestimmung der Verformung zementhaltiger Mörtel und Fugenmörtel. Sie haben direkte oder indirekte Auswirkungen auf die Verwendung von Dichtstoffen. Die Einhaltung von Normen ist an und für sich nicht

Tab. 11.4 Prüfnormen und -vorschriften für Dichtstoffe: DIN EN

Norm	Ausgabe	Titel
DIN EN 14187-1*	2014-12	Kalt verarbeitbare Fugenmassen – Teil 1: Prüfverfahren zur Bestimmung des Aushärtungsgrades
DIN EN 14187-2*	2014-12	Kalt verarbeitbare Fugenmassen – Teil 2: Prüfverfahren zur Bestimmung der klebfreien Zeit
DIN EN 14187-3*	2014-12	Kalt verarbeitbare Fugenmassen – Teil 3: Prüfverfahren zur Bestimmung der selbstverlaufenden Eigenschaften
DIN EN 14187-4*	2014-12	Kalt verarbeitbare Fugenmassen – Teil 4: Prüfverfahren zur Bestimmung der Massen- und Volumenänderung nach Lagerung in Prüfkraftstoff
DIN EN 14187-5*	2014-12	Kalt verarbeitbare Fugenmassen – Teil 5: Prüfverfahren zur Bestimmung des Aushärtungsgrades
DIN EN 14187-6*	2014-12	Kalt verarbeitbare Fugenmassen – Teil 6: Prüfverfahren zur Bestimmung der Haft- und Dehnungseigenschaften nach Lagerung in flüssigen Chemikalien
DIN EN 14187-7*	2014-12	Kalt verarbeitbare Fugenmassen – Teil 7: Prüfverfahren zur Bestimmung des Widerstandes gegen Flammen
DIN EN 14187-8*	2014-12	Kalt verarbeitbare Fugenmassen – Teil 8: Prüfverfahren zur Bestimmung der künstlichen Bewitterung durch UV-Bestrahlung
DIN EN 14187-9*	2014-11	Kalt verarbeitbare Fugenmassen – Prüfverfahren – Teil 9: Funktionsprüfung von Fugenmassen
DIN EN 14188-1	2004-12	Fugeneinlagen und Fugenmassen – Teil 1: Anforderungen an heißverarbeitbare Dichtstoffe
DIN EN 14188-2*	2014-12	Fugeneinlagen und Fugenmassen – Teil 2: Anforderungen an kalt verarbeitbare Fugenmassen
DIN EN 14188-3	2006-04	Fugeneinlagen und Fugenmassen – Teil 3: Anforderungen an elastomere Fugenprofile
DIN EN 14188-4	2009-10	Fugeneinlagen und Fugenmassen – Teil 4: Spezifikationen für Voranstriche für Fugeneinlagen und Fugenmassen
DIN EN 15466-1	2009-10	Voranstriche für kalt und heiß verarbeitbare Fugenmassen – Teil 1: Bestimmung der Homogenität
DIN EN 15466-2	2009-10	Voranstriche für kalt und heiß verarbeitbare Fugenmassen – Teil 2: Bestimmung der Alkalibeständigkeit
DIN EN 15466-3	2009-10	Voranstriche für kalt und heiß verarbeitbare Fugenmassen – Teil 3: Bestimmung des Feststoffanteils und des Verdunstungsverhaltens der flüchtigen Anteile
DIN EN 28339	(1991-05)	Hochbau; Fugendichtstoffe; Bestimmung der Zugfestigkeit. **Dokument zurückgezogen**, ersetzt durch DIN EN IOS 8339
DIN EN 28340	(1991-05)	Hochbau; Fugendichtstoffe; Bestimmung der Zugfestigkeit unter Vorspannung. **Dokument zurückgezogen**, ersetzt durch DIN EN ISO 8340
DIN EN 28394	(1991-05)	Hochbau; Fugendichtstoffe; Bestimmung der Verarbeitbarkeit von Einkomponentendichtstoffen. **Dokument zurückgezogen**, ersetzt durch DIN EN ISO 8394-1
DIN EN 29048	(1991-05)	Hochbau; Fugendichtstoffe; Bestimmung der Verarbeitbarkeit von Dichtstoffen mit genormtem Gerät. **Dokument zurückgezogen**, ersetzt durch DIN EN ISO 8394-2

* Norm-Entwurf

Tab. 11.5 Prüfnormen und -vorschriften für Dichtstoffe: DIN ISO und DIN EN ISO

Norm	Ausgabe	Titel
DIN EN ISO 7389	2004-04	Hochbau – Fugendichtstoffe – Bestimmung des Rückstellvermögens von Dichtungsmassen
DIN EN ISO 7390	2004-4	Hochbau – Fugendichtstoffe – Bestimmung des Standvermögens von Dichtungsmassen
DIN EN ISO 8339	2005-09	Hochbau – Fugendichtstoffe – Bestimmung der Zugfestigkeit (Dehnung bis zum Bruch)
DIN EN ISO 8340	2005-09	Hochbau – Fugendichtstoffe – Bestimmung der Zugfestigkeit unter Vorspannung
DIN EN ISO 8394-1	2011-05	Hochbau – Fugendichtstoffe – Teil 1: Bestimmung der Verarbeitbarkeit von Dichtstoffen
DIN EN ISO 8394-2	2011-05	Hochbau – Fugendichtstoffe – Teil 2: Bestimmung der Verarbeitbarkeit von Dichtstoffen mit genormten Gerät
DIN EN ISO 9047	2003-10	Hochbau – Fugendichtstoffe – Bestimmung des Haft- und Dehnverhaltens von Dichtstoffen bei unterschiedlichen Temperaturen
DIN EN ISO 10563	2005-10	Hochbau – Fugendichtstoffe – Bestimmung der Änderung von Masse und Volumen
DIN EN ISO 10590	2005-10	Hochbau – Fugendichtstoffe – Bestimmung des Zugverhaltens unter Vorspannung nach dem Tauchen in Wasser
DIN EN ISO 10591	2005-10	Hochbau – Fugendichtstoffe – Bestimmung des Haft- und Dehnverhaltens nach dem Tauchen in Wasser
DIN EN ISO 11431	2003-01	Hochbau – Fugendichtstoffe – Bestimmung des Haft- und Dehnverhaltens von Dichtstoffen nach Einwirkung von Wärme, Wasser und künstlichem Licht durch Glas
DIN EN ISO 11432	2005-10	Hochbau – Fugendichtstoffe – Bestimmung des Druckwiderstandes
DIN ISO 16938-1	2012-12	Hochbau – Bestimmung der durch Fugendichtstoffe auf porösen Substraten verursachten Verfärbungen – Teil 1: Prüfung unter Druckeinwirkung
DIN ISO 16938-2	2012-12	Hochbau – Bestimmung der durch Fugendichtstoffe auf porösen Substraten verursachten Verfärbungen – Teil 2: Prüfung ohne Druckeinwirkung

* Norm-Entwurf

bindend, denn Normen sind keine Gesetze. Wird in den Ausschreibungsunterlagen die Erbringung von gewissen Leistungen nach festgelegten Normen explizit gefordert dann müssen sie vom Auftragnehmer auch eingehalten werden. Ähnliches gilt auch für die weiter unten zitierten Schriftstücke.

Tab. 11.6 Prüfvorschriften für Dichtstoffe: Sonstige

Norm	Ausgabe	Titel
LAUAnlFugendicht stZulGrds	2006-01	Zulassungsgrundsätze Fugenabdichtungssysteme in LAU-Anlagen Teil 1 – Fugendichtstoffe Fugenabdichtungssysteme in Anlagen aus Beton zum Lagern, Abfüllen und Umschlagen wassergefährdender Stoffe (LAU-Anlagen)
KTW-Leitlinie	2008-10	Leitlinie zur hygienischen Beurteilung von organischen Materialien im Kontakt mit Trinkwasser (KTW-Leitlinie)
VE-05/01	2002	Nachweis der Verträglichkeit von Verglasungsklötzen (ift Prüfmethode)
ETAG 002	2012	Guideline for European technical approval for Structural Sealant Glazing Kits (SSGK), Part 1: Supported and Unsupported Systems

11.1.2 Das amerikanische Normenwesen (ASTM Standards)

Aufgrund der globalen und immer enger werdenden Wirtschaftsbeziehungen gewinnen internationale Normen wie die ISO-Standards zunehmend an Bedeutung. Wie aus dem vorangegangenen Kapitel aber ersichtlich, haben regionale (EN) und nationale (z. B. DIN, BS[1], NF etc.) auch weiterhin ihre Bedeutung. Das liegt einerseits daran, dass in viele nationale Normenwerke harmonisierte EN- oder ISO-Normen übernommen wurden oder dass sog. Restnormen bestehen, deren Inhalte nicht von internationalen Normenwerken abgedeckt werden.

Im amerikanischen Wirtschaftsraum existiert ein eigenständiges Normenwesen. Die ASTM Standards werden von der Organisation ASTM International[2] herausgegeben und gepflegt. Sie sind maßgebend für Nordamerika (aber freiwillig in der Anwendung außer bei öffentlich geförderten Projekten) und werden gelegentlich auch bei internationalen Ausschreibungen, z. B. in Asien, als Basis verwendet. Im Bereich des Bauwesens und der Dichtstoffe existiert ein umfangreiches Paket an ASTM Standards. Das Ziel der nachstehenden Tabellen ist es, trotz des großen europäischen Wirtschaftsraums den Blick auf die Welt außerhalb des EWR zu lenken um ggf. dortige Marktpotentiale einschätzen zu können. Die dichtstoffrelevanten ASTM Standards lassen sich in vier Gruppen einteilen:

- Sealant Standard Specifications (Tab. 11.7),
- Sealant Standard Guides and Practices (Tab. 11.8),
- Sealant Standard Test Methods (Tab. 11.9),
- Weathering.

Die nachstehenden Tabellen geben ohne Anspruch auf Vollständigkeit die wichtigsten dichtstoffrelevanten ASTM Standards wieder. Aufschlussreich dürfte sein, dass auch deut-

---

[1] BS: British Standard, NF: Norme Française.
[2] Früher: American Society for Testing and Materials.

Tab. 11.7 ASTM Sealant Standard Specifications and Terminology

Standard/Norm	Ausgabe	Titel
ASTM C717a	2014	Standard Terminology of Building Seals and Sealants
ASTM C834	2014	Standard Specification for Latex Sealants
ASTM C920	2014	Standard Specification for Elastomeric Joint Sealants
ASTM C1184	2014	Standard Specification for Structural Silicone Sealants
ASTM C1281	2014	Standard Specification for Preformed Tape Sealants for Glazing
ASTM C1311	2014	Standard Specification for Solvent Release Sealants
ASTM C1330	2013	Standard Specification for Cylindrical Sealant Backing for Use with Cold Liquid-Applied Sealants
ASTM C1369	2014	Standard Specification for Secondary Edge Sealants for Structurally Glazed Insulating Glass Units
ASTM C1518	2009	Standard Specification for Precured Elastomeric Silicone Joint Sealants

sche Normen indirekt von ASTM Standards beeinflusst werden: In den internationalen Normengremien, die die ISO Normen entwickeln und abstimmen, arbeiten selbstverständlich auch Vertreter von ASTM mit und beeinflussen den Verlauf der Normengestaltung. Ein aktuelles Beispiel hierfür ist DIN EN 15651, in der nach Meinung des Autors deutliche Spuren der amerikanischen Normenwelt zu finden sind.

11.2 Bauprodukte-Verordnung: Bedeutsam für Hochbaudichtstoffe

Die seit dem 1.7.2013 in Kraft getretene Bauprodukte-Verordnung[3] (BauPVO) ersetzt und ergänzt die bisher gültige Bauproduktenrichtlinie (BPR). Die in der BauPVO genannten Grundanforderungen an Bauwerke sind:

- Mechanische Festigkeit und Standsicherheit,
- Brandschutz,
- Hygiene, Gesundheit und Umweltschutz (gesamter Lebenszyklus des Bauwerks),
- Sicherheit und Barrierefreiheit bei der Nutzung,
- Schallschutz,
- Energieeinsparung und Wärmeschutz,
- Nachhaltige Nutzung der natürlichen Ressourcen (Recycelbarkeit nach dem Abriss).

Dass zur Erfüllung einiger dieser Forderungen Dichtstoffe nicht unwesentlich beitragen, dürfte leicht zu erkennen sein, auch wenn die Dichtstoffe massen- und wertanteilig bei einem Bauwerk sicherlich kaum ins Gewicht fallen. Die BauPVO ist ein übergeordnetes, in allen EU-Mitgliedsstaaten gültiges Gesetzeswerk. Sie soll mit dazu dienen, das

---

[3] Wird auch als Bauproduktenverordnung bezeichnet.

Tab. 11.8 ASTM Sealant Standard Guides and Practices

Standard/Norm	Ausgabe	Titel
ASTM C919	2012	Standard Practice for Use of Sealants in Acoustical Applications
ASTM C1193	2013	Standard Guide for Use of Joint Sealants
ASTM C1249a	2010	Standard Guide for Secondary Seal for Sealed Insulating Glass Units for Structural Sealant Glazing Applications
ASTM C1375	2014	Standard Guide for Substrates Used in Testing Building Seals and Sealants
ASTM C1392	2013	Standard Guide for Evaluating Failure of Structural Sealant Glazing
ASTM C1394	2012	Standard Guide for In-Situ Structural Silicone Glazing Evaluation
ASTM C1401	2014	Standard Guide for Structural Sealant Glazing
ASTM C1442	2014	Standard Practice for Conducting Tests on Sealants Using Artificial Weathering Apparatus
ASTM C1472	2010	Standard Guide for Calculating Movement and Other Effects When Establishing Sealant Joint Width
ASTM C1481	2012	Standard Guide for Use of Joint Sealants with Exterior Insulation and Finish Systems EIFS
ASTM C1487	2012	Standard Guide for Remedying Structural Silicone Glazing
ASTM C1519		Standard Practice for Evaluating Durability of Building Construction Sealants by Laboratory Accelerated Weathering Procedures
ASTM C1520	2010	Standard Guide for Paintability of Latex Sealants
ASTM C1521	2013	Standard Practice for Evaluating Adhesion of Installed Weatherproofing Sealant Joints
ASTM C1564	2009	Standard Guide for Use of Silicone Sealants for Protective Glazing Systems
ASTM C1589	2014	Standard Practice for Outdoor Weathering of Construction Seals and Sealants
ASTM C1736	2011	Standard Practice for Non-Destructive Evaluation of Adhesion of Installed Weatherproofing Sealant Joints Using a Rolling Device
ASTM C1756	2014	Standard Guide for Comparing Sealant Behavior to Reference Photographs

Tab. 11.9 ASTM Sealant Standard Test Methods*

Standard/Norm	Ausgabe	Titel
ASTM C603	2014	Standard Test Method for Extrusion Rate and Application Life of Elastomeric Sealants
ASTM C639	2011	Standard Test Method for Rheological (Flow) Properties of Elastomeric Sealants
ASTM C661	2011	Standard Test Method for Indentation Hardness of Elastomeric-Type Sealants by Means of a Durometer
ASTM C679	2009	Standard Test Method for Tack-Free Time of Elastomeric Sealants
ASTM C719	2014	Standard Test Method for Adhesion and Cohesion of Elastomeric Joint Sealants Under Cyclic Movement (Hockman Cycle)

Tab. 11.9 *Fortsetzung*

Standard/Norm	Ausgabe	Titel
ASTM C731	2010	Standard Test Method for Extrudability, After Package Aging, of Latex Sealants
ASTM C736	2012	Standard Test Method for Extension-Recovery and Adhesion of Latex Sealants
ASTM C792	2008	Standard Test Method for Effects of Heat Aging on Weight Loss, Cracking, and Chalking of Elastomeric Sealants
ASTM C794	2010	Standard Test Method for Adhesion-in-Peel of Elastomeric Joint Sealants
ASTM C961	2011	Standard Test Method for Lap Shear Strength of Sealants
ASTM C1087	2011	Standard Test Method for Determining Compatibility of Liquid-Applied Sealants with Accessories Used in Structural Glazing Systems
ASTM C1135	2011	Standard Test Method for Determining Tensile Adhesion Properties of Structural Sealants
ASTM C1183	2013	Standard Test Method for Extrusion Rate of Elastomeric Sealants
ASTM C1246	2012	Standard Test Method for Effects of Heat Aging on Weight Loss, Cracking, and Chalking of Elastomeric Sealants After Cure
ASTM C1247	2014	Standard Test Method for Durability of Sealants Exposed to Continuous Immersion in Liquids
ASTM C1248	2012	Standard Test Method for Staining of Porous Substrate by Joint Sealants
ASTM C1265	2011	Standard Test Method for Determining the Tensile Properties of an Insulating Glass Edge Seal for Structural Glazing Applications
ASTM C1267	2012	Standard Test Method for Dead Load Resistance of a Sealant in Elevated Temperatures
ASTM C1294	2011	Standard Test Method for Compatibility of Insulating Glass Edge Sealants with Liquid-Applied Glazing Materials
ASTM C1382	2011	Standard Test Method for Determining Tensile Adhesion Properties of Sealants When Used in Exterior Insulation and Finish Systems (EIFS) Joints
ASTM C1635	2014	Standard Test Method to Evaluate Adhesion/Cohesion Properties of a Sealant at Fixed Extension
ASTM C1681	2014	Standard Test Method for Evaluating the Tear Resistance of a Sealant Under Constant Strain
ASTM C1735	2011	Standard Test Method for Measuring the Time Dependent Modulus of Sealants Using Stress Relaxation
ASTM D2202	2014	Standard Test Method for Slump of Sealants
ASTM D2203	2011	Standard Test Method for Staining from Sealants
ASTM D2377	2014	Standard Test Method for Tack-Free Time of Caulking Compounds and Sealants

* Nicht aufgeführt sind Testmethoden für lösemittelhaltige Dichtstoffe, Profile, Kitte und Hinterfüllstoffe

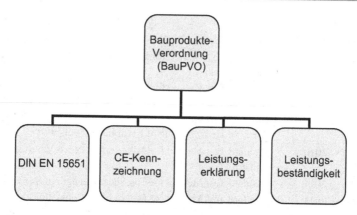

Abb. 11.1 Die Bauprodukte-Verordnung und die von ihr maßgeblich beeinflussten Vorschriften und Dokumente

Inverkehrbringen von Produkten zu erleichtern, den freien Warenverkehr zu fördern und Handelshemmnisse abzubauen. Die eng damit verflochtenen harmonisierten Europäische Normen (für baunah einsetzbare Dichtstoffe ist es die zentrale Norm DIN EN 15651) und Vorschriften sorgen für EU-einheitliche Produkt- und Prüfstandards (Abb. 11.1). Die BauPVO hat erhebliche Auswirkungen auf alle, die sich mit Fugendichtstoffen im Hochbau befassen und einen unmittelbaren Einfluss auf die DIN EN 15651. Dies bedeutet, dass sich zukünftige Anpassungen der BauPVO auch in der „nachgeschalteten" DIN EN 15651 niederschlagen und zu Änderungen führen, die die Wertschöpfungskette „Dichtstoffe" berücksichtigen muss.

11.2.1 DIN EN 15651 Fugendichtstoffe für nicht tragende Anwendungen in Gebäuden und Fußgängerwegen

Im Rahmen der Bauprodukte-Verordnung ist die davon abhängige DIN EN 15651: 2012 Fugendichtstoffe für nicht tragende Anwendungen in Gebäuden und Fußgängerwegen eine der zentralen Normen für Dichtstoffhersteller und Anwender.[4] Sie ist mit ihren fünf Teilen die Grundlage der CE-Kennzeichnung von Dichtstoffen für Bauanwendungen und legt die Definitionen und Anforderungen an kalt verarbeitbare Dichtstoffe fest, die in Gebäuden, aber auch in Außenbereichen zur Anwendung kommen:

- Teil 1: Fugendichtstoffe für Fassadenelemente,
- Teil 2: Fugendichtstoffe für Verglasungen,

---

[4] Die derzeit in Deutschland auch gültigen Normen für Dichtstoffe in Bauanwendungen, DIN 18540 („Hochbau") und 18545 („Verglasungen") befassen sich nur mit niedermoduligen Dichtstoffen mit einer ZGV von 25 % und konstruktiver Auslegung von Fugen. DIN EN 15651 umfasst *alle* Arten/Klassen von Dichtstoffen.

- Teil 3: Dichtstoffe für Fugen im Sanitärbereich,
- Teil 4: Fugendichtstoffe für Fußgängerwege,
- Teil 5: Konformitätsbewertung und Kennzeichnung.

Teil 1 betrifft (nicht tragende) Fassadendichtstoffe im Hochbau, die z. B. zur Abdichtung von Dehnfugen in Außenwänden, Anschlussfugen an Fenstern und Türen (einschließlich Sichtbereiche nach innen) verwendet werden. In Teil 1 werden die Definitionen, Anforderungen und durchzuführenden Prüfungen festgelegt (Abb. 11.2).

Teil 2 deckt (nicht tragende) Fugendichtstoffe für die Abdichtung von Verglasungen im Hochbau ab. Die Bereiche sind: Glas/Glas, Glas/Rahmen, Glas/poröse Trägermaterialien. Nicht von der Norm erfasst sind Isolierglaseinheiten, Horizontalverglasungen, Kunststoff„gläser".

Teil 3 beschreibt Fugen im Sanitärbereich im Inneren von Gebäuden, die keinem Druckwasser ausgesetzt sind, z. B. Fugen in Badezimmern, Duschen, Toiletten und Küchen in Privathaushalten.

Teil 4 beschäftigt sich mit Dichtstoffen für begangene Bodenfugen innerhalb und außerhalb von Gebäuden, z. B. Bewegungsfugen zwischen Betonplatten, in Lagerhäusern, Einkaufszentren, öffentlichen Bereichen sowie Fugen an/in Balkonen oder Terrassen. Nicht erfasst werden Bodenfugen in der chemischen Industrie, Betonstraßen, Flugplätzen, Kläranlagen.

Teil 5 legt die Verfahren zur Bewertung und Überprüfung der Leistungsbeständigkeit (früher Konformitätsbewertung), Etikettierung und Kennzeichnung der in den Teilen 1–4 beschriebenen Dichtstoffe fest.

Jeder Dichtstoff, der für eine CE-Kennzeichnung vorgesehen ist, muss zunächst eine Typprüfung durch eine notifizierte Stelle bzw. den Dichtstoffhersteller (für ausschließlich intern zu verwendende Produkte) zur Feststellung des Produkttyps und der Wesentlichen Merkmale durchlaufen. Es wird nach Produkttypen bzw. Kenncodes unterschieden (Tab. 11.10). Die Typprüfung selbst ist das Ergebnis vieler Tests, z. B. Standvermögen, Haftverhalten, mechanische Eigenschaften unter verschiedenen Bedingungen, Brandverhalten und Dauerhaftigkeit. Nicht jeder Test muss für jeden Dichtstofftyp durchgeführt werden. Um z. B. als Typ F-INT eingestuft zu werden, genügt es, dass der Hersteller Brandverhalten, Standvermögen, Volumenverlust und Dauerhaftigkeit testet und die Tests bestanden werden. Bei anspruchsvolleren Anwendungen in der Außenfassade muss durch ein notifiziertes Prüflabor wesentlich ausführlicher getestet werden.

In der weiter unten beschriebenen Leistungserklärung erscheinen dann die Kenncodes, aus denen klar hervorgeht, für welche Einsatzgebiete der Dichtstoff vorgesehen ist.

---

[5] Wiedergegeben mit Erlaubnis des DIN Deutsches Institut für Normung e. V. Maßgebend für das Anwenden der DIN-Norm ist deren Fassung mit dem neuesten Ausgabedatum, die bei der Beuth Verlag GmbH, Burggrafenstraße 6, 10787 Berlin, erhältlich ist.

DIN EN 15651-1:2012-12 (D)

Fugendichtstoffe für nicht tragende Anwendungen in Gebäuden und Fußgängerwegen - Teil 1: Fugendichtstoffe für Fassadenelemente; Deutsche Fassung EN 15651-1:2012

Inhalt

Abb. 11.2 Inhaltsverzeichnis von DIN EN 15651 Teil 1[5]

Tab. 11.10 Produkttypen (Kenncodes) nach DIN EN 15651

Kenncode	Erläuterung
Typ F-EXT	Fassadendichtstoff, Außenanwendung
Typ F-EXT-INT	Fassadendichtstoff, Außen- und Innenanwendung
Typ F-EXT-INT-CC	Fassadendichtstoff, Außen- und Innenanwendung, kaltes Klima
Typ G	Glasanwendung
Typ G-CC	Glasanwendung, kaltes Klima
Typ S	Sanitäranwendung
Typ PW-INT	Innenanwendung bei Fußgängerwegen
Typ PW-EXT-INT	Außen- und Innenanwendung bei Fußgängerwegen
Typ PW-EXT-INT-CC	Außen- und Innenanwendung bei Fußgängerwegen, kaltes Klima

11.2.2 CE-Kennzeichnung von Dichtstoffen

Die CE-Kennzeichnungspflicht (CE: Conformité Européenne, sinngemäß: ‚Übereinstimmung mit EU-Richtlinien') gilt nach der Verordnung (EU) Nr. 305/2011 seit 1.7.2014 für Bauprodukte und damit auch für Dichtstoffe, wenn sie in Bauanwendungen verwendet werden. Das auf den Produktgebinden bzw. den Umkartons anzubringende CE-Zeichen (Tab. 11.11) weist auf Folgendes hin:

- Das Produkt ist konform mit der Bauprodukte-Verordnung (BauPVO) bzw. einer harmonisierten europäischen Norm (hEN),
- Der in der Norm geforderte Leistungsnachweis wurde für das Produkt erbracht. Durch die Anbringung der CE-Kennzeichnung bestätigt der Hersteller, dass das Produkt den relevanten geltenden europäischen Richtlinien entspricht,
- Das Produkt darf im europäischen Raum in den Verkehr gebracht werden.

Grundlage für die CE-Kennzeichnung von Dichtstoffen ist die DIN EN 15651 „Fugendichtstoffe für nicht tragende Anwendungen in Gebäuden und Fußgängerwegen". Die Norm (und damit die CE-Kennzeichnung) gilt nur für Dichtstoffe, die in den Geltungsbereich der Teile 1 bis 5 fallen.

- Mit der CE-Kennzeichnung übernimmt der Hersteller die Verantwortung für die erklärte Leistung,
- Die CE-Kennzeichnung erfolgt auf der Grundlage von harmonisierten technischen Spezifikationen (hEN oder ETB[6]),
- Produkte, die von einer hEN erfasst werden oder für die eine ETB erteilt wurde, müssen CE-gekennzeichnet werden,

---

[6] ETB: Europäische Technische Bewertung.

Tab. 11.11 Muster für die (zusätzliche) CE-Kennzeichnung einer Dichtstoffkartusche bzw. eines anderen Kleingebindes nach DIN EN 15651

Muster für CE-Kennzeichnung	Erläuterungen
$C\epsilon$	CE-Kennzeichnung, bestehend aus dem in der Richtlinien 93/68/EWG angegebenen CE-Symbol (min. 5 mm hoch)
54321	Kennnummer der notifizierten Stelle
Wunderdicht AG & Co. KGaA D-12345 Berlin	Name und eingetragene Anschrift des Herstellers
14	Die letzten beiden Ziffern des Jahres, in dem die CE-Kennzeichnung erstmals angebracht wurde
12345	Bezugsnummer der Leistungserklärung
EN 15651-1:2012 EN 15651-2:2012	Nummer und Ausgabejahr der harmonisierten EN
EN 15651-1:2012: Typ F-EXT-INT-CC-25LM EN 15651-2:2012: Typ G-CC-25LM	Beschreibung des Produkts (Kenncode)
Wesentliche Merkmale: Siehe Begleitunterlagen	Erklärte Leistung zu den festgelegten Wesentlichen Merkmalen

- Ohne Leistungserklärung keine CE-Kennzeichnung!
- Die CE-Kennzeichnung gemäß BauPVO muss seit dem 1. Juli 2013 angebracht werden.

11.2.3 Leistungserklärung

Seit 1. Juli 2013 muss der Hersteller[7] für jedes Bauprodukt, das von einer harmonisierten Norm erfasst ist oder das einer Europäischen Technischen Bewertung (ETB) entspricht, eine *Leistungserklärung* (DoP, Declaration of Performance) erstellen. Die Leistungserklärung löst die bisherige Konformitätserklärung ab. Mit der Leistungserklärung übernimmt der Hersteller die Verantwortung für die Übereinstimmung des Bauprodukts mit der erklärten Leistung in Bezug auf dessen Wesentliche Merkmale. Welche Merkmale für ein Bauprodukt wesentlich sind, ist in den harmonisierten technischen Spezifikationen (bei Normen im Anhang ZA) festgelegt. In der Leistungserklärung ist die Leistung von mindestens einem Wesentlichen Merkmal anzugeben. Solange weder durch die EU-Kommission noch durch eine Europäisch Technische Bewertung vorgegeben ist, für welche Wesentlichen Merkmale eines Bauprodukts Leistungen anzugeben sind, kann der Hersteller frei wählen, zu welchen Merkmalen er Leistungsangaben (Wert oder Klasse) macht oder keine Leistung erklärt (NPD – No Performance Determined).

---

[7] Bzw. Inverkehrbringer, Importeur.

Der Inhalt einer Leistungserklärung umfasst (verkürzt):

- Eindeutige, vom Hersteller vergebene Kenn-Nummer, die identisch auch in der CE-Kennzeichnung vergeben ist,
- Kenncode des Produkttyps,
- Verwendungszweck des Dichtstoffs,
- Zur Bewertung und Überprüfung der Leistungsbeständigkeit herangezogenen Systeme und ggf. notifizierte Stelle,
- Erklärte Leistung (Wesentliche Merkmale).

Grundlage für die Leistungserklärung bildet die technische Dokumentation des Herstellers. Hierzu zählen u. a. die Ergebnisse der werkseigenen Produktionskontrolle, wie Typprüfung (Erstprüfung) oder Identitätsfeststellungen der geprüften Chargen. Wo dies möglich ist, kann der Hersteller Leistungen des Bauprodukts alternativ mit Typberechnungen ermitteln. Vereinfachend kann die technische Dokumentation durch eine „Angemessene Technische Dokumentation" (ATD) ersetzt werden. Hierbei kann auf eigene Typprüfungen/-berechnungen des Herstellers ganz oder teilweise verzichtet werden, wenn für ein Bauprodukt bereits ausreichende Kenntnisse zur Leistung bezüglich Wesentlicher Merkmale vorliegen. Die Leistungserklärung für ein fiktives Produkt „Wunderdicht PremiSil" sieht beispielsweise wie folgt aus:

Leistungserklärung – gemäß Anhang III der Verordnung (EU) Nr. 305/2011

Name des Produkts: Wunderdicht PremiSil

Nr. 12345

1. Eindeutiger Kenncode des Produkttyps:

   EN 15651-1:2012: Typ F-EXT-INT-CC-25LM

   EN 15651-2:2012: Typ G-CC-25LM

2. Typen-, Chargen- oder Seriennummer oder ein anderes Kennzeichen zur Identifikation des Bauproduktes gemäß Artikel 11 Absatz 4:

   Chargennummer: Siehe Verpackung des Produktes

3. Vom Hersteller vorgesehener Verwendungszweck oder vorgesehene Verwendungszwecke des Bauprodukts gemäß der anwendbaren harmonisierten technischen Spezifikation:

   Dichtungsmittel für Fassadenelemente für Innen- und Außenbereich

4. Name, eingetragene Handelsname oder eingetragene Marke und Kontaktanschrift des Herstellers gemäß Artikel 11 Absatz 5:

   Wunderdicht AG & Co. KGaA

   D-12345 Berlin

5. Name und Kontaktanschrift des Bevollmächtigten, der mit den Aufgaben gemäß Artikel 12 Absatz 4 beauftragt ist:

   Nicht relevant

6. System oder Systeme zur Bewertung und Überprüfung der Leistungsfähigkeit des Bauproduktes gemäß Anhang V:

   System 3; System 3 für das Brandverhalten

7. Im Falle der Leistungserklärung, die ein Bauprodukt betrifft, das von einer harmonisierten Norm erfasst wird:

   Die notifizierte Stelle Musterlabor GmbH, Kennnummer 54321 hat die Feststellung des Produkttyps anhand einer Typprüfung nach dem System 3 vorgenommen und folgendes ausgestellt: Siehe Prüfbericht

8. Im Falle der Leistungserklärung, die ein Bauprodukt betrifft, für das eine Europäische Technische Bewertung ausgestellt worden ist:

   Nicht relevant

9. Erklärte Leistung:

Konditionierung: Methode B; Trägermaterial: Aluminium ohne Primer

Wesentliche Merkmale	Leistung	Harmonis. Techn. Spezifikation
Brandverhalten (EN 13501)	Klasse E	
Freisetzung von gesundheits- und/oder umweltgefährdenden Chemikalien (DIN EN 15651)	NPD*	
Wasser- und Luftdichtigkeit		
Standvermögen (EN ISO 7390)	≤ 3mm	
Volumenverlust (EN ISO 10563)	≤ 10%	
Rückstellvermögen	≥ 70%	
Zugeigenschaften: Sekantenmodul bei 23°C	≤ 0,4	
Zugeigenschaften: Sekantenmodul bei -20°C	≤ 0,6	
Zugeigenschaften: Sekantenmodul bei -30°C	≤ 0,9	DIN EN 15651-1:2012
Zugverhalten unter Vorspannung	NF**	DIN EN 15651-2:2012
Zugverhalten unter Vorspannung bei -30°C	NF	DIN EN 15651-3:2012
Haft-/Dehnverhalten bei unterschiedlichen Temperaturen	NF	
Haft-/Dehnverhalten unter Vorspannung nach Eintauchen in Wasser	NF	
Haft-/Dehnverhalten nach Beanspruchung durch Hitze, Wasser, künstliches Licht	NF	
Bruchdehnung	≥ 25%	
Druckfestigkeit (N/mm²)	0,27	
Mikrobiologisches Wachstum	0	
Dauerhaftigkeit	bestanden	

*: NPD: No Performance Determined (keine Leistung erklärt); **: NF: No Failure (kein Versagen)

10. Die Leistung des Produkts gemäß den Nummern 1 und 2 entspricht der erklärten Leistung nach Nummer 9. Verantwortlich für die Erstellung dieser Leistungserklärung ist allein der Hersteller gemäß Nummer 4.

Unterzeichnet für den Hersteller und im Namen des Herstellers

Funktion(en), Unterschrift(en), Ort, Datum

Die Leistungserklärung wird vom Inverkehrbringer in elektronischer oder gedruckter Form bereitgestellt.

11.2.4 Leistungsbeständigkeit

Die Bewertung und Überprüfung der *Leistungsbeständigkeit* hat seit Juli 2013 die bisherigen Konformitätsbescheinigungen abgelöst (Tab. 11.12). Das System der Bewertung und Überprüfung der Leistungsbeständigkeit bindet Hersteller und die sog. notifizierten

Tab. 11.12 Prüfung der Leistungsbeständigkeit

System	Art der notifizierten Stelle	Art der Bescheinigung
1+	Produktzertifizierungsstelle	Bescheinigung der Leistungsbeständig-
1		keit
2+	Zertifizierungsstelle für die werkseigene Produktionskontrolle (WPK)	Bescheinigung der Konformität der werkseigenen Produktionskontrolle
3	Prüflabor	–
4	–	–

Stellen[8] in ein Verfahren ein, das die Einhaltung der harmonisierten technischen Spezifikationen sicherstellt. Die harmonisierten technischen Spezifikationen oder Normen legen für das jeweilige Bauprodukt die anzuwendende Systemklasse fest und die Kriterien für die herstellerseitige *Produktionskontrolle* sowie die Art der *Inspektion* der notifizierten Stellen zur Bewertung und Überprüfung der Leistungsbeständigkeit von Bauprodukten in Bezug auf die Wesentlichen Merkmale. Das Ergebnis der Bewertung und Überprüfung der Leistungsbeständigkeit wird in der Leistungserklärung dokumentiert.

11.2.5 Bedeutung in der Praxis

Die BauPVO löste die BPR übergangslos ab. Bauprodukte, die bereits hergestellt waren, jedoch noch nicht in Verkehr gebracht wurden, müssen seit dem 1. Juli 2013 alle Regelungen der neuen BauPVO erfüllen.[9] Das heißt, für jedes Bauprodukt müssen folgende Bedingungen seitens der Hersteller erfüllt sein:

- Vorliegen einer Leistungserklärung für das Bauprodukt,
- Vorliegen und Anbringung der CE-Kennzeichnung,
- Bewertung und Überprüfung der Leistungsbeständigkeit,
- Keine widersprüchlichen Angaben zu den Leistungen eines Bauprodukts,
- 10-jährige Aufbewahrungspflicht für Dokumente,
- Rückverfolgbarkeit des Bauprodukts,
- Rückruf bei Nichteinhaltung der Leistung,
- Auskunftspflicht gegenüber den Behörden.

Zur Erleichterung des Übergangs von der früheren BPR in die BauPVO wurden folgende Ausnahmen festgelegt, wie sie hier verkürzt dargestellt sind:

---

[8] früher: PÜZ-Stelle. Nimmt als unabhängiger Dritter (akkreditiert durch DAkkS, Deutsche Akkreditierungs Stelle) die Bewertung und Überprüfung der Leistungsbeständigkeit vor.
[9] Für reaktive Dichtstoffe aus der Produktion vor dem 1.7.2013 dürfte dies wegen der begrenzten Lagerzeit (< 2 Jahre) kaum zutreffen.

- Kein Handlungsbedarf für im Handel befindliche Bauprodukte, wenn bisher schon CE-gekennzeichnet wurde,
- Leistungserklärung kann auf Basis einer bestehenden Konformitätserklärung bzw. -bescheinigung erstellt werden,
- Leistungserklärung kann auf Basis einer Angemessenen Technischen Dokumentation für vor dem Stichtag hergestellt Produkte erstellt werden,
- Leistungserklärung für Bauprodukt*gruppen*,
- Bestehende Europäische Technische Zulassungen bleiben gültig, können aber nicht verlängert werden,
- Vor dem Stichtag veröffentlichte Leitlinien für Europäische Technische Zulassungen wurden übernommen.

Der Ausschreibende, Beschaffer und/oder Anwender eines Bauprodukts muss dafür Sorge tragen, dass nur ein *zugelassenes Produkt* (leicht erkennbar am angebrachten CE-Zeichen am Produkt selbst oder der Verpackung) verwendet wird und zwar für die auf dem Produkt bzw. in der Leistungserklärung vorgegebene Verwendung. Das CE-Zeichen war bisher kein Qualitätszeichen (Gütesiegel): Es bestätigte nur die Konformität eines Produkts mit EU-Richtlinien, die einige grundlegende Eigenschaften, Sicherheits- und Gesundheitsanforderungen eines produzierten, aber noch nicht eingebauten Bauteils voraussetzten. Neu ist die verpflichtende Leistungserklärung, die sehr wohl umfangreiche Leistungszusagen macht.

11.3 Merkblätter und Hinweise

Von Industrieverbänden, Instituten, Lehranstalten und anderen werden zahlreiche Schriften, Merkblätter, Empfehlungen, Hinweise und „Vorschriften" herausgegeben, deren relevanteste in den nachfolgenden Tabellen aufgeführt werden. Sie haben sich in aller Regel in der Praxis bewährt und zählen zum Stand der Technik. Die Be- oder Missachtung ist, sofern nicht anders lautend in den Ausschreibungsunterlagen vorgeschrieben, dem Planer oder Dichtstoffanwender (wie bei den Normen auch) im Prinzip freigestellt. Allerdings werden Gutachter in Zweifelsfällen, bei denen eindeutig Abweichungen vom publizierten Stand der Technik zu Schäden geführt haben, dazu tendieren, das vorhandene Schrifttum als gültig zu betrachten, sofern nicht das Gegenteil bewiesen werden kann. Bauzulassungsrechtliche Vorschriften vom DIBt sind dagegen strikt einzuhalten, hier besteht allenfalls der Spielraum, der in den Vorschriften selbst eingeräumt wird.

11.3.1 Merkblätter des Industrieverbands Dichtstoffe (IVD)

Der Industrieverband Dichtstoffe e. V. ist ein Zusammenschluss verschiedener Unternehmen, die Dichtstoffe bzw. hierfür benötigte Roh- oder Hilfsstoffe produzieren. Ausgehend

Tab. 11.13 Merkblätter des Industrieverbands Dichtstoffe

Merkblatt	Ausgabe	Beschreibung
1	10-2014	Abdichtung von Bodenfugen mit elastischen Dichtstoffen
2	10-2014	Klassifizierung von Dichtstoffen
3-1	10-2014	Konstruktive Ausführung und Abdichtung von Fugen im Sanitärbereich und in Feuchträumen – Teil 1: Abdichtung von spritzbaren Dichtstoffen
3-2	10-2014	Konstruktive Ausführung und Abdichtung von Fugen in Sanitär- und Feuchträumen – Teil 2: Abdichtung von Wannen und Duschwannen mit flexiblen Dichtbändern
4	10-2014	Abdichten von Fugen im Hochbau mit aufzuklebenden Elastomer-Fugenbändern
5	08-1998	Butylbänder. **Dokument zurückgezogen**, siehe hierzu auch MB 25
6	10-2014	Fugenabdichtung an Anlagen zum Umgang mit wassergefährdenden Stoffen
7	10-2014	Elastischer Fugenverschluss bei Fassaden aus angemörtelten keramischen Fliesen. **Dokument zurückgezogen**, durch Merkblatt 27 ersetzt
8	10-2014	Konstruktive Ausführung und Abdichtung von Fugen im Holzfußbodenbereich
9	10-2014	Spritzbare Dichtstoffe in der Anschlussfuge für Fenster und Außentüren
10	10-2014	Glasabdichtung am Holzfenster mit Dichtstoffen
11	10-2014	Erläuterungen zu Fachbegriffen aus dem „Brandschutz" aus der Sicht der Dichtstoffe bzw. den mit Dichtstoffen ausgespritzten Fugen
12	10-2014	Die Überstreichbarkeit von bewegungsausgleichenden Dichtstoffen im Hochbau – Anforderungen und Auswirkungen –
13	10-2014	Glasabdichtung an Holz-Metall-Fensterkonstruktionen mit Dichtstoffen
14	10-2014	Dichtstoffe und Schimmelpilzbefall
15	10-2014	Die Wartung von hochbelasteten bewegungsausgleichenden Dichtstoffen und aufgeklebten elastischen Fugenbändern
16	10-2014	Anschlussfugen im Trockenbau
17	10-2014	Anschlussfugen im Schwimmbadbau
18		**Nicht vergeben**
19-1	10-2014	Abdichtungen von Fugen und Anschlüssen im Dachbereich (Außenbereich)
19-2	10-2014	Abdichtungen von Fugen und Anschlüssen im Dachbereich (Luftdichte Ebene)
20	10-2014	Fugenabdichtung an Holzbauteilen und Holzwerkstoffen
21	10-2014	Elastische Fugenabdichtungen im Lebensmittelbereich
22	10-2014	Anschlussfugen im Stahl- und Aluminium-Fassadenbau sowie konstruktiven Glasbau
23	10-2014	Abdichtungen von Fugen und Anschlüssen an Naturstein
24	10-2014	Anschlussfugen im Wintergarten
25	10-2014	Abdichtungen von Fugen und Anschlüssen in der Klempnertechnik
26	10-2014	Abdichten von Fenster- und Fassadenfugen mit vorkomprimierten und imprägnierten Fugendichtbändern (Kompribänder)

Tab. 11.13 *Fortsetzung*

Merkblatt	Ausgabe	Beschreibung
27	10-2014	Abdichten von Anschluss- und Bewegungsfugen an der Fassade mit spritzbaren Dichtstoffen
28	10-2014	Sanierung von defekten Fugenabdichtungen an der Fassade
29	10-2014	Fugenarbeiten im Maler- und Lackiererhandwerk
30	10-2014	Montageklebstoffe für Klebungen und Abdichtungen
31	10-2014	Sanierung von Fugenabdichtungen im Hochbau
32	10-2014	Bewehrte Wandplatten aus Porenbeton
33		**Nicht vergeben**
34		**Nicht vergeben**
35	10-2014	Dichten und Kleben am Bau Systeme – Einteilung – Anwendungen

Tab. 11.14 Veröffentlichungen des Instituts für Fenstertechnik

Richtlinie	Ausgabe	Titel
K. A.	1983	Verglasen von Holzfenstern ohne Vorlegeband
K. A.	1998	Prüfung und Beurteilung von Schlierenbildung und Abrieb von Verglasungsdichtstoffen
VE 05/01	2002	Nachweis der Verträglichkeit von Verglasungsklötzen
VE 06/01	2003	Beanspruchungsgruppen für die Verglasung von Fenstern. Richtlinie zur Ermittlung der Beanspruchungsgruppen für die Verglasung von Fenstern und Fenstertüren bei Verwendung von Dichtstoffen; ‚Rosenheimer Tabelle',
MO-01/1	2007	Baukörperanschluss von Fenstern, Teil 1 – Verfahren zur Ermittlung der Gebrauchstauglichkeit von Abdichtungssystemen
DI-01/1	2008	Verwendbarkeit von Dichtstoffen, Teil 1 – Prüfung von Materialien in Kontakt mit dem Isolierglas-Randverbund
DI-02/1	2009	Verwendbarkeit von Dichtstoffen, Teil 2 – Prüfung von Materialien in Kontakt mit der Kante von Verbund- und Verbundsicherheitsglas

von jahrelanger Erfahrung im Dichtstoffbereich hat der IVD eine Reihe von Merkblättern herausgegeben, die einen gewissen Stand der Technik ausgewählter Themen darstellen (Tab. 11.13).

11.3.2 Richtlinien zur Thematik „Glas am Bau"

Beim Einbau und Abdichten von Glaselementen, Fenstern, Türen muss eine Vielzahl von Themen beachtet werden, um sowohl zu ästhetisch ansprechenden als auch technisch befriedigenden Lösungen zu kommen. In den beiden nachstehenden Tab. 11.14 und 11.15 sind diesbezügliche Schriften des Instituts für Fenstertechnik e. V. (ift) und des Instituts des Glaserhandwerks für Verglasungstechnik und Fensterbau e. V. (Bundesinnungsver-

Tab. 11.15 Veröffentlichungen des Instituts des Glaserhandwerks für Verglasungstechnik und Fensterbau

Richtlinie	Ausgabe	Titel
Nr. 1	2004	Dichtstoffe für Verglasungen und Anschlussfugen – Arten, Eigenschaften, Anwendung, Verarbeitung
Nr. 3	2009	Klotzung von Verglasungseinheiten
Nr. 4	2009	Verzeichnis der Normen für die Arbeitsgebiete des Glasers und Fensterbauers
Nr. 17	2003	Verglasen mit Isolierglas
MBG D01	2004	Merkblatt für die Auswahl und den Einsatz von Dichtstoffen

Tab. 11.16 Informationsschriften Deutsche Bauchemie

Schrift-Nr.	Ausgabe	Titel
158-IS-D-2012	2012	Die neue europäische Bauproduktenverordnung – Eine Umsetzungshilfe für die Mitgliederunternehmen der Deutschen Bauchemie
168-IS-D-2013	2013	Elastische Fugen im Sanitärbereich
174-IS-D-2013	2013	Fugendichtstoffe nach EN 15651 – Leistungserklärung und CE-Kennzeichnung
179-IS-D-2014	2014	Planung von Bewegungsfugen in Fassaden
187-IS-D-2014	2014	CE-Kennzeichnung von Baudichtstoffen

band des Glaserhandwerks) aufgeführt. Die ETAG 002 (strukturelle Verglasungen) wurde bereits an anderer Stelle erwähnt.

11.3.3 Merkblätter Deutsche Bauchemie (DBC)

Der Deutsche Bauchemie e. V. ist ein Verband der Hersteller bauchemischer Produkte und hat eine Reihe dichtstoffrelevanter, aber auch übergreifender Informationsschriften herausgebracht, die in Tab. 11.16 aufgeführt werden.

Weitere Merkblätter
TBS Merkblatt Spritzbare Dichtstoffe im Innenraum, Hrsg.: Maler und Lackierer, Innungsverband Westfalen (2013)

Weiterführende Literatur

Alex, D. [Hrsg.] – Einführung in die DIN-Normen, Vieweg+Teubner/Beuth, Wiesbaden/Berlin (2008)

Basten, M., Die neue Bauprodukte-Verordnung, Bundesverband Baustoffe – Steine und Erden e. V., Berlin (2012)

Arbeitssicherheit, Umweltauswirkungen und Entsorgung

12

12.1 Arbeitssicherheit

Dichtstoffe sind chemische Zubereitungen, die, auch wenn sie nicht speziell mit Gefahrensymbolen gekennzeichnet sein sollten, mit der entsprechenden Umsicht zu handhaben sind. Der Gesetzgeber hat, um die potentiellen Gefahren für Verwender und Umwelt zu minimieren, zahlreiche Vorschriften herausgegeben zu:

- Beschreibung der Produkte und ggf. Kennzeichnung der Gebinde mit Warnhinweisen,
- Transport und Lagerung,
- Verarbeitungsanweisungen,
- Entsorgung von Verpackungen und ggf. anhaftenden Produktresten.

Die Dichtstoffhersteller und -vertreiber sind an gesetzliche Vorschriften gebunden und stellen deshalb den Anwendern in unterschiedlicher Ausführlichkeit wenigstens ein Minimum an Informationen in schriftlicher, mündlicher oder elektronischer Form (Internet) zur Verfügung. Leider geben noch nicht alle Hersteller die Technischen Datenblätter oder Sicherheitsdatenblätter zeit- und kostensparend zum Download frei. Wertvolle Hinweise für den (professionellen) Anwender sind z. B.:

- Informationen auf den Produktetiketten,
- Technische Datenblätter und Broschüren,
- Sicherheitsdatenblätter,
- Gelegentlich spezielle Verarbeitungsanweisungen, insbesondere für maschinenverarbeitbare Produkte oder 2K-Systeme,
- Anwendungsbeispiele, Downloads und weitere Informationen im Internet,
- Telefonische oder persönliche Beratung.

Jeder Anwender ist gut beraten, sich mit den zur Verfügung gestellten Informationen gründlich auseinanderzusetzen. Dies vermeidet nicht nur Fehler beim Umgang mit

© Springer Fachmedien Wiesbaden 2016
M. Pröbster, *Baudichtstoffe*, DOI 10.1007/978-3-658-09984-8_12

dem Produkt sondern kann auch im Schadens- oder Reklamationsfall juristische Konsequenzen haben, wenn es darum geht, aufzuklären ob es sich um einen Produkt- oder Anwendungsfehler gehandelt hat. Die in Form und Inhalt vorgeschriebenen, sehr ausführlichen Sicherheitsdatenblätter (auszugsweise dargestellt in Tab. 12.1) geben in ihren 16 Kapiteln tiefgehende Informationen zum sicheren Umgang mit einem Produkt. Die dort angegebenen Hinweise (z. B. H- und P-Sätze, siehe weiter unten) warnen konkret vor den möglichen Gefahren, die von einzelnen Inhaltsstoffen ausgehen können und geben Verhaltensratschläge. Detaillierte Informationen über die Zusammensetzung einer Formulierung werden einem handwerklich arbeitenden Betrieb sicherlich nicht zugänglich sein, doch bereits die Angaben auf dem Etikett machen auf potentielle Gefahren aufmerksam, wie sie z. B. von Isocyanaten oder Lösemitteln ausgehen können. MDI-haltige Produkte müssen ab einem Gehalt von 0,1 % an freiem Isocyanat mit dem Andreaskreuz und dem Hinweis „enthält 4,4′-Methylendiphenyldiisocyanat" gekennzeichnet werden. Den Umgang mit isocyanathaltigen Produkten regelt die TRGS 430 Isocyanate – Gefährdungsbeurteilung und Schutzmaßnahmen (Stand 2009).

Bei lösemittelhaltigen Produkten müssen fallweise das Gefahrenpiktogramm „Flamme" und das Signalwort „entzündlich" angebracht werden.

> Vor Beginn der Abdichtarbeiten immer das Gebindeetikett, Technische Datenblatt und Sicherheitsdatenblatt aufmerksam lesen und die Hinweise befolgen. Nicht in vollständig abgeschlossenen Räumen arbeiten und bei der Arbeit nicht essen, trinken oder rauchen.

Der Umgang mit organischen Lösemitteln, Reinigern, Primern stellt ein oft unterschätztes Risiko dar. Nicht nur, dass der Arbeitsplatzgrenzwert (AGW) nach TRGS 900 „Arbeitsplatzgrenzwerte" dauerhaft unterschritten sein muss, auch die Explosionsgefährlichkeit von Lösemitteldämpfen stellt ein Sicherheitsrisiko dar, wenn mit offenen Flammen oder glimmenden Zigaretten hantiert wird.

Isocyanate und Produkte, die diese enthalten, haben ein gewisses allergenes Potenzial, das, in allerdings seltenen Fällen, zu Ausschlägen oder anderen allergiebedingten Reaktionen führen kann. Unter einer Allergie versteht man eine (unerwünscht) heftige Abwehrreaktion des körpereigenen Immunsystems auf einen Stoff aus der Umwelt, der z. B. durch Einatmen oder Hautkontakt in den Körper gelangen kann. Polyurethandichtstoffe enthalten chemisch gebundenes und auch Reste freien Isocyanats, gegen das manche Menschen allergisch reagieren und Hautausschläge (Dermatitis) oder Atembeschwerden unterschiedlicher Schwere (Obstruktive Beschwerden und Alveolitis) bekommen. Details findet man beispielsweise im Merkblatt der BG Chemie zur Berufskrankheit Nr. 1315: „Erkrankungen durch Isocyanate, die zur Unterlassung aller Tätigkeiten gezwungen haben, die für die Entstehung, die Verschlimmerung oder das Wiederaufleben der Krankheit ursächlich waren oder sein können." Jemand, der gegen Isocyanate allergisch geworden

Tab. 12.1 Sicherheitsdatenblatt gem. Verordnung (EG) Nr. 1907/2006 für den gewerblichen Verwender

Abschn.	Bezeichnung	Unterpunkte
1	Bezeichnung des Stoffes bzw. der Zubereitung und Firmenbezeichnung	1.1 Produktidentifikator 1.2 Relevante identifizierte Verwendungen des Stoffs/Gemischs und Verwendungen, von denen abgeraten wird. 1.3. Einzelheiten zum Lieferanten, der das SDB bereitstellt 1.4 Notfallnummer
2	Mögliche Gefahren	2.1 Einstufung des Stoffs und Gemischs 2.2 Kennzeichnungselemente 2.3 Sonstige Gefahren
3	Zusammensetzung/ Angaben zu Bestandteilen	3.1 Stoffe 3.2 Gemische
4	Erste-Hilfe-Maßnahmen	4.1 Beschreibung der Erste-Hilfe-Maßnahmen 4.2 Wichtigste akute und verzögert auftretende Symptome und Wirkungen 4.3 Hinweise auf ärztliche Soforthilfe oder Spezialbehandlung
5	Maßnahmen zur Brandbekämpfung	5.1 Löschmittel 5.2 Besondere von Stoff/Gemisch ausgehende Gefahren 5.3 Hinweise für die Brandbekämpfung
6	Maßnahmen bei unbeabsichtigter Freisetzung	6.1 Personenbezogene Vorsichtsmaßnahmen, Schutzausrüstungen und in Notfällen anzuwendende Verfahren 6.2 Umweltschutzmaßnahmen 6.3 Methoden und Material für Rückhaltung und Reinigung 6.4 Verweis auf andere Abschnitte
7	Handhabung und Lagerung	7.1 Schutzmaßnahmen zur sicheren Handhabung 7.2 Bedingungen zur sicheren Lagerung unter Berücksichtigung von Unverträglichkeiten 7.3 Spezifische Endanwendungen
8	Begrenzung und Überwachung der Exposition/Persönliche Schutzausrüstungen	8.1 Zu überwachende Parameter 8.2 Begrenzung und Überwachung der Exposition
9	Physikalische und chemische Eigenschaften	9.1 Angaben zu den grundlegenden physikalischen und chemischen Eigenschaften 9.2 Sonstige Angaben
10	Stabilität und Reaktivität	10.1 Reaktivität 10.2 Chemische Stabilität 10.3 Möglichkeit gefährlicher Reaktionen 10.4 Zu vermeidende Bedingungen 10.5 Unverträgliche Materialien 10.6 Gefährliche Zersetzungsprodukte
11	Toxikologische Angaben	11.1 Angaben zu toxikologischen Wirkungen

Tab. 12.1 *Fortsetzung*

Abschn.	Bezeichnung	Unterpunkte
12	Umweltbezogene Angaben	12.1 Toxizität 12.2 Persistenz und Abbaubarkeit 12.3 Bioakkumulationspotenzial 12.4 Mobilität im Boden 12.5 Ergebnisse der PBT- und vPvB-Beurteilung 12.6 Andere schädliche Wirkungen
13	Hinweise zur Entsorgung	13.1 Verfahren der Abfallbehandlung
14	Angaben zum Transport	14.1 UN-Nummer 14.2 Ordnungsgemäße UN-Versandbezeichnung 14.3 Transportgefahrenklassen 14.4 Verpackungsgruppe 14.5 Umweltgefahren 14.6 Besondere Vorsichtsmaßnahmen für den Verwender
15	Rechtsvorschriften	15.1 Vorschriften zu Sicherheit, Gesundheits- und Umweltschutz/spezifische Rechtsvorschriften für den Stoff oder das Gemisch 15.2 Stoffsicherheitsbeurteilung
16	Sonstige Angaben	

ist, kann damit nicht mehr arbeiten! Dies bedeutet, dass beim Umgang mit Polyurethandichtstoffen die Empfehlungen der Daten- und Sicherheitsdatenblätter besonders genau zu beachten sind. Der direkte Hautkontakt beim Abglätten ist möglichst zu vermeiden.

Es ist denkbar, dass ein Verwender im Einzelfall auch gegen andere Inhaltsstoffe sonstiger Dichtstoffe allergisch reagiert. Dem Verfasser sind jedoch keine sonstigen systematischen Allergien in Zusammenhang mit anderen Dichtstoffen bekannt.

> Für den Dichtstoffverarbeiter sind die hauptsächlichen Gesundheitsrisiken der Hautkontakt mit gefährlichen (reizenden, allergenen) Stoffen und das Einatmen von Dämpfen oder Abspaltprodukten.

Die Gefahrenbezeichnungen für Hauptgefahren, die von chemischen Produkten ausgehen können, sind weiter unten (s. Tab. 12.4) aufgeführt. Für Dichtstoffe kommen z. B. „Flamme, entzündlich", „Ausrufezeichen" oder „Gesundheitsgefahr" in Betracht.

Für den Praktiker von besonderem Interesse dürfte eine vergleichende Zusammenstellung der hauptsächlichen Sicherheitsaspekte beim Verarbeiten von Dichtstoffen und Hilfsprodukten sein (Tab. 12.2). Bei bestimmungsgemäßen Gebrauch der modernen Dichtstoffe sind die Risiken für den Verarbeiter gering.

Tab. 12.2 Sicherheitsaspekte bei der Dichtstoffverarbeitung

Chemische Basis	Hauptsächlicher gefährl. Inhaltsstoff	Auswirkung beim Verarbeiten	Vorsichtsmaßnahmen beim Gebrauch*
Silikon	Vernetzer	Abgabe von Spaltprodukten beim Härten	Hautkontakt meiden, gute Belüftung
Polyurethan	Isocyanate, Lösemittel	Bei Hautkontakt evtl. Allergie möglich; Abgabe des Lösemittels	Hautkontakt meiden, gute Belüftung
Silan modifiziertes Polymer	Vernetzer	Abgabe von Methanol und/oder Ethanol in kleinen Mengen	Hautkontakt meiden, gute Belüftung
Polysulfid	Mangandioxid. Peroxide, Perborate	Bei Hautkontakt evtl. Allergie möglich	Hautkontakt meiden
Kautschukprodukte	Ggf. Lösemittel	Abgabe des Lösemittels	gute Belüftung, kann die Haut entfetten
Dispersion	–	–	–
Primer, Reiniger	Lösemittel	Abgabe des Lösemittels	Bei Hautkontakt starke Entfettung möglich, gute Belüftung

* Die Angaben in den Sicherheitsdatenblättern sind zu beachten.

12.2   REACH – das europäische Chemikaliengesetz

Die Anfänge für ein einheitliches Europäisches Chemikalienrecht wurden bereits 1999 gelegt, mittlerweile ist dieses ein Gesetz mit über 800 Seiten Gesetzestext und vielen Tausend Seiten Ausführungsbestimmungen.

12.2.1   Ziele von REACH

Seit dem 1. Juni 2007 gilt im Europäischen Wirtschaftsraum (EWR) (das sind die 27 Staaten der EU plus Norwegen, Island und Lichtenstein) eine einheitliche Chemikaliengesetzgebung (Verordnung (EG) Nr. 1907/2006). Sie heißt abgekürzt REACH; die einzelnen Buchstaben bedeuten hierbei: *R*egistration (Registrierung), *E*valuation (Bewertung), *A*uthorisation (Zulassung) und Beschränkung von *Ch*emikalien. Dieses neue Gesetzeswerk ersetzt die bisher bestehenden unterschiedlichen Chemikaliengesetze der Mitgliedsländer der EU. REACH reguliert den Umgang mit allen chemischen Stoffen auf dem europäischen Markt und hat folgende Ziele:

- Hohes und einheitliches Schutzniveau für Gesundheit und Umwelt. Alle, vom Rohstoffhersteller bis zum Endverbraucher, müssen über Risiken und Vorsichtsmaßnahmen beim Umgang mit Chemikalien aufgeklärt werden und nötigenfalls entsprechend Maßnahmen für den sicheren Umgang durchführen.

- Gewährleisten eines freien Warenaustausches im europäischen Binnenmarkt.
- Verbesserung der Wettbewerbsfähigkeit und Innovation.

Um diese Ziele zu erreichen, müssen alle in der EU hergestellten und in die EU importierten Stoffe von jedem Hersteller und Importeur angemeldet werden, wobei die jeweilige Verwendung mit angemeldet werden muss. Damit ist der Anwender von Dichtstoffen – die ja eine Mischung unterschiedlichster Chemikalien sind – direkt mit betroffen. Nach REACH ist ein Dichtstoff ein Gemisch oder eine Zubereitung. Im Gegensatz zu früher ist nunmehr der Registrant (Inverkehrbringer der Chemikalie, meist die Industrie, auch Importeure) verantwortlich dafür, dass keine unerkannten Risiken von einer Chemikalie oder einem Produkt ausgehen. Das gilt sowohl für die Herstellung als auch die Verwendung – in welcher Form auch immer. Damit das auch befolgt wird, haben sich die europäischen Behörden einen einfachen, aber wirkungsvollen Trick ausgedacht: Ohne Registrierung keine Erlaubnis zur Vermarktung!

Nach REACH werden Chemikalien auch nur mehr für *ganz bestimmte Anwendungen* zugelassen. Vor (!) jeder Anwendung muss nachgewiesen werden, dass davon keine Gefahren für Mensch und Umwelt ausgehen. Dies bedeutet im Gegensatz zur bisherigen Praxis, dass neben dem Warenfluss auch noch ein erheblicher Informationsfluss innerhalb der Prozesskette vom Rohstoff zum Endprodukt und umgekehrt erfolgen muss. Der Hersteller eines Dichtstoffes, der beispielsweise ein Textilhilfsmittel als äußerst wirksamen Haftvermittler für einen neuen Dichtstoff „entdeckt" hat, darf ihn noch lange nicht zweckentfremdet verwenden, wenn nicht der Rohstoffhersteller diese Verwendungsmöglichkeit bestätigt und als gefahrlos freigibt. Sollten einige Rohstoffhersteller gewisse Chemikalien, die in Dichtstoffen Verwendung finden, nicht durch den kostenintensiven REACH-Prozess durchschleusen, dürfen diese auch nicht (mehr) eingesetzt werden. Dadurch kann es vorkommen, dass Dichtstoffhersteller ihre Rezepturen umformulieren und der Anwender Unterschiede zwischen dem gewohnten Produktverhalten und den modifizierten Rezepturen feststellen muss.

12.2.2 REACH: Ganz praktisch

REACH gilt sowohl für (Rein-)Stoffe (z. B. Isopropanol) als auch für Gemische von Stoffen (Zubereitungen wie Dicht- und Klebstoffe, die sich aus mehreren Stoffen zusammensetzen). Jeder gewerbliche Verwender (industriell, handwerklich) ist Teil der Kette und muss daher sicherstellen, dass seine Verwendung der Produkte von REACH abgedeckt ist. Um dies zu vereinfachen, wurden Verwendungsdeskriptoren erstellt, die die bekanntesten (und typischen) Verwendungen der Stoffe in Kleb- und Dichtstoffen abdecken. Im Anhang des Sicherheitsdatenblattes („Expositionsszenarium") findet man entsprechende Sätze oder Codes, die der Verwender daraufhin überprüfen muss, ob sie seine Anwendung abdecken oder nicht. Zu beachten ist hier noch, dass die bei den Codes hinterlegten Sicherheitsmaßnahmen zwingend erforderlich sind. Wenn die angegebenen Codes nicht mit der beabsichtigten Verwendung übereinstimmen, darf das Produkt nicht verwendet werden! Bei Produkten mit sehr vielfältigen Anwendungen (insbesondere Rohstoffen) kann ein Sicherheitsdatenblatt durchaus einen Umfang von 70 Seiten oder mehr erreichen.

Einige Begriffe unter REACH

Nachgeschalteter Anwender (Downstream user): Jeder, der im Rahmen einer industriellen oder gewerbliche Tätigkeit einen (chemischen) Stoff verwendet.

Verwendung (Use): Jegliches Gebrauchen eines Stoffes, z. B. Herstellen, Umfüllen, Applizieren.

Expositionsszenario (Exposition): Zusammenstellung von Verwendungsbedingungen und Risikomanagement der Stoffeinwirkungen auf Mensch und Umwelt.

Verwendungsdeskriptoren (Use Deskriptors): In der Kleb- und Dichtstoffindustrie eingeführte Codes, die beschreiben, *wie* die Produkte verwendet werden.

Jeder Stoff kann mittels der nachstehenden vier Verwendungsdeskriptoren zugeordnet werden:

- Verwendungssektor (Sector of use, SU). Beispiele: SU3: Industrieanwendung, SU21: Endverbraucher, SU22: Handwerker,
- Prozesskategorie (Process category, PROC). Beispiele: PROC8a: Entleeren von Gebinden (Kartuschen) an mehreren Orten, PROC 8b: Entleeren von Gebinden (Kartuschen) an einem Ort, PROC10: Aufbringen des Produkts. Für Endverbraucher: Produktkategorie, PC; Dichtstoffe sind in PC1, Unterkategorie B04 eingeordnet,
- Umweltbelastungskategorie (Environmental release category, ERC): Beispiele: ERC5: Belastung bei industriellem Aufbringen auf Untergrund, ERC8c: Belastung bei Auftrag auf Untergrund in Räumen, ERC8 f: Belastung bei Auftrag auf Untergrund im Freien,
- Artikelkategorie (Article category, AC): Wenn gefährliche Inhaltsstoffe zusätzlich berücksichtigt werden müssen. Für Dichtstoffe i. d. R. nicht relevant.

REACH erfordert, hauptsächlich von gewerblichen Anwendern, deutlich mehr Verantwortung bei der Verwendung chemischer Produkte. Mit irgendwelchen zweckentfremdeten Produkten Probleme lösen zu wollen ohne erstere auf ihre Eignung und Zulassung nach REACH überprüft zu haben, ist nicht mehr gesetzeskonform. Kann eine nicht zugelassene Anwendung bei Reklamationen nachgewiesen werden, wird eine solche Übertretung sicherlich nachteilig interpretiert werden.

12.3 Global harmonisiertes System zur Einstufung und Kennzeichnung von Chemikalien – GHS

Während REACH ein europäisches System zur Zulassung von Chemikalien und Zubereitungen darstellt, basiert das neue global harmonisierte System (GHS, *Globally harmonized System of Classification and Labelling of Chemicals*) auf der Notwendigkeit, weltweit gültige Standards und Symbole für die Kennzeichnung von Chemikalien einzuführen. Hierdurch soll die Fülle von nationalen Regelungen und Kennzeichen im Rahmen der Globalisierung des Handels durch einheitliche Vorgaben ersetzt werden. Umgesetzt wurde die GHS-Idee in der EU durch die CLP[1] Verordnung (EG) Nr. 1272/2008 über die Einstufung, Kennzeichnung und Verpackung von Stoffen und Gemischen. Um Missdeutungen und Verwechslungen zu vermeiden, wurden die bisher in der EU geltenden Kennzeichnungsmethoden für Gefahrstoffe[2] ersetzt; so gelten unter der CLP Verordnung u. a. folgende, aus GHS übernommenen Änderungen:

- Gefahrensymbole → *Gefahrenpiktogramme* mit einem Signalwort,
- R-Sätze → *H-Sätze* (Hazard Statements, Gefahrenhinweise),
- S-Sätze → *P-Sätze* (Precautionary Statements, Sicherheitsmaßnahmen),
- Sätze für Zusatzgefahren die *EUH-Sätze* (besondere Gefährdungen, europäische Sonderregelung).

Der Dichtstoffanwender wird (seit 20.1.2009 möglich) mit neuen Gefahrsymbolen auf den Gebinden konfrontiert, auf den Etiketten dürfen entweder nur die alten *oder* nur die neuen Symbole erscheinen. Aus Tab. 12.3 gehen die Fristen der Umsetzung hervor. Die CLP-Verordnung gilt in Europa seit dem 1.12.2010 für Stoffe, beispielsweise reine Lösemittel, die der Anwender zum Entfetten braucht und seit 1.6.2015 für Zubereitungen, d. h. Mischungen, wie sie ein Dichtstoff darstellt.

Wie in Tab. 12.4 gezeigt wird, sind die bisherigen und künftigen Gefahrensymbole nicht identisch, weder in Form, Farbe, Ausrichtung noch im Inhalt. Waren die bisherigen

Tab. 12.3 Fristen der Umsetzung von GHS

Etikett	Alte Kennzeichnung	Neue Kennzeichnung
(Rein-)Stoffe	Nicht mehr erlaubt	Vorgeschrieben seit 1.12.2010
Gemische und Zubereitungen	Erlaubt bis 1.6.2015 (Lagerbestände + 2 Jahre)	Vorgeschrieben seit 1.6.2015
Sicherheitsdatenblatt	**Alte Einstufung**	**Neue Einstufung**
(Rein-)Stoffe	Vorgeschrieben bis 1.6.2015	Vorgeschrieben seit 1.12.2010
Gemische und Zubereitungen	Vorgeschrieben bis 1.6.2015	Vorgeschrieben seit 1.6.2015

[1] Classification, Labelling and Packaging of Substances and Mixtures.
[2] Die vielen Anwendern noch wohlbekannten R- und S-Sätze verloren am 1.6.2015 ihre Gültigkeit.

Tab. 12.4 Frühere Gefahrensymbole und aktuelle Piktogramme

	Gefahrensymbole (alt)			Gefahrenpiktogramme (neu)	
	Bezeichnung	Kenn-buchstabe	Symbol	Bezeichnung	Piktogramm
Physikalische Gefahren	Explosionsgefährlich	E		Explodierende Bombe, explosiv	
	Hochentzündlich	F+		Flamme, entzündlich	
	Leichtentzündlich	F			
	Brandfördernd	O		Flamme über einem Kreis, oxidierend	
	Keine Entsprechung			Gasflasche, komprimierte Gase	
	Keine Entsprechung			Ätzwirkung	
Gesundheitsgefahren	Ätzend	C		Ätzwirkung	
	Sehr giftig	T+		Totenkopf mit gekreuzten Knochen, akute Toxizität	
	Giftig	T			
	Gesundheitsschädlich	Xn		Keine Entsprechung	
	Reizend	Xi			
	Keine Entsprechung			Ausrufezeichen, akute Toxizität, ätzend, haut-sensibilisierend	
	Keine Entsprechnung			Gesundheitsgefahr	
Umweltg.	Umweltgefährlich	N		Umwelt	

Gefahrensymbole Quadrate mit orangefarbigem Hintergrund, so sind die neuen Piktogramme auf einer Ecke stehende weiße Quadrate mit rotem Rand.

Die H-Sätze sind in die Gruppen Physikalische Gefahren, Gesundheitsgefahren, Umweltgefahren und EUH-Sätze untergliedert. Die P-Sätze teilen sich auf in Allgemeines, Prävention, Reaktion, Aufbewahrung und Entsorgung. Die nachstehenden Infokästen geben die standardisierten Sätze im Wortlaut wieder.

H200-Reihe: Physikalische Gefahren

H200　Instabil, explosiv.

H201　Explosiv, Gefahr der Massenexplosion.

H202　Explosiv; große Gefahr durch Splitter, Spreng- und Wurfstücke.

H203　Explosiv; Gefahr durch Feuer, Luftdruck oder Splitter, Spreng- und Wurfstücke.

H204　Gefahr durch Feuer oder Splitter, Spreng- und Wurfstücke.

H205　Gefahr der Massenexplosion bei Feuer.

H220　Extrem entzündbares Gas.

H221　Entzündbares Gas.

H222　Extrem entzündbares Aerosol.

H223　Entzündbares Aerosol.

H224　Flüssigkeit und Dampf extrem entzündbar.

H225　Flüssigkeit und Dampf leicht entzündbar.

H226　Flüssigkeit und Dampf entzündbar.

H228　Entzündbarer Feststoff.

H240　Erwärmung kann Explosion verursachen.

H241　Erwärmung kann Brand oder Explosion verursachen.

H242　Erwärmung kann Brand verursachen.

H250　Entzündet sich in Berührung mit Luft von selbst.

H251　Selbsterhitzungsfähig; kann in Brand geraten.

H252　In großen Mengen selbsterhitzungsfähig; kann in Brand geraten.

H260　In Berührung mit Wasser entstehen entzündbare Gase, die sich spontan entzünden können.

H261　In Berührung mit Wasser entstehen entzündbare Gase.

H270　Kann Brand verursachen oder verstärken; Oxidationsmittel.

H271　Kann Brand oder Explosion verursachen; starkes Oxidationsmittel.

H272　Kann Brand verstärken; Oxidationsmittel.

H280　Enthält Gas unter Druck; kann bei Erwärmung explodieren.

H281　Enthält tiefgekühltes Gas; kann Kälteverbrennungen oder -Verletzungen verursachen.

H290　Kann gegenüber Metallen korrosiv sein.

H300-Reihe: Gesundheitsgefahren

H300	Lebensgefahr bei Verschlucken.
H301	Giftig bei Verschlucken.
H302	Gesundheitsschädlich bei Verschlucken.
H304	Kann bei Verschlucken und Eindringen in die Atemwege tödlich sein.
H310	Lebensgefahr bei Hautkontakt.
H311	Giftig bei Hautkontakt.
H312	Gesundheitsschädlich bei Hautkontakt.
H314	Verursacht schwere Verätzungen der Haut und schwere Augenschäden.
H315	Verursacht Hautreizungen.
H317	Kann allergische Hautreaktionen verursachen.
H318	Verursacht schwere Augenschäden.
H319	Verursacht schwere Augenreizung.
H330	Lebensgefahr bei Einatmen.
H331	Giftig bei Einatmen.
H332	Gesundheitsschädlich bei Einatmen.
H334	Kann bei Einatmen Allergie, asthmaartige Symptome oder Atembeschwerden verursachen.
H335	Kann die Atemwege reizen.
H336	Kann Schläfrigkeit und Benommenheit verursachen.
H340	Kann genetische Defekte verursachen (Expositionsweg angeben, sofern schlüssig belegt ist, dass diese Gefahr bei keinem anderen Expositionsweg besteht).
H341	Kann vermutlich genetische Defekte verursachen (Expositionsweg angeben, sofern schlüssig belegt ist, dass diese Gefahr bei keinem anderen Expositionsweg besteht).
H350	Kann Krebs erzeugen (Expositionsweg angeben, sofern schlüssig belegt ist, dass diese Gefahr bei keinem anderen Expositionsweg besteht).
H350 i	Kann bei Einatmen Krebs erzeugen.
H351	Kann vermutlich Krebs erzeugen (Expositionsweg angeben, sofern schlüssig belegt ist, dass diese Gefahr bei keinem anderen Expositionsweg besteht).
H360	Kann die Fruchtbarkeit beeinträchtigen oder das Kind im Mutterleib schädigen (konkrete Wirkung angeben, sofern bekannt) (Expositionsweg angeben, sofern schlüssig belegt ist, dass die Gefahr bei keinem anderen Expositionsweg besteht).
H360 F	Kann die Fruchtbarkeit beeinträchtigen.
H360 D	Kann das Kind im Mutterleib schädigen.
H360 FD	Kann die Fruchtbarkeit beeinträchtigen. Kann das Kind im Mutterleib schädigen.

H360 Fd	Kann die Fruchtbarkeit beeinträchtigen. Kann vermutlich das Kind im Mutterleib schädigen.
H360 Df	Kann das Kind im Mutterleib schädigen. Kann vermutlich die Fruchtbarkeit beeinträchtigen.
H361	Kann vermutlich die Fruchtbarkeit beeinträchtigen oder das Kind im Mutterleib schädigen (konkrete Wirkung angeben, sofern bekannt) (Expositionsweg angeben, sofern schlüssig belegt ist, dass die Gefahr bei keinem anderen Expositionsweg besteht).
H361 f	Kann vermutlich die Fruchtbarkeit beeinträchtigen.
H361 d	Kann vermutlich das Kind im Mutterleib schädigen.
H361 fd	Kann vermutlich die Fruchtbarkeit beeinträchtigen. Kann vermutlich das Kind im Mutterleib schädigen.
H362	Kann Säuglinge über die Muttermilch schädigen.
H370	Schädigt die Organe (oder alle betroffenen Organe nennen, sofern bekannt) (Expositionsweg angeben, sofern schlüssig belegt ist, dass diese Gefahr bei keinem anderen Expositionsweg besteht).
H371	Kann die Organe schädigen (oder alle betroffenen Organe nennen, sofern bekannt) (Expositionsweg angeben, sofern schlüssig belegt ist, dass diese Gefahr bei keinem anderen Expositionsweg besteht).
H372	Schädigt die Organe (alle betroffenen Organe nennen) bei längerer oder wiederholter Exposition (Expositionsweg angeben, wenn schlüssig belegt ist, dass diese Gefahr bei keinem anderen Expositionsweg besteht).
H373	Kann die Organe schädigen (alle betroffenen Organe nennen, sofern bekannt) bei längerer oder wiederholter Exposition (Expositionsweg angeben, wenn schlüssig belegt ist, dass diese Gefahr bei keinem anderen Expositionsweg besteht).

H400-Reihe: Umweltgefahren

H400	Sehr giftig für Wasserorganismen.
H410	Sehr giftig für Wasserorganismen mit langfristiger Wirkung.
H411	Giftig für Wasserorganismen, mit langfristiger Wirkung.
H412	Schädlich für Wasserorganismen, mit langfristiger Wirkung.
H413	Kann für Wasserorganismen schädlich sein, mit langfristiger Wirkung.

EUH-Reihe

EUH 001	In trockenem Zustand explosiv.

EUH 006	Mit und ohne Luft explosionsfähig.
EUH 014	Reagiert heftig mit Wasser.
EUH 018	Kann bei Verwendung explosionsfähige/entzündbare Dampf/Luft-Gemische bilden.
EUH 019	Kann explosionsfähige Peroxide bilden.
EUH 044	Explosionsgefahr bei Erhitzen unter Einschluss.
EUH 029	Entwickelt bei Berührung mit Wasser giftige Gase.
EUH 031	Entwickelt bei Berührung mit Säure giftige Gase.
EUH 032	Entwickelt bei Berührung mit Säure sehr giftige Gase.
EUH 066	Wiederholter Kontakt kann zu spröder oder rissiger Haut führen.
EUH 070	Giftig bei Berührung mit den Augen.
EUH 071	Wirkt ätzend auf die Atemwege.
EUH 059	Die Ozonschicht schädigend.
EUH 201	Enthält Blei. Nicht für den Anstrich von Gegenständen verwenden, die von Kindern gekaut oder gelutscht werden könnten. 201 A Achtung! Enthält Blei.
EUH 202	Cyanacrylat. Gefahr. Klebt innerhalb von Sekunden Haut und Augenlider zusammen. Darf nicht in die Hände von Kindern gelangen.
EUH 203	Enthält Chrom(VI). Kann allergische Reaktionen hervorrufen.
EUH 204	Enthält Isocyanate. Kann allergische Reaktionen hervorrufen.
EUH 205	Enthält epoxidhaltige Verbindungen. Kann allergische Reaktionen hervorrufen.
EUH 206	Achtung! Nicht zusammen mit anderen Produkten verwenden, da gefährliche Gase (Chlor) freigesetzt werden können.
EUH 207	Achtung! Enthält Cadmium. Bei der Verwendung entstehen gefährliche Dämpfe. Hinweise des Herstellers beachten. Sicherheitsanweisungen einhalten.
EUH 208	Enthält (Name des sensibilisierenden Stoffes). Kann allergische Reaktionen hervorrufen.
EUH 209	Kann bei Verwendung leicht entzündbar werden.
EUH 209 A	Kann bei Verwendung entzündbar werden.
EUH 210	Sicherheitsdatenblatt auf Anfrage erhältlich.
EUH 401	Zur Vermeidung von Risiken für Mensch und Umwelt die Gebrauchsanleitung einhalten.

P100-Reihe: Allgemeines

P101 Ist ärztlicher Rat erforderlich, Verpackung oder Kennzeichnungsetikett bereithalten.

P102 Darf nicht in die Hände von Kindern gelangen.
P103 Vor Gebrauch Kennzeichnungsetikett lesen.

P200-Reihe: Prävention

P201	Vor Gebrauch besondere Anweisungen einholen.
P202	Vor Gebrauch alle Sicherheitshinweise lesen und verstehen.
P210	Von Hitze/Funken/offener Flamme/heißen Oberflächen fernhalten. Nicht rauchen.
P211	Nicht gegen offene Flamme oder andere Zündquelle sprühen.
P220	Von Kleidung/.../brennbaren Materialien fernhalten/entfernt aufbewahren.
P221	Mischen mit brennbaren Stoffen/... unbedingt verhindern.
P222	Kontakt mit Luft nicht zulassen.
P223	Kontakt mit Wasser wegen heftiger Reaktion und möglichem Aufflammen unbedingt verhindern.
P230	Feucht halten mit ...
P231	Unter inertem Gas handhaben.
P232	Vor Feuchtigkeit schützen.
P233	Behälter dicht verschlossen halten.
P234	Nur im Originalbehälter aufbewahren.
P235	Kühl halten.
P240	Behälter und zu befüllende Anlage erden.
P241	Explosionsgeschützte elektrische Betriebsmittel/Lüftungsanlagen/Beleuchtung/... verwenden.
P242	Nur funkenfreies Werkzeug verwenden.
P243	Maßnahmen gegen elektrostatische Aufladungen treffen.
P244	Druckminderer frei von Fett und Öl halten.
P250	Nicht schleifen/stoßen/.../reiben.
P251	Behälter steht unter Druck: Nicht durchstechen oder verbrennen, auch nicht nach der Verwendung.
P260	Staub/Rauch/Gas/Nebel/Dampf/Aerosol nicht einatmen.
P261	Einatmen von Staub/Rauch/Gas/Nebel/Dampf/Aerosol vermeiden.
P262	Nicht in die Augen, auf die Haut oder auf die Kleidung gelangen lassen.
P263	Kontakt während der Schwangerschaft/und der Stillzeit vermeiden.
P264	Nach Gebrauch ... gründlich waschen.
P270	Bei Gebrauch nicht essen, trinken oder rauchen.
P271	Nur im Freien oder in gut belüfteten Räumen verwenden.

P272	Kontaminierte Arbeitskleidung nicht außerhalb des Arbeitsplatzes tragen.
P273	Freisetzung in die Umwelt vermeiden.
P280	Schutzhandschuhe/Schutzkleidung/Augenschutz/Gesichtsschutz tragen.
P281	Vorgeschriebene persönliche Schutzausrüstung verwenden.
P282	Schutzhandschuhe/Gesichtsschild/Augenschutz mit Kälteisolierung tragen.
P283	Schwer entflammbare/flammhemmende Kleidung tragen.
P284	Atemschutz tragen.
P285	Bei unzureichender Belüftung Atemschutz tragen.
P231 + P232	Unter inertem Gas handhaben. Vor Feuchtigkeit schützen.
P235 + P410	Kühl halten. Vor Sonnenbestrahlung schützen.

P300-Reihe: Reaktion

P301	Bei Verschlucken:
P302	Bei Berührung mit der Haut:
P303	Bei Berührung mit der Haut (oder dem Haar):
P304	Bei Einatmen:
P305	Bei Kontakt mit den Augen:
P306	Bei kontaminierter Kleidung:
P307	Bei Exposition:
P308	Bei Exposition oder falls betroffen:
P309	Bei Exposition oder Unwohlsein:
P310	Sofort Giftinformationszentrum oder Arzt anrufen.
P311	Giftinformationszentrum oder Arzt anrufen.
P312	Bei Unwohlsein Giftinformationszentrum oder Arzt anrufen.
P313	Ärztlichen Rat einholen/ärztliche Hilfe hinzuziehen.
P314	Bei Unwohlsein ärztlichen Rat einholen/ärztliche Hilfe hinzuziehen.
P315	Sofort ärztlichen Rat einholen/ärztliche Hilfe hinzuziehen.
P320	Besondere Behandlung dringend erforderlich (siehe ... auf diesem Kennzeichnungsetikett).
P321	Besondere Behandlung (siehe ... auf diesem Kennzeichnungsetikett).
P322	Gezielte Maßnahmen (siehe ... auf diesem Kennzeichnungsetikett).
P330	Mund ausspülen.

P331	Kein Erbrechen herbeiführen.
P332	Bei Hautreizung:
P333	Bei Hautreizung oder -ausschlag:
P334	In kaltes Wasser tauchen/nassen Verband anlegen.
P335	Lose Partikel von der Haut abbürsten.
P336	Vereiste Bereiche mit lauwarmem Wasser auftauen. Betroffenen Bereich nicht reiben.
P337	Bei anhaltender Augenreizung:
P338	Eventuell vorhandene Kontaktlinsen nach Möglichkeit entfernen. Weiter ausspülen.
P340	Die betroffene Person an die frische Luft bringen und in einer Position ruhigstellen, die das Atmen erleichtert.
P341	Bei Atembeschwerden an die frische Luft bringen und in einer Position ruhigstellen, die das Atmen erleichtert.
P342	Bei Symptomen der Atemwege:
P350	Behutsam mit viel Wasser und Seife waschen.
P351	Einige Minuten lang behutsam mit Wasser ausspülen.
P352	Mit viel Wasser und Seife waschen.
P353	Haut mit Wasser abwaschen/duschen.
P360	Kontaminierte Kleidung und Haut sofort mit viel Wasser abwaschen und danach Kleidung ausziehen.
P361	Alle kontaminierten Kleidungsstücke sofort ausziehen.
P362	Kontaminierte Kleidung ausziehen und vor erneutem Tragen waschen.
P363	Kontaminierte Kleidung vor erneutem Tragen waschen.
P370	Bei Brand:
P371	Bei Großbrand und großen Mengen:
P372	Explosionsgefahr bei Brand.
P373	Keine Brandbekämpfung, wenn das Feuer explosive Stoffe/Gemische/Erzeugnisse erreicht.
P374	Brandbekämpfung mit üblichen Vorsichtsmaßnahmen aus angemessener Entfernung.
P375	Wegen Explosionsgefahr Brand aus der Entfernung bekämpfen.
P376	Undichtigkeit beseitigen, wenn gefahrlos möglich.
P377	Brand von ausströmendem Gas: Nicht löschen, bis Undichtigkeit gefahrlos beseitigt werden kann.
P378	… zum Löschen verwenden.
P380	Umgebung räumen.
P381	Alle Zündquellen entfernen, wenn gefahrlos möglich.

P390	Verschüttete Mengen aufnehmen, um Materialschäden zu vermeiden.
P391	Verschüttete Mengen aufnehmen.
P301 + P310	Bei Verschlucken: Sofort Giftinformationszentrum oder Arzt anrufen.
P301 + P312	Bei Verschlucken: Bei Unwohlsein Giftinformationszentrum oder Arzt anrufen.
P301 + P330 + P331	Bei Verschlucken: Mund ausspülen. Kein Erbrechen herbeiführen.
P302 + P334	Bei Kontakt mit der Haut: In kaltes Wasser tauchen/nassen Verband anlegen.
P302 + P350	Bei Kontakt mit der Haut: Behutsam mit viel Wasser und Seife waschen.
P302 + P352	Bei Kontakt mit der Haut: Mit viel Wasser und Seife waschen.
P303 + P361 + P353	Bei Kontakt mit der Haut (oder dem Haar): Alle beschmutzten, getränkten Kleidungsstücke sofort ausziehen. Haut mit Wasser abwaschen/duschen.
P304 + P340	Bei Einatmen: An die frische Luft bringen und in einer Position ruhigstellen, die das Atmen erleichtert.
P304 + P341	Bei Einatmen: Bei Atembeschwerden an die frische Luft bringen und in einer Position ruhigstellen, die das Atmen erleichtert.
P305 + P351 + P338	Bei Kontakt mit den Augen: Einige Minuten lang behutsam mit Wasser spülen. Vorhandene Kontaktlinsen nach Möglichkeit entfernen. Weiter spülen.
P306 + P360	Bei Kontakt mit der Kleidung: Kontaminierte Kleidung und Haut sofort mit viel Wasser abwaschen und danach Kleidung ausziehen.
P307 + P311	Bei Exposition: Giftinformationszentrum oder Arzt anrufen.
P308 + P313	Bei Exposition oder falls betroffen: Ärztlichen Rat Einholen/ärztliche Hilfe hinzuziehen.
P309 + P311	Bei Exposition oder Unwohlsein: Giftinformationszentrum oder Arzt anrufen.
P332 + P313	Bei Hautreizung: Ärztlichen Rat einholen/ärztliche Hilfe hinzuziehen.
P333 + P313	Bei Hautreizung oder -ausschlag: Ärztlichen Rat einholen/ärztliche Hilfe hinzuziehen.
P335 + P334	Lose Partikel von der Haut abbürsten. In kaltes Wasser tauchen/nassen Verband anlegen.

P337 + P313	Bei anhaltender Augenreizung: Ärztlichen Rat einholen/ärztliche Hilfe hinzuziehen.
P342 + P311	Bei Symptomen der Atemwege: Giftinformationszentrum oder Arzt anrufen.
P370 + P376	Bei Brand: Undichtigkeit beseitigen, wenn gefahrlos möglich.
P370 + P378	Bei Brand: ... zum Löschen verwenden.
P370 + P380	Bei Brand: Umgebung räumen.
P370 + P380 + P375	Bei Brand: Umgebung räumen. Wegen Explosionsgefahr Brand aus der Entfernung bekämpfen.
P371 + P380 + P375	Bei Großbrand und großen Mengen: Umgebung räumen. Wegen Explosionsgefahr Brand aus der Entfernung bekämpfen.

P400-Reihe: Aufbewahrung; P500-Reihe: Entsorgung

P401	... aufbewahren.
P402	An einem trockenen Ort aufbewahren.
P403	An einem gut belüfteten Ort aufbewahren.
P404	In einem geschlossenen Behälter aufbewahren.
P405	Unter Verschluss aufbewahren.
P406	In korrosionsbeständigem/... Behälter mit korrosionsbeständiger Auskleidung aufbewahren.
P407	Luftspalt zwischen Stapeln/Paletten lassen.
P410	Vor Sonnenbestrahlung schützen.
P411	Bei Temperaturen von nicht mehr als ... °C/... aufbewahren.
P412	Nicht Temperaturen von mehr als 50 °C aussetzen.
P413	Schüttgut in Mengen von mehr als ... kg bei Temperaturen von nicht mehr als ... °C aufbewahren.
P420	Von anderen Materialien entfernt aufbewahren.
P422	Inhalt in/unter ... aufbewahren.
P402 + P404	In einem geschlossenen Behälter an einem trockenen Ort aufbewahren.
P403 + P233	Behälter dicht verschlossen an einem gut belüfteten Ort aufbewahren.
P403 + P235	Kühl an einem gut belüfteten Ort aufbewahren.
P410 + P403	Vor Sonnenbestrahlung geschützt an einem gut belüfteten Ort aufbewahren.
P410 + P412	Vor Sonnenbestrahlung schützen und nicht Temperaturen von mehr als 50 °C aussetzen.
P411 + P235	Kühl und bei Temperaturen von nicht mehr als ... °C aufbewahren.
P501	Inhalt/Behälter ... zuführen.

12.4 Umweltauswirkungen

Die modernen Dichtstoffe können nach dem heutigen Kenntnisstand über ihre Gebrauchs-dauer hinweg als relativ wenig belastend für Mensch und Umwelt angesehen werden. Das betrifft sowohl die in die Umwelt eingebrachte Menge als auch die Gefährdung, die davon ausgeht. Es ist aber möglich und wahrscheinlich, dass geringe Mengen an Inhaltsstoffen durch Auswaschung, Verdunstung oder Migration an die Umwelt abgegeben werden. Be-einträchtigungen sind bisher nicht bekannt geworden. Die Dichtstoffhersteller passen die Rezepturen bei Vorliegen neuer Erkenntnisse oder gesetzlicher Vorschriften regelmäßig an, um beispielsweise eine schärfere Kennzeichnung ihrer Produkte zu vermeiden.

So werden seit gut 30 Jahren keine polychlorierten Biphenyle (PCB) als Weichmacher für Baudichtstoffe auf Polysulfidbasis mehr eingesetzt, nachdem deren Gefährdungspo-tenzial bekannt wurde; das konkrete Verbot trat 1978 in Kraft. Bei der Sanierung von Gebäuden, die bis zu diesem Zeitpunkt erstellt und abgedichtet wurden, muss allerdings noch mit einem möglichen Anfall von solchen Dichtstoffen gerechnet werden. Rund 30 % der Gebäude, die zwischen den Jahren 1950 und 1980 errichtet wurden, dürften mit PCB-haltigen Dichtstoffen abgedichtet worden sein. Typische Gebäude, bei denen vor einer Sanierung die alten Fugendichtstoffe auf PCB-Gehalt getestet werden sollten, sind Schwimmbäder, Krankenhäuser, Einkaufszentren, große Wohnblocks oder Schulgebäu-de; meist handelt es sich hierbei um Platten- oder Großtafelbauten. Zur damaligen Zeit wurden PCB-haltige Dichtstoffe in Bewegungsfugen zwischen Beton-Fertigelementen, in Fenster-, Tür- und Glasanschlussfugen und auch in Gebäudetrennfugen eingesetzt. Es empfiehlt sich daher dringend, vor Beginn von Arbeiten an möglicherweise konta-minierten Fugen die Natur des damals verwendeten Dichtstoffs zweifelsfrei durch ein Labor feststellen zu lassen, um durch entsprechend abgestufte Schutzmaßnahmen eine Gesundheitsgefährdung der mit dem Abriss oder der Sanierung betroffenen Personen auszuschließen. Nur „Anerkannte Firmen" dürfen mit der Sanierung und Entsorgung PCB-haltiger Dichtstoffe betraut werden. Bei der Sanierung ist besonders darauf zu ach-ten, dass staubarm gearbeitet wird. Neben der Senkung des Risikos für die Arbeiter geht es auch darum, zu vermeiden, dass neben der Primärquelle für PCB (Dichtstoff) sich niederschlagender Staub als Sekundärquelle fungiert.

Durch die zurückgehende Verwendung von lösemittelhaltigen Dichtstoffen wird die Umwelt auch zunehmend weniger durch die verdunstenden Lösemittel frisch eingebrach-ter Dichtstoffe (VOC, volatile organic compounds) belastet.

12.4.1 Umwelt-Produktdeklaration (EPD)

Vermehrt werden Dichtstoffhersteller gebeten, Informationen zu den Umweltauswir-kungen (Ökobilanz) ihrer Produkte bereitzustellen. Dies geschieht mit einer Umwelt-Produktdeklaration (Environmental Product Declaration, EPD), auch Ökoprofil oder Umweltdeklaration genannt.

Tab. 12.5 Wesentliche Elemente einer Umwelt-Produktdeklaration (EPD)

Kap.	Titel	Erläuterungen
1	Allgemeine Angaben	Produktgruppe, Deklarationsnummer und -inhaber
2	Produkt	Beschreibung, Anwendung, Technische Daten, Anwendungsregeln, Lieferzustand, Richtrezept, Herstellung, Produktverarbeitung, Verpackung, Umwelt und Gesundheit während der Nutzung, Nutzungsdauer, Brandverhalten, Entsorgung
3	LCA*: Rechenregeln	Deklarierte Einheit, Systemgrenze, Annahmen, Datenherkunft und -qualität, Betrachtungszeitraum
4	LCA: Szenarien	Transport zur Baustelle, Einbau
5	LCA: Ergebnisse	Ökobilanzen Umweltauswirkungen, Ressourceneinsatz, Output-Flüsse und Abfallkategorien
6	LCA: Interpretation	Anteil nicht erneuerbarer Primärenergiebedarf, Treibhauspotential, Ozonabbaupotential, Versauerungspotenzial, Eutrophierungs- und Sommersmogpotenzial
7	Nachweise	VOC Emissionen
8	Literaturhinweise	Normen, Regeln

* LCA, Life Cycle Assessment (Ökobilanzierung)

Umweltproduktdeklarationen

- bilden die Datengrundlage für die ökologische Gebäudebewertung nach DIN EN 15978 Nachhaltigkeit von Bauwerken,
- basieren auf den Normen ISO 14025, ISO 14040 und DIN EN 15804. Sie sind als Nachweis für Umweltansprüche geeignet, wie sie in der öffentlichen Beschaffung gefordert werden,
- dienen auch dazu, um Umwelteigenschaften werblich darzustellen.

Es handelt sich hierbei um sehr umfängliche Daten zum Primärenergiebedarf und den Umweltauswirkungen eines Produkts, beginnend bei den Rohstoffen, dem Herstellprozess, dem Transport bis zum Einbau eines Produkts auf der Baustelle. Dies geschieht mit einer Typ-III-Umweltdeklaration nach DIN EN ISO 14025. Sie liefert Informationen, die auf Ökobilanzen beruhen, und ermöglicht damit entsprechende Vergleiche zwischen Produkten gleicher Funktion. Die EPD basiert auf Ökobilanzen nach DIN EN ISO 14040 und der grundlegenden Norm DIN EN 15804 über Umweltproduktdeklarationen. In Tab. 12.5 werden die wesentlichen Elemente erläutert, die in der EPD enthalten sind. Der Aufwand, eine EPD zu erstellen, ist allerdings sehr hoch und kostenintensiv. Daher ist es auch möglich, EPDs anzufertigen, die für ganze Produktgruppen gelten.

Eine validierte Deklaration (für ein Einzelprodukt oder eine Produktgruppe) berechtigt zum Führen des Zeichens des Instituts Bauen und Umwelt e. V. für 5 Jahre.

12.4.2 Umweltkennzeichnung von Dichtstoffen

Gelegentlich wird von Architekten und Bauherren, meist im Hinblick auf die Emission flüchtiger Stoffe in Innenräumen, die Verwendung besonders umweltfreundlicher Produkte bei der Errichtung eines Gebäudes gefordert.

Das Umweltzeichen „*Der Blaue Engel*" wurde 1978 vom Bundesinnenministerium und den für Umweltschutz zuständigen Ministern der Länder mit dem Ziel eingeführt, dem Endanwender einen Anreiz zur Verwendung von Produkten mit geringerer Umweltrelevanz („umweltfreundlicher") zu geben. Es handelt sich hierbei um ein auf Freiwilligkeit basierendes Verfahren, bei dem in aller Regel *eine* Produkteigenschaft besonders herausgestellt wird, z. B. „Der Blaue Engel, weil emissionsarm". Dichtstoffe für den Innenbereich werden nach RAL-UZ 123 eingestuft, um den „Blauen Engel" zu erhalten. Sie dürfen u. a. keine Biozide, Phthalate oder Dibutylzinnverbindungen enthalten. Für Sanitärsilikone gelten gewisse Ausnahmen. Wegen dieser – und weiterer – Anforderungen tragen derzeit nur wenige Dichtstoffe (z. B. einige Acrylat- und Silikondispersionsdichtstoffe) dieses Umweltzeichen. Die Verwendung eines mit dem „Blauen Engel" gekennzeichneten Produkts gibt allerdings weder eine Garantie, dass man damit ein Produkt mit weniger Umweltrelevanz gefunden hat (es könnten ja noch umweltfreundlichere Produkte schlichtweg nicht angemeldet worden sein) noch die Gewissheit, das für eine Abdichtungsaufgabe technisch bestmögliche Produkt ausgewählt zu haben. Im Markt befinden sich rund 20 Dichtstoffe auf Basis von Acrylat- oder Silikondispersionen, die die Anforderungen erfüllen.

Besonders emissionsarme Dichtstoffe können (ebenfalls freiwillig) alternativ auch mit dem „*EMICODE*" Zeichen versehen werden. Dazu müssen sie die Kriterien der Gemeinschaft Emissionskontrollierte Verlegewerkstoffe, Klebstoffe und Bauprodukte e. V. (GEV) erfüllen. Es gilt für die entsprechend gekennzeichneten Produkte eine Reihe von Stoffbeschränkungen, d. h. gewisse Rohstoffe dürfen in der Rezeptur des Dichtstoffs nicht enthalten sein: Stoffe, die unter der Chemikalienverordnung REACH (EG/1906/2006) gemäß Art. 57 als besonders besorgniserregend identifiziert und in die sog. „Kandidatenliste" aufgenommen wurden; erwiesenermaßen krebserzeugende, erbgutverändernde oder fortpflanzungsgefährdende Stoffe („KMR-Stoffe" der Kat. 1 A und 1B); Methylethylketoxim (MEKO) und Methylisobutylketoxim (MIBKO) oder Lösemittel.

Es existieren noch viele weitere Zeichen („labels"), die möglicherweise für Dichtstoffe relevant sind, z. B. Eurofins Indoor Air Comfort (www.eurofins.de), R-Symbol (www.positivlisten.info), IBO (www.ibo.at), eco-Institut Tested Product (www.eco-institut.de), natureplus (www.natureplus.org) und verschiedene andere. Wird seitens eines Bauherrn Wert auf umweltfreundliche Bauprodukte gelegt, sollte beim Blick auf ein möglicherweise gefordertes Umweltzeichen eines Dichtstoffs stets darauf geachtet werden, dass das Zeichen überhaupt die zutreffenden Kriterien umfasst und nach transparenten Vorgaben verliehen wird.

12.5 Entsorgung und Recycling von Dichtstoffen

Wegen regional sehr unterschiedlicher Definition des Begriffs „Abfall" und der damit verbundenen Probleme bei der richtigen Zuordnung der Abfälle bezüglich Vernichtung, Deponierung oder Wiederverwendung, wurde auf europäischer Ebene ein einheitlicher Abfall-Arten Katalog (EAK) geschaffen. In diesem werden die Abfälle in 20 Kapitel und entsprechende Untergruppen eingeteilt und mit eindeutigen EAK/AVV[3]-Abfallschlüsselnummern versehen. Grundlage für die Entsorgung von Dichtstoffen ist das Kreislaufwirtschafts- und Abfallgesetz (KrW-/AbfG), das bereits seit 1996 in Kraft ist.

Idealerweise fallen möglichst wenige Dichtstoffreste zur Entsorgung an, d. h. dass der Dichtstoff bestmöglich und bestimmungsgemäß verwendet wird – ein Ziel, das auch aus kommerziellen Gründen angestrebt wird.

Ungehärtete Dichtstoffe und Dichtstoffproduktionsabfälle finden sich im Abfall-Arten Katalog in Kapitel 08, Abfälle aus HZVA (Halbzeugverarbeitung) von Beschichtungen (…), Klebstoffen, Dichtmassen und Druckfarben. Die wichtigsten, bei der Entsorgung größerer Mengen nicht- oder nur teilausgehärteter Dichtstoffe EAK-Abfallschlüssel sind fallweise anzugeben:

- 080409: Klebstoff- oder Dichtmassenabfälle, die organische Lösemittel oder andere gefährliche Stoffe enthalten,
- 080410: Klebstoff- oder Dichtmassenabfälle mit Ausnahme derjenigen, die unter 080409 fallen,
- 080501: Isocyanatabfälle.

Bei den nicht ausgehärteten Dichtstoffen ist, abhängig von den jeweiligen Inhaltsstoffen, zu unterscheiden zwischen *überwachungsbedürftigen* und *besonders überwachungsbedürftigen* Produkten. Diese Information geht aus der Abfallschlüsselnummer hervor, die der Produkthersteller mitteilen muss. Die besonders überwachungsbedürftigen Abfälle dürfen nur von behördlich zugelassenen Unternehmen entsorgt werden. Gebinde, die nicht „spachtelrein" sind und merkliche Reste an unausgehärtetem Produkt aufweisen, dürfen keinesfalls in den Hausmüll gelangen und können auch nicht als hausmüllähnlicher Industrieabfall entsorgt werden.

Die *ausgehärteten* Dichtstoffe können entsprechend den lokalen behördlichen Vorschriften entsorgt werden und gelten als hausmüllähnliche Industrieabfälle. Beim unfreiwilligen Anfall mehrerer zu entsorgender Kartuschen oder Schlauchbeutel ist es für die Umwelt und auch vom Kostenstandpunkt besser, die Produkte flach auf Papier oder Pappe auszubringen und an der Luft aushärten zu lassen, als sie in den Gebinden ungehärtet und aufwändig entsorgen zu müssen. Bei sehr geringen, haushaltsüblichen Mengen, ist die Entsorgung auch über die Restmüllgefäße möglich.

Restentleerte Verpackungen (spachtelreine Leergebinde, z. B. Fässer, Hobbocks, Kartuschen, deren Inhalt bestimmungsgemäß ausgeschöpft ist) werden von entsprechenden

---

[3] AVV: Abfallverzeichnis-Verordnung.

Recyclingunternehmen als Sekundärrohstoffe wieder in den Produktionskreislauf eingebracht. Es ist hierbei zu beachten, dass sich die Abfallgesetzgebung laufend ändert und auch in den einzelnen Bundesländern unterschiedlich gehandhabt wird. Die obenstehenden Empfehlungen können daher nur als generelle Richtschnur dienen. Die Zusammenarbeit mit einem behördlich zugelassenen Entsorger empfiehlt sich daher.

Nicht restentleerte Verpackungen müssen, wie oben beschrieben, mit den entsprechenden EAK-Nummern versehen werden, um sie bei den kommunalen Sammelstellen oder speziellen Entsorgungsfirmen abgeben zu können.

▶ **Praxis-Tipp** Müssen doch einmal angebrochene Kartuschen entsorgt werden, muss dies über die behördlich zugelassenen Wege geschehen. Ebenfalls ist es möglich, insbesondere wenn die zu entsorgenden Mengen gering sind, den Dichtstoff großflächig auf Papier oder dergl. auszuspritzen, aushärten zu lassen und ihn dann nach vollständiger Aushärtung als hausmüllähnlichen Industriemüll zu entsorgen.

Das stoffliche *Recycling* von Dichtstoffresten ist prinzipiell bei im Herstellerwerk anfallenden Polysulfid- und Polyurethanresten möglich, wird aber wegen des damit verbundenen hohen Aufwands nicht durchgeführt. Polyurethan- und Polysulfiddichtstoffe und andere ausgehärtete elastische Dichtstoffe, wie Silikon-, MS- und Hybriddichtstoffe, sind nach heutigen Erkenntnissen nicht recycelbar. – Wenn man vom Sonderfall der PCB-Problematik einmal absieht, können Bauabfälle, an denen noch Dichtstoffe haften (z. B. alte Fenster) problemlos auf dem üblichen Wege als Baumischabfälle entsorgt werden. Dem Autor sind negative Auswirkungen auf die Umwelt (Grundwasser), die allein von den entsorgten Dichtstoffen ausgehen, nicht bekannt.

Weiterführende Literatur

Leitfaden Nachhaltiges Bauen, Bundesministerium für Verkehr, Bau und Stadtentwicklung Berlin (2013)

Onusseit, H., Burchardt, B., Use Diskriptoren – Vereinfachter Umgang, Sonderdruck Adhäsion, S. 4 (2010)

PCB-haltige Fugendichtungsmassen, Bundesamt für Umwelt, Wald und Landschaft, Bern (2003)

Stroh, K., Polychlorierte Biphenyle (PCB), Bayerisches Landesamt für Umwelt, Augsburg (2006)

Ausblick: Wie geht es weiter? 13

Die Verwendung von Dicht- und Klebstoffen im Baubereich ist einerseits an das generelle Auf und Ab der Baukonjunktur geknüpft. Andererseits dürfte mittelfristig der Gebrauch von Dicht- und Klebstoffen eng mit der Art des Bauens zusammenhängen. Neben der konventionellen Bauweise („Stein auf Stein"), die vermutlich die privaten Bautätigkeiten im deutschsprachigen Raum und in Zentraleuropa weiterhin dominieren wird, ist zu erwarten, dass im Industriebau und bei Großobjekten weiterhin und tendenziell zunehmend Technologien eingesetzt werden, die nur mit Kleb- und Dichtstoffen rationell umgesetzt werden können. Eng verbunden mit dem Erfolg der neueren Technologien dürfte die Koordination der immer komplexer werdenden Aufgaben sein (Abb. 13.1).

Fertig- und Leichtbausysteme dürften, wenn es um preiswerteres Bauen für breite Bevölkerungsschichten geht, weiter an Akzeptanz gewinnen.

Ob die in den letzten Jahren beobachtete Polarisierung des Dichtstoffangebots in vermeintlich sehr preiswerte Qualitäten, die wie gemacht für den extrem kostensensiblen Baubereich erscheinen, und hochwertige Produkte weitergeht, werden Planer und Konstrukteure entscheiden. Neben dem Preis sollte in diese Entscheidungen unbedingt auch einbezogen werden, ob das ausgewählte Produkt auch über viele Jahre die ihm zugedachte Aufgabe wahrnehmen kann oder schon bald wieder kostenintensiv ersetzt werden muss.

Technologisch gesehen sind auch in den nächsten Jahren keine allzu großen Sprünge zu erwarten, was beispielsweise völlig neue chemische Konzepte betrifft. Auf dem Gebiet der fungizid eingestellten Sanitärdichtstoffe wurden hingegen deutliche Fortschritte erzielt. Die Marktdurchdringung der Silan härtenden Polymer-Systeme dürfte weiter voranschreiten, dies gilt insbesondere dann, wenn neue, spezialisierte Substrate zu verkleben bzw. abzudichten sind.

Neben den technischen Forderungen bei gleichzeitiger kommerzieller Wettbewerbsfähigkeit dürften, wenn auch langsam, Umweltgesichtspunkte – nicht nur für Konsumentenprodukte – weiter an Bedeutung gewinnen. Derzeit wird noch um die Definitionen der Umweltverträglichkeit gerungen.

© Springer Fachmedien Wiesbaden 2016
M. Pröbster, *Baudichtstoffe*, DOI 10.1007/978-3-658-09984-8_13

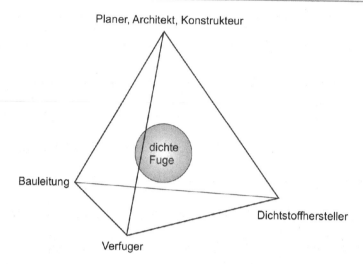

Abb. 13.1 Koordination und Kommunikation der Baubeteiligten ermöglicht dichte Fugen

Das Recycling von alten, ausgehärteten Dichtstoffen wird voraussichtlich auch weiterhin ein schwieriges Thema bleiben. Nicht nur, dass die Trennung der aufzuarbeitenden Dichtstoffe vom sonstigen Bauschutt ökonomisch vollzogen werden müsste, es stehen auch kaum funktionierende chemische Verfahren zur Wiederaufarbeitung alter Dichtstoffe zur Verfügung. Obwohl es prinzipiell möglich ist, Polyurethandichtstoffe zu hydrolisieren oder zu pyrolisieren um die Ausgangsstoffe (teilweise) zurückgewinnen zu können, kamen derartige Versuche nicht über das Technikumsstadium hinaus. Auch das prinzipiell mögliche Recycling von Polysulfiddichtstoffen hat keinen dauerhaften Eingang in die Praxis gefunden. Die fernere Zukunft wird zeigen, ob beim Dichtstoffrecycling Technologie, Ökonomie und Ökologie in Einklang gebracht werden können.

Anhang

Nützliche Adressen

Die nachstehende Liste von Instituten, Behörden und Interessenverbänden kann nur eine Auswahl darstellen und erheben nicht den Anspruch auf Vollständigkeit. Produkthersteller, kommerzielle Analysenlabors und Sachverständige können aus wettbewerbsrechtlichen Gründen hier nicht genannt werden.

Im deutschsprachigen Raum existiert eine ganze Reihe von staatlichen oder privaten Instituten, die sich mit der Kleb- und Dichttechnologie beschäftigen. Auch an einigen, allerdings nur wenigen, Universitäten finden Vorlesungen und Kurse über das Kleben statt und es werden Diplom- und Promotionsarbeiten vergeben. Inwieweit hierbei Themen aus dem Bauwesen abgehandelt werden, möge der Leser jeweils selbst ermitteln.

Arbeitsgruppe Werkstoff- und Oberflächentechnik Kaiserslautern – Fachbereich Maschinenbau und Verfahrenstechnik

Gottlieb-Daimler-Straße 44
67663 Kaiserslautern
Tel.: 0631/205 4039
Fax: 0631/205 3908
caro.hofmann@mv.uni-kl.de
www.mv.uni-kl.de/awok/home/

Bundesanstalt für Materialforschung und -prüfung (BAM)

Unter den Eichen 87
12205 Berlin
Tel.: 030/8104-0
Fax: 030/8112029
info@bam.de
www.bam.de

© Springer Fachmedien Wiesbaden 2016
M. Pröbster, *Baudichtstoffe*, DOI 10.1007/978-3-658-09984-8

Bundesinnungsverband des Glaserhandwerks

An der Glasfachschule 6
65589 Hadamar
Tel.: 06433-9133-0
Fax: 06433-5702
biv@glaserhandwerk.de
www.glaserhandwerk.de

Bundesverband der Gipsindustrie e. V. Forschungsvereinigung der Gipsindustrie e. V.

Kochstraße 6–7
10969 Berlin (Mitte)
Tel.: 030/31169822-0
Fax: 030/1169822-9
info@gips.de
www.gips.de

Bundesverband Farbe Gestaltung Bautenschutz e. V.

Gräfstr. 79
60486 Frankfurt/M.
Tel.: 069/66575-300
Fax: 069/66575-350
bv@farbe.de
www.farbe.de

Deutsche Bauchemie e. V.

Mainzer Landstr. 55
60329 Frankfurt am Main
Tel.: 069/2556-1318
Fax: 069/2556-1319
info@deutsche-bauchemie.de
www.deutsche-bauchemie.de

Deutscher Naturwerksteinverband e. V.

Sanderstr. 4

97070 Würzburg

Tel.: 0931/12061

Fax: 0931/14549

info@natursteinverband.de

www.natursteinverband.de

Deutsches Institut für Bautechnik

Kolonnenstraße 30 B

10829 Berlin

Tel.: 030/78730-0

Fax: 030/78730-320

dibt@dibt.de

www.dibt.de

DIN Deutsches Institut für Normung e. V.

Burggrafenstraße 6

10787 Berlin

Tel.: 030/2601-0

Fax: 030/2601-1231

postmaster@din.de

www.din.de

(Alle in diesem Buch zitierten Normen können bezogen werden von: Beuth Verlag GmbH,
Burggrafenstraße 6, 10787 Berlin, www.beuth.de)

DWA Deutsche Vereinigung für Wasserwirtschaft, Abwasser und Abfall e. V.

Theodor-Heuss-Allee 17

53773 Hennef

Tel. 02242/872 333

Fax 02242/872 135

info@dwa.de

www.dwa.de

Erwin-Stein-Schule

Staatliche Glasfachschule Hadamar
Mainzer Landstraße 43
65589 Hadamar
Tel.: 06433/91290
Fax: 06433/912930
glasfachschule-hadamar@gmx.de
www.glasfachschule-hadamar.de

Fachhochschule Hannover (FHH)

Fachbereich Maschinenbau
Ricklinger Stadtweg 120
30459 Hannover
Tel.: 0511/9296-1301
Fax: 0511/9296-1303
dekanat-m@hs-hannover.de
www.fh-hannover.de

Fachhochschule Münster

Fachbereich Maschinenbau
Stegerwaldstr. 39
48565 Steinfurt
Tel.: 02551/962195
Fax: 02551/962120
maschinenbau@fh-muenster.de
www.fh-muenster.de

Fachverband Fliesen und Naturstein e. V.

Kronenstr. 55–58
10117 Berlin
Tel.: 030/203140
Fax: 030/20314419
Bau@zdb.de
www.fachverbandfliesen.de

Fraunhofer Informationszentrum Raum und Bau IRB

Nobelstr. 12

70569 Stuttgart
Tel.: 0711/970-2500
Fax: 0711/970-2508
irb@irb.fraunhofer.de
www.irb.fraunhofer.de

Fraunhofer-Institut für Fertigungstechnik und Angewandte Materialforschung – IFAM

Wiener Straße 12

28359 Bremen
Tel.: 0421/22 46-0
Fax: 0421/22 46-300
info@ifam.fraunhofer.de
www.ifam.fraunhofer.de

Gesellschaft Deutscher Chemiker e. V., Fachgruppe Bauchemie

Postfach 90 04 40

60444 Frankfurt am Main
Tel.: 069/7917-499
Fax: 069/7917-1499
s.kuehner@gdch.de
www.gdch.de

Haus der Technik e. V.

Hollestr. 1, 45127 Essen

Tel.: 0201/1803-1
Fax: 0201/1803-269
hdt@hdt-essen.de
www.hdt-essen.de

ift Rosenheim, Institut für Fenstertechnik e. V.

Theodor-Gietl-Str. 7–9

83026 Rosenheim

Tel.: 080 31/261-0

Fax: 080 31/261-290

info@ift-rosenheim.de

www.ift-rosenheim.de

IVD Industrieverband Dichtstoffe e. V.

Geschäftsstelle

Marbacher Straße 114

D-40597 Düsseldorf

Tel.: 0211/904870

Fax: 0211/90486-35

info@ivd-ev.de

www.ivd-ev.de

Industrieverband Keramische Fliesen und Platten e. V.

Luisenstr. 44

10117 Berlin

Tel.: 030/27595974-0

Fax: 030/27595974-99

info@fliesenverband.de

www.fliesenverband.de

Industrieverband Klebstoffe e. V.

Völklinger Str. 4

40219 Düsseldorf

Tel.: 0211/6 79 31-10

Fax: 0211/679 31-33

info@klebstoffe.com

www.klebstoffe.com

ofi Technologie und Innovation GmbH

Arsenal Objekt 213
Franz Grill Straße 5
A-1030 Wien
Tel: +43 (0)17981601-0
Fax: +43 (0)17981601-8
office@ofi.at
www.ofi.at

Ostbayerisches Technologie-Transfer-Institut e. V. (OTTI)

Wernerwerkstrasse 4
93049 Regensburg
Tel.: 0941/968811
Fax: 0941/2968816
thomas.luck@otti.de
www.otti.de

RAL Deutsches Institut für Gütesicherung und Kennzeichnung e. V.

Siegburger Straße 39
53757 Sankt Augustin
Tel.: 022 41/1605-0
Fax: 022 41/1605-11
RAL-Institut@RAL.de
www.ral.de

TC-Kleben GmbH

Carlstr. 50
D-52531 Übach-Palenberg
Tel.: 02451/971200
Fax: 02451/971210
post@tc-kleben.de
www.tc-kleben.de/

Technische Akademie Wuppertal e. V.

Hubertusallee 18

42117 Wuppertal

Tel.: 0202/7495-0

Fax: 022/7495-202

webmaster@taw.de

www.taw.de

Technische Universität Braunschweig

Institut für Schweiß- und Fügetechnik

Langer Kamp 8

38106 Braunschweig

Tel.: 0531/391-95501

Fax: 0531/391-95599

e.stammen@tu-braunschweig.de

www.ifs.tu-braunschweig.de

Verband Fenster und Fassade e. V.

Walter-Kolb-Str. 1–7

D-60594 Frankfurt/Main

Tel.: 069/955054-0

Fax.: 069/955054-11

vff@window.de

www.window.de

Übergreifende und weiterführende Literatur[1]

Anon., Bauwerksabdichtungen, Dachabdichtungen, Feuchteschutz, DIN-Taschenbuch 129, Beuth Verlag, Berlin (2001)

Anon., Handbuch Klebtechnik 2014, Springer Vieweg, Wiesbaden (2014)

Anon., IVD-Dichtstofflexikon, Industrieverband Dichtstoffe, Düsseldorf (2003)

Anon., Merkblatt Nr. 23 des Bundesverbands Farbe und Sachwertschutz (o. Jahresang.)

Baust, E., Fuchs, W., Praxishandbuch Dichtstoffe, Industrieverband Dichtstoffe, Düsseldorf (ohne Jahresangabe)

Habenicht, G., Kleben – erfolgreich und fehlerfrei, Vieweg Teubner, Wiesbaden (2012)

Hinterwaldner, R. (Hrsg.), Kleben, Leimen, Befestigen und Dichten im Hoch- und Tiefbau, Hinterwaldner Verlag, München (1993)

Kittel, H., Fugendichtstoffe, in: Lehrbuch der Lacke und Beschichtungen, Bd. 7, S. 458, S. Hirzel, Stuttgart (2005)

Klosowski, J.M., Sealants in Construction, Marcel Dekker, New York (1989)

Klosowski , J.M., Sealants in Construction (Civil and Environmental Engineering), Taylor & Francis (2010)

Klosowski; J. M., Wolf, A. T., Sealants in Construction (Civil and Environmental Engineering), Taylor & Francis, Milton Park (2015)

Mittal, K.L., Pizzi, A. [eds.], Handbook of Sealant Technology, CRC Press, Boca Raton (2009)

Myers, J.C. [Hrsg.], Klosowski, M., Science and Technology of Building Seals, Sealants, Glazing, Bertrams, Norwich (1999)

O'Connor, T.F., Building Sealants, ASTM, West Conshohocken (1990)

Petrie, E.M., Handbook of Adhesives and Sealants, McGraw-Hill, New York (2007)

Pröbster, M., Elastisch Kleben, Springer Vieweg, Wiesbaden (2013)

Pröbster, M., Kompaktlexikon Dichtstoffe und Fugen, Fraunhofer IRB, Stuttgart (2010)

Pröbster, M., Moderne Industriedichtstoffe, Vulkan-Verlag, Essen (2006)

---

[1] Die aktuelle deutschsprachige Literatur ist, was Dichtstoffe (und elastische Klebstoffe) angeht, nicht allzu umfangreich. In der nachstehenden Aufstellung sind einige nach Meinung des Autors praxisrelevante, auch englischsprachige Literaturstellen genannt, die das im vorliegenden Buch Genannte vertiefen und teilweise auch theoretisch untermauern. Zur Ergänzung werden auch einige ältere Werke aufgeführt, die möglicherweise jedoch bereits vergriffen sind.

Rasche, M., Handbuch Klebtechnik, Carl Hanser, München (2012)

Reinhardt, T.J., Brinson, H.F., Engineered Materials Handbook, Vol. 3, Adhesives and Sealants, ASM International (1990)

Sachverzeichnis

Printed in the United States
By Bookmasters